普通高等教育"十四五"规划教材

冶金反应工程学

陈朝轶　王林珠　兰苑培　主编

北　京

冶金工业出版社

2022

内 容 提 要

本书是结合冶金工程专业教学计划与冶金反应工程学教学大纲编写而成的。全书共分为6章,分别为:绪论、化学动力学基础、冶金过程宏观动力学、反应器基础理论、流化床反应器和冶金过程模拟。每章附有习题或者思考题,便于学生复习和练习之用。

本书可作为钢铁冶金和有色冶金专业本科生和硕士研究生的教学参考书,也可供生产、设计和科研部门的工程技术人员参考。

图书在版编目(CIP)数据

冶金反应工程学/陈朝轶,王林珠,兰苑培主编. —北京:冶金工业出版社,2021.4(2022.8重印)

普通高等教育"十四五"规划教材

ISBN 978-7-5024-8703-4

Ⅰ. ①冶… Ⅱ. ①陈… ②王… ③兰… Ⅲ. ①冶金反应—高等学校—教材 Ⅳ. ①TF01

中国版本图书馆 CIP 数据核字(2021)第 018258 号

冶金反应工程学

出版发行	冶金工业出版社	电 话	(010)64027926
地 址	北京市东城区嵩祝院北巷 39 号	邮 编	100009
网 址	www.mip1953.com	电子信箱	service@ mip1953.com

责任编辑 卢 敏 美术编辑 吕欣童 版式设计 禹 蕊
责任校对 石 静 责任印制 李玉山
北京虎彩文化传播有限公司印刷
2021 年 4 月第 1 版, 2022 年 8 月第 2 次印刷
787mm×1092mm 1/16; 11.75 印张; 285 千字; 180 页
定价 39.00 元

投稿电话 (010)64027932 投稿信箱 tougao@cnmip.com.cn
营销中心电话 (010)64044283
冶金工业出版社天猫旗舰店 yjgycbs.tmall.com
(本书如有印装质量问题,本社营销中心负责退换)

前　　言

  冶金反应工程学将物理化学与冶金反应过程联系起来，把冶金反应器内发生的过程分别按反应速率理论和传递过程理论进行分析，用以阐明反应器的特性，为探究反应操作条件并力求按最佳的状态控制反应过程，以最终取得综合技术经济效益提供理论支撑；同时也可促进反应器的设计和放大，从主要依赖于直接实验的纯经验方法初步过渡到以理论分析和数学模型为主的方法。随着冶金科学的发展，它以实际冶金反应过程为研究对象，研究伴随各类传递过程的冶金化学反应的规律。它以解决工程问题为目的，研究实现不同冶金反应的各类冶金反应器的特征，并把两者有机结合起来形成一门独特科学体系，是以研究和解析冶金反应器和系统的操作过程为中心的新兴工程学科。

  随着我国冶金技术的进步和发展，对冶金反应过程控制理论和技术的研究提出了更高的要求。冶金过程反应的宏观认识、过程控制和冶金过程智能化控制等，均已经成为现在冶金工作者需要掌握的内容。本书着眼于冶金科学发展的最新动态，为广大致力于冶金科学研究的同行、师生提供参考。本书分为绪论、化学动力学基础、冶金过程动力学、反应器基础理论、流化床反应器和冶金过程模拟六个部分，包括了冶金反应工程学基本理论和研究方法。此书可作为钢铁冶金和有色冶金专业本科的教程，同时亦可满足硕士生的教学需要并供有关人员和技术人员参考。

  由于编者水平有限，书中的不足之处恳请广大读者、同行和有关专家批评指正。

作　者

2020 年 7 月

目　　录

1 绪 论

1.1 冶金过程及其分类

由自然界的矿石等原材料提取金属或合金材料的生产过程称为冶金，研究人类从自然资料中提取有用金属和制造材料的学科称为冶金学。根据矿石种类和性质的不同，金属的提取需要采用不同的冶金过程来完成。冶金过程可以分为三类：火法冶金、湿法冶金和电冶金。火法冶金是在高温条件下将金属从矿石中提取出来，包括干燥、焙解、熔炼、蒸馏、真空冶金、电热冶金；湿法冶金是在水溶液中进行的冶金过程；电冶金是一种利用电热和电化学反应进行的冶金过程，分为电热冶金（如工业硅的生产）、电化冶金（如 Cu、Zn 的电解电积，Li、Al 等的精炼）和熔盐电解（稀有金属制备、无水氯化铝电解等）。一般说来，冶金过程都是复杂的多相反应，含有气、液、固三态的多种物质相互作用，其中既有物理过程（如蒸发、升华、熔化、凝固、溶解、结晶、熔析、蒸馏、萃取以及传热、传质、流体流动等），又有化学过程（如焙烧、烧结、还原、氧化、硫化、氯化、浸出、离子交换、沉淀、电解等）。这些多相反应过程相互结合，形成了错综复杂的冶金过程。用物理化学的基本原理来分析研究冶金过程物理化学反应的方法称为冶金原理，内容包括化学热力学方法、化学动力学方法和物质结构学。化学热力学方法研究冶金过程的方向和平衡，以确定冶金反应进行的可能性及其限度；化学动力学方法是研究冶金过程的速度和机理，以分析影响冶金反应进行的因素和探索提高反应速度的途径；物质结构学是研究参与反应的物质的结构和性质，以了解冶金反应的内在原因。

1.2 冶金科学的发展及冶金反应工程学

1.2.1 化学工程学的产生和发展

冶金学过程本质上属于化学过程，历史上冶金工业曾经是化学工业的一部分。20 世纪 40 年代以前，化学工业还主要依赖于经验，远未达到工程科学的水平。第二次世界大战后，由于生产技术和设备的更新及规模不断扩大，传统化学动力学和化工单元操作的理论发展及实验技术的进步，使得化学反应工程学理论的诞生成为可能。

化学工业除冶金外，还包括陶瓷、酿造、造纸、制碱、制酸、有机合成、石油化工等许多工业部门。相当长一段时间内，它们被看作是互不相关的部门独立地、缓慢地发展，技术的传授只能靠师傅的经验。后来，人们发现在各种不相同的化工过程中，可以概括和抽象出一些共同的原理。系统地研究这些过程的本质和共同规律，促进了化学工程学的发展，并形成一门独立的学科。20 世纪 50 年代中期以前，化学工程学还限于研究物理过程，即研究单元操作。所谓单元操作是指具有共同的物理规律的操作过程。化学工厂可看作若干单元操作组成的系统。然而，单元操作不能解决伴有化学反应的过程。1957 年第一届欧洲化学工程学讨论会提出以研究化学反应过程为中心的化学反应工程学。所谓化学反应工程学，就是将化学动力学和传递工程学相结合，以化学反应为中心的工程科学，研究对象是工业规模的反应器。近 30 年来，随着石油化学工业各种催化反应被广泛应用和生产规模的大型化，对反应技术和反应器设计的要求日益提高，化学反应工程学有了迅速的发展。

1.2.2　冶金反应工程学的产生和发展

冶金工程的科学化是从 20 世纪 30 年代把化学热力学引入冶金领域开始的。20 世纪 60 年代，世界冶金工业取得了令人惊叹的发展。1969 年后国际上召开了多次冶金过程数学模型的学术会议。1971 年，日本鞭岩教授和森山昭教授首次出版了冶金反应工程学一书。国内学者于 1977 年在冶金界正式使用"冶金反应工程学"一词[1]。从此以后，以冶金反应器及冶金过程数学模型为核心的冶金反应工程学得到了前所未有的发展。

长期以来，冶金过程热力学的研究有了显著的进展并对冶金工艺进步发挥了重要作用。热力学只解决过程的方向和限度，不描述反应的过程。化学动力学研究反应物质随时间变化的过程，从分子角度研究反应的速率和机理，所以是微观动力学。在其研究对象中，反应速率仅受温度、浓度和时间的影响，和装置规模无关。在工业规模反应器中，由于流动、传热、传质的影响，温度、浓度、反应时间的分布并不均匀，这必然影响化学反应的进行。在存在流动、传热、传质现象时研究的化学反应速率和机理，称为宏观动力学。化学反应工程学正是研究流动、混合、传热、传质等宏观动力学因素对化学反应的影响。因此，借鉴化学反应工程学的概念和研究方法，提出了冶金反应工程学这门学科。

在冶金方面由于高温，反应速率大多受传质控制，动力学研究和传输现象的关系更为密切。目前，冶金反应工程学和冶金过程动力学的研究是交叉进行的。继日本学者鞭岩等在该领域进行了系统的研究并首先发表了名为《冶金反应工学》的专著之后，其他学者，如 F. Oeters 也开设了相近大案课程。他们一般应用传输现象理论和数学物理模拟技术分析冶金过程。20 世纪 80 年代以来，我国有更多冶金工作者认识到传输现象和反应工程在冶金研究中的重要性，已召开了多届冶金过程动力学和反应工程学学术讨论会，在喷射冶金、复合吹炼、连铸工艺等方面也都进行做了一些基础研究工作。

我国著名冶金学家叶渚沛[2]在 20 世纪 50 年代就阐述了应用传输理论来研究冶金过程的思想，发表了强化高炉冶炼过程、重视发展氧气转炉等方面的文章，并在中国科学院创办了化工冶金研究所，堪称我国从事该领域研究工作的先驱。1980 年在北京召开冶金传输原理教学研讨会；1983 年在昆明召开冶金反应工程教学讨论会，这两次会议促进了冶金传输原理及反应工程的教学及科研工作的发展。1982 年中国成立了冶金过程动力学科学组，1990 年更名为冶金反应工程学术委员会。1993 年在东北大学教授萧泽强的建议及组织下，全国众多专家撰写了《冶金反应工学丛书》。

国内学者对冶金反应工程学的定义较多，例如：将化学反应工程学的研究方法应用于冶金即形成冶金反应工程学[3,4]；冶金反应工程学是在现代化试验技术、工艺理论和计算技术基础上正在发展而尚未成熟的边缘学科[5]；冶金反应工程学是用化学反应工程学的理论和方法来研究冶金过程及其反应设备的合理设计、获得最优操作和最优控制的工程理论学科[6]；冶金反应工程学是研究并解析冶金反应器和系统及其内在过程的新兴学科，是研究冶金反应工程问题的科学。

1.3 冶金反应工程学的范畴及与相关学科的关系

冶金反应工程学是以实际冶金反应过程为研究对象，研究伴随各类传递过程的冶金化学反应规律，又以解决工程问题为目的，研究实现冶金反应的各类冶金反应器的特征，并把二者有机结合形成一门独特的学科体系。简略地说，冶金反应工程学就是研究冶金工业中反应规律及其应用于反应器选型设计的方法。主要应用于对原有反应器的改进、新型反应器的开发研制以及各种反应器的操作条件与效果之间关系的解析，从而确定最优条件和最优设计；也可以说冶金反应工程学是以获得反应器的总速度和总效率为目的对反应器进行过程解析的学科。

冶金反应工程研究内容和化学反应工程学基本相同，包括：研究反应器内的基本现象，即研究反应器内反应动力学的控制环节，以及流动、传热、传质等宏观因素的特征和它们对反应速率的影响。研究反应器比例放大设计，即依据宏观动力学的规律，把实验装置科学地放大到工业规模，确定反应器的形状、大小和反应物达到的转化程度。研究过程优化，即在给定的反应器工艺和设备条件及原料和产品条件（统称为约束条件）下，选择最合适的操作方法达到最好的生产目标。生产目标除产量、消耗、成本等因素外还包括环境、安全等。为运用最优化数学方法，把要达到的目标用函数形式表达，称为目标函数。研究反应器的动态特性，研究反应器的稳定性和响应性，即当过程受到扰动后，过程可能发生的变化以及时间滞后情况，以找到有效的控制方法。该学科主要包括以下几个方面：对微观和宏观的认识、单元过程或现象的定量分析、反应过程的数学物理模拟、反应和生产速率的预测、反应器的仿真研究和设计人工智能技术的应用、反应器运行和整体生产过程的控制等。

冶金反应工程学和化学反应工程学在基本内容和方法上是一致的。但冶金过程有以下特点：（1）冶金过程在高温下进行，而高温测试手段颇不完备，获得信息困难且数量少；（2）高温下化学反应速率快，传质时控制环节较多，基本不涉及催化；（3）冶金过程所用原料或成分复杂种类繁多，特别在有的冶金中，杂质比有用金属高出许多倍，于是不能不考虑许多副反应；（4）冶金过程涉及的流体是金属熔体、熔渣或含有矿粉的矿浆，对这些流体性质的了解比一般流体差；（5）冶金产品不仅有化学成分的要求，而且还对组织结构、偏析和夹杂物等有要求；（6）冶金炉的设计基本上依靠经验。由于以上特点，目前冶金反应工程学主要用于解析冶金过程、优化操作工艺和过程控制等。

冶金反应工程学中涉及的相关学科主要包括传递过程、冶金宏观动力学、过程解析和比例放大等。

（1）传递过程。传递（或传输）指动量、热量和质量的传递。冶金反应器内的传递过程非常复杂。因此，研究冶金反应器内的传递过程规律及对反应过程的影响十分重要。

（2）冶金宏观动力学。冶金动力学包括宏观动力学和微观动力学。微观动力学是研究纯化学反应的微观机理、步骤和速度的科学。宏观动力学是用数学公式将各传递过程速度的操作条件与反应进行速度联系起来，从而确定一个综合反应速度来描述过程的进行，不考虑化学反应本身的微观机理。宏观动力学的研究须考虑以下几个特点：

1) 分步骤完成。一定条件下，阻力最大的步骤决定过程的总速度，即控制步骤（限制性环节）。

2) 界面积及几何形状。综合反应速度正比于反应界面积，随反应的进行，固体颗粒不断减小。如固体粉料的流态化、液体雾化等。

3) 界面性质。界面张力、吸附、润湿性及界面电化学现象等。

4) 流体相的流动速度。当传质为控制环节时，强化搅拌可增大反应速度。

5) 相比。相间反应中的两相体积（质量）比。主要体现在浓度的影响。

6) 固体产物的性质。固体产物层的扩散阻力随其致密程度和厚度的增加而增大。如疏松、电解固体金属氧化物等。

7) 温度的影响。温度影响对传质速度的影响较小，但是对化学反应速度的影响较大。根据阿累尼乌斯（Arrhenius）定律，当化学反应为限制环节时，活化能一般应大于 40kJ/mol；当传质为限制环节时，活化能一般为 $4 \sim 13$ kJ/mol；混合控制时，活化能一般为 $20 \sim 25$ kJ/mol。

（3）过程解析。过程系统是为完成物质的某种物理（化学）变化而设置的具有不同变换机能的各个部分所构成的整体称为过程系统。各部分称为分系统，分系统又由更小的亚分系统组成。过程解析的对象主要为亚分系统，即各类冶金反应器。例如，粗钢生产过程系统由炼铁、炼钢及铸造等构成；而炼铁分系统又由高炉、烧结机及球团竖炉和热风炉等亚分系统构成，炼钢分系统由铁水预处理、LD 或顶底复吹转炉、二次精炼炉构成，铸造分系统由连铸中间包和连铸机等亚分系统构成。

解析方法是运用流动、混合及分布函数的概念，在一定合理简化条件下，通过动量、热量和物料的衡算来建立反应器操作过程数学模型，然后求解，寻求最佳操作参数。但是，对于个别反应器的最优化条件未必适用于整个过程系统，因此，冶金反应工程又有向研究过程系统的整体设计、运行和最优化方面发展的趋势。

（4）比例放大。利用数学方程描述各个子过程的化学反应规律，应用相似原理进行放大。具体步骤如下：小型实验研究化学反应规律，建立宏观动力学方程，确定动力学参数；冷模型实验研究传递过程规律，建立传递过程方程，确定各类传递过程参数；在上述两步骤基础上，建立反应器操作过程数学模型，通过求解，获取尺寸和操作条件；建造中间实验反应器，检验所建立的数学模型的等效性，通过修正，确定模型参数；设计生产规模的反应器。

1.4 冶金反应工程学的研究方法

冶金反应工程学的核心是对冶金反应器内发生的过程进行定量的工程学解析。无论是在改进和强化反应器操作中寻找最优化操作条件，还是在新技术、新流程开发中指导设计、解决比例放大问题，都必须对所研究的对象进行定量描述，即用数学公式来描述各类参数之间的关系，具体研究方法包括建立数学模型进行研究和建立物理模型进行研究。

1.4.1 数学模型研究方法

根据研究对象的复杂程度、所要描述的范围、要求的精度及对过程的认识程度，数学模型的简繁程度也是不同的，主要包括四部分内容：反应器内各主要反应的宏观动力学方程、反应器内各主要反应的传递过程方程、衡算方程（一系列假设条件）、方程中的系数（资料查询、实验测定）。

反应器内发生各种现象的数学描述方法不同，对于流体流动过程采用 Navier-Stokes 方程；对于传热过程，采用 Fourier 定律；对于传质过程，采用 Fick 定律；对于化学反应，采用质量作用定律。

建立数学模型时，要对整个体系或其中一部分进行质量、能量、动量的平衡计算，列出衡算方程。针对控制体，即衡算对象的空间范围，进行衡算。对于一个控制体的速率满足以下关系式：输入速率–输出速率–消耗速率＝积累速率。控制体的选取既可以选取整个体积进行宏观衡算，也可以针对某个微元体进行微分衡算。宏观衡算可以得到参量之间的关系式，具有较大的实用性；微分衡算可以得到体内的温度、浓度和流速分布。要计算出上述衡算方程，还要给出方程系数、边界条件、初始条件。

1.4.2 物理模型研究方法

由于高温测试手段不完备，因此对高温下的冶金反应器难以直接观测，常需要用相似模型进行研究，即用冷模型进行研究。冶金过程无法用数学模型描述时可以用物理模型研究，由因次分析方法给出对象的描述方程。另外，物理模型可以用于检验数学模型的准确性。

1.5 冶金反应器的分类

冶金生产中使用的设备或容器叫做反应器。不同的冶炼阶段，所使用的反应器也是种类繁多。在有色金属生产中，用于进行氧化、还原、氯化、浸出、分解等化学反应的设备或容器，或者说实现湿法冶金浸出、净化、金属或金属化合物提取过程的设备或容器是湿法冶金反应器。

按操作方式、体系相态、作业温度、设备外型等不同，反应器分类，按操作方式可分为间歇式、连续式或半连续式操作反应器。间歇操作：一次将反应原料按配比加入反应器，等反应达到要求后，将物料一次卸出；连续操作：原料加入与产物流出都是连续进行，产品质量稳定、产量大；半连续（或半间歇）式反应器：操作方式介于连续式与间歇式操作之间，常把固相一次加入反应器，而液相连续流经固相，达到反应要求后将固相一次卸出。为了便于研究，常按不同方式将反应器进行分类（表1-1）。

表1-1 冶金反应器的分类及实例

反应器类型	适 用 过 程	应 用 实 例
槽式	浸出、净化、金属提取	渗滤槽，用于铀矿浸出 敞口流槽，用于置换铜

续表 1-1

反应器类型		适用过程	应用实例
釜式	机械搅拌	浸出、净化、金属和化合物提取	机械搅拌釜，用于锌焙砂浸出
	气体搅拌		帕丘卡槽，用于金矿浸出
	气体-机械联合搅拌		道尔搅拌槽，用于金矿浸出
	喷射搅拌		喷射搅拌槽，用于铀矿浸出
管式		浸出、净化	管道化溶出器，用于铝土矿浸出
塔式		净化、金属和化合物提取	萃取分离塔，用于镍钴分离
流态化		浸出、净化、提取	流态化置换器用于锌粉置换及除铜、镉
球磨机型		浸出	热球磨机，用于白钨矿分解
电解槽		金属提取	电解精炼槽，用于金、银提取

习　题

1-1　冶金反应工程学的定义是什么？

1-2　冶金反应工程学的范畴包括哪些？

1-3　宏观动力学需要考虑哪些特点？

1-4　简述冶金学概念及冶金方法的分类。

1-5　冶金反应工程学与化学反应工程学比较有什么特点？

1-6　简述过程系统和解析方法的概念。

1-7　简述数学模型的范畴。

1-8　冶金反应器的操作方式如何分类？

1-9　如何理解冶金反应工程学在冶金生产和科学研究中的作用和任务？

1-10　根据冶金过程的特点，冶金反应工程学的任务主要有哪些？

1-11　哪些冶金现象需要用物理模型进行研究？

参 考 文 献

[1] 曲英，刘今. 冶金反应工程学导论 [M]. 北京：高等教育出版社，1998.

[2] 严济慈.《化工冶金》杂志《纪念叶渚沛所长逝世十周年专刊》序言 [J]. 中国科技史料，1982 (3)：1~8.

[3] 刘今. 冶金反应工程学入门讲座（一）[J]. 湖南有色金属，1985 (2)：48~52.

[4] 鞭严. 冶金反应工程学讲座 [J]. 过程工程学报，1980 (3)：144~231.

[5] 曲英，蔡志鹏，李士琦. 冶金反应工程学在我国的发展 [J]. 化工冶金，1988 (3)：76~80.

[6] 森山昭，程雪琴. 冶金反应工程学入门 [J]. 化工冶金，1979 (1)：74~103.

2 化学动力学基础

2.1 化学动力学的任务和目的

化学动力学研究是冶金过程动力学研究的基础。化学动力学主要研究化学反应的速率和反应的机理以及温度、压力、催化剂、溶剂和光照等外界因素对反应速率的影响规律。化学动力学提供了反应过程研究内容的完备性,是反应的充分条件。

化学热力学研究化学反应的方向、能达到的最大限度以及外界条件对化学反应平衡的影响。化学热力学只能预测化学反应的可能性,但无法预测反应是否发生、化学反应的速率以及反应的机理。热力学确定的冶金过程的条件是必要的,但不是充分的。

例如,对于化学反应式(2-1)和式(2-2),通过热力学计算只能判断这两个反应都能发生,但使其发生化学反应的条件无法通过热力学理论确定。通过动力学研究,可以确定在一定压力、温度和化学催化剂作用下反应式(2-1)和反应式(2-2)能够发生。

$$\frac{1}{2}N_2 + \frac{3}{2}H_2 \longrightarrow NH_3(g), \quad \Delta_r G_m^{\ominus} = -16.63\text{kJ/mol} \tag{2-1}$$

$$H_2 + \frac{1}{2}O_2 \longrightarrow H_2O(l), \quad \Delta_r G_m^{\ominus} = -237.19\text{kJ/mol} \tag{2-2}$$

化学反应按相分类可以分为均相反应和非均相反应。均相反应可以分为气相反应和液相反应。非均相反应可以分为气-固相反应、液-固相反应、气-液相反应、液-液相反应和固-固相反应。按反应分类,可以分为单一反应,即 A→R 型;可逆反应,即 A⇌R 型;平行反应,即 $A \rightleftharpoons \frac{R}{S}$ 型;串联反应,即 A→R→S;并联反应。按反应条件分类,可以分为等温与变温反应、等压与变压反应、恒容和变容反应。

2.2 化学反应速率

2.2.1 化学反应速率的表达方式

2.2.1.1 化学反应速率

化学反应是在一定的时间间隔和一定大小的空间内进行的。时间的长短表示反应的快慢,用反应速率描述;空间大小决定反应的规模,用转化速率描述。

对应于反应时间和反应空间有两种反应速率表达式。单位体积中反应进度随时间的变化率,即反应速率可用式(2-3)表示。反应速率 v 是不依赖于反应空间大小的强度性质,单位为 mol/(m³·s)。

$$v = \frac{1}{V}\frac{\mathrm{d}\xi}{\mathrm{d}t} = \frac{1}{v_{\mathrm{B}}V}\frac{\mathrm{d}n_{\mathrm{B}}}{\mathrm{d}t} \tag{2-3}$$

由于反应物 B 的摩尔量与体积存在如式（2-4）所示关系：

$$n_{\mathrm{B}} = c_{\mathrm{B}}V \tag{2-4}$$

故可以得到式（2-5）：

$$\mathrm{d}n_{\mathrm{B}} = V\mathrm{d}c_{\mathrm{B}} + c_{\mathrm{B}}\mathrm{d}V \tag{2-5}$$

式中，c_{B} 为反应体系中 B 物质的量浓度。因此可得到式（2-6）：

$$v = \frac{1}{v_{\mathrm{B}}}\frac{\mathrm{d}c_{\mathrm{B}}}{\mathrm{d}t} + \frac{c_{\mathrm{B}}}{v_{\mathrm{B}}V}\frac{\mathrm{d}V}{\mathrm{d}t} \tag{2-6}$$

若对体积一定的气相反应器和体积变化可以忽略的液相反应器，反应速率可以简化为式（2-7）：

$$v = \frac{1}{v_{\mathrm{B}}}\frac{\mathrm{d}c_{\mathrm{B}}}{\mathrm{d}t} \tag{2-7}$$

反应速率（rate of reactions）分为平均反应速率和瞬时反应速率。反应 R→P 的平均反应速率由式（2-8）及式（2-9）及图 2-1 所示。平均反应速率不能确切表达反应速率的变化情况，只提供了一个平均值，用处不大。

$$\overline{r_{\mathrm{R}}} = \frac{-([R_2] - [R_1])}{t_2 - t_1} \tag{2-8}$$

$$\overline{r_{\mathrm{p}}} = \frac{-([P_2] - [P_1])}{t_2 - t_1} \tag{2-9}$$

式中　　$[R_1]$，$[R_2]$ ——t_1 时间和 t_2 时间时反应物 R 的浓度；

　　　　$[P_1]$，$[P_2]$ ——t_1 时间和 t_2 时间生成物 P 的浓度。

$$r_{\mathrm{R}} = \frac{-\mathrm{d}[R]}{\mathrm{d}t} \tag{2-10}$$

$$r_{\mathrm{p}} = \frac{-\mathrm{d}[P]}{\mathrm{d}t} \tag{2-11}$$

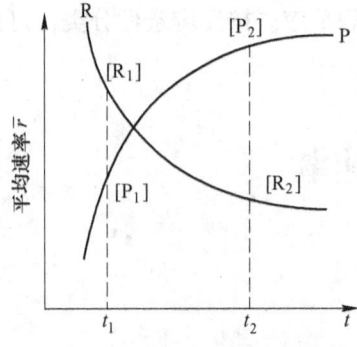

图 2-1　平均反应速率示意图

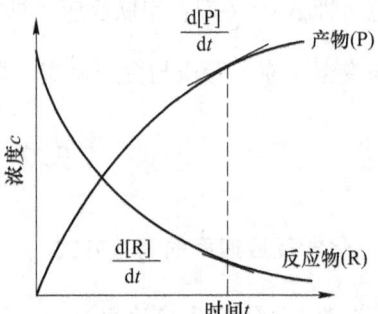

图 2-2　反应物和产物浓度随时间的变化

反应物和生成物浓度随时间的变化如图 2-2 所示。在时间 t 时刻，作交点的切线，就得到 t 时刻的瞬时速率。显然，反应刚开始时反应速率大；随着反应的进行，反应的瞬时速率不断减小。瞬时反应速率体现了反应速率变化的实际情况。

化学反应速度（J_A）有不同的表示方法。当参加反应的物质浓度以质量百分数表示时，对于简单反应：

$$A \longrightarrow B$$

$$J_A = -\frac{dc_A}{dt} = -\frac{[\%A]}{dt} \tag{2-12}$$

在均相反应中，参加反应的溶质 A 的浓度（c_A）可由单位体积内 A 物质的量（n_A）的变化表示，即单位体积单位时间内由于反应消耗的 A 的物质的量，故有：

$$J_A = -\frac{dc_A}{dt} = \frac{1}{V}\left(-\frac{dn_A}{dt}\right) \tag{2-13}$$

在流体和固体的反应中，以固体的单位质量 W 为基础，即用单位质量固体中所含物质 A 的量来表示浓度，设反应

$$A + S \longrightarrow P$$

$$J_A = \frac{1}{W_S}\left(-\frac{dn_A}{dt}\right) \tag{2-14}$$

在两流体间进行的界面反应以界面上单位面积 S 为基础，如渣钢反应或气-固界面反应。即用单位界面上所含的物质的量来表示浓度，有：

$$J_A = -\frac{dc_A}{dt} = \frac{1}{S}\left(-\frac{dn_A}{dt}\right) \tag{2-15}$$

在气-固反应中，有时也以固体物质的单位体积为基础来表示浓度，设反应：

$$aA(g) + bB(s) \longrightarrow cC(g) + dD(s)$$

这时有：

$$J_A = \frac{1}{V_B}\left(-\frac{dn_A}{dt}\right) \tag{2-16}$$

在气-相反应中，反应前后气体物质的量不相等，体积变化很大，这时不能准确测得初始体积 C_0。在这种情况下，最好用反应物的转化率 f_A 来代表浓度。如开始时体积 V_0 中有 A 物质 $n_{A0}(mol)$，当反应进行到 t 时刻时，剩下的 A 物质为 $n_A(mol)$，则转化速率为：

$$f_A = \frac{n_{A0} - n_A}{n_{A0}} \tag{2-17}$$

即 $n_A = n_{A0}(1 - f_A)$，所以：

$$J_A = -\frac{d(n_A/V_0)}{dt} = -\frac{d(n_{A0}(1 - f_A)/V_0)}{dt} = \frac{n_{A0}}{V_0}\frac{df_A}{dt} = c_{A0}\frac{df_A}{dt} \tag{2-18}$$

2.2.1.2 化学反应进度和转化速率

任意化学反应的化学方程式均可表示为式（2-19）。当 $t = 0$ 时，反应物质 B 的量为 n_B^0，当 $t = t$ 时，其量为 n_B。则 $0 \sim t$ 时刻过程中该化学反应的反应进度可用式（2-20）表示。描述某一化学反应进行程度的物理量，量纲为摩尔反应，用符号 ξ 表示。反应进度的微分式由式（2-21）表示：

$$0 = \sum_B v_B n_B \tag{2-19}$$

$$\xi = \frac{n_B - n_B^{\circ}}{v_B} \tag{2-20}$$

$$d\xi = v_B^{-1} dn_B \tag{2-21}$$

式中 ξ——反应进度;

    n_B——物质的量;

    v_B——化学反应计量系数。

对于如下反应:

$$\alpha R \longrightarrow \beta P \tag{2-22}$$

$$t = 0 \quad\quad n_R(0) \quad n_P(0)$$

$$t = t \quad\quad n_R(t) \quad n_P(t)$$

反应进度 ξ (extent of reaction) 的表达式为:

$$\xi = \frac{n_R(t) - n_R(0)}{-\alpha} = \frac{n_P(t) - n_P(0)}{\beta} \tag{2-23}$$

转化速率是单位时间内发生的反应进度,对于反应 (2-19) 转化速率的定义可表示为:

$$\xi = \frac{d\xi}{dt} = \frac{1}{v_B} \frac{dn_B}{dt} \tag{2-24}$$

2.2.2   化学反应的速率方程

2.2.2.1   基元反应和总包反应

基元反应简称元反应,又叫做基元过程。如果一个化学反应中,反应物分子在碰撞中相互作用直接转化为生成物分子,这种反应就称为元反应。例如:

$$Cl_2 + M = 2Cl + M$$

$$Cl + H_2 = HCl + H$$

$$H + Cl_2 = HCl + Cl \tag{2-25}$$

$$2Cl + M = Cl_2 + H$$

我们通常所写的化学方程式只代表反应的化学计量式,而并不代表反应的真正历程。如果一个化学计量式代表了若干个基元反应的总结果,那这种反应称为总包反应或总反应。

例如,下列反应为总包反应:

$$H_2 + Cl_2 \longrightarrow 2HCl$$

$$H_2 + I_2 \longrightarrow 2HI$$

$$H_2 + Br_2 \longrightarrow 2HBr \tag{2-26}$$

2.2.2.2   速率方程

速率方程又称动力学方程。它表明了反应速率与浓度等参数之间的关系或浓度等参数与时间的关系。速率方程可表示为微分式或积分式。

对于简单反应的速率方程可写为

$$A \longrightarrow B$$

$$r = \mathrm{d}x/\mathrm{d}t \qquad (2\text{-}27)$$

$$r = k[\mathrm{A}] \qquad (2\text{-}28)$$

$$\ln \frac{a}{a-x} = k_1 t \qquad (2\text{-}29)$$

式中，k 为速率常数。

对于基元反应，反应速率与反应物浓度的幂乘积成正比。幂指数就是基元反应方程中各反应物的化学计量系数。这就是质量作用定律，它只适用于基元反应。

例如：

基元反应	反应速率 r
$Cl_2 + M = 2Cl + M$	$k_1[Cl_2][M]$
$Cl + H_2 = HCl + H$	$k_2[Cl][H_2]$
$H + Cl_2 = HCl + Cl$	$k_3[H][Cl_2]$
$2Cl + M = Cl_2 + M$	$k_4[Cl]^2[M]$

2.2.2.3 反应机理

反应机理又称为反应历程。在总反应中，连续或同时发生的所有基元反应称为反应机理，在有些情况下，反应机理还要给出所经历的每一步的立体化学结构图。同一反应在不同的条件下可以有不同的反应机理。了解反应机理可以掌握反应的内在规律，从而更好地驾驭反应。在基元反应中，实际参加反应的分子数目称为反应分子数。反应分子数可区分为单分子反应、双分子反应和三分子反应，四分子反应目前尚未发现。反应分子数只可能是简单的正整数 1、2 或 3。

基元反应	反应分子数
$A \longrightarrow P$	单分子反应
$A + B \longrightarrow P$	双分子反应
$2A + B \longrightarrow P$	三分子反应

化学反应的机理是用来整理实验数据的理论手段，它可能揭示了化学反应的真实途径，但也未必都是如此。揭示化学反应的真实机理是很复杂的，还需要快速可靠的的检测手段。所以当今动力学的研究普遍都是以实验数据推导机理，再由这些机理推导出理论速率公式，使其与实测的速率公式相同。

2.2.2.4 反应级数

速率方程中各反应物浓度项上的指数称为该反应物的级数；所有浓度项指数的代数和称为该反应的总级数，通常用 n 表示。n 的大小表明浓度对反应速率影响的大小。反应级数可以是正数、负数、整数、分数或零，有的反应无法用简单的数字来表示级数。对于基元反应 $aA+bB = rR+sS$ 的化学反应速率可由式（2-30）表示。式（2-30）中的 α 和 β 分别称作组分 A 和组分 B 的反应级数，$n(\alpha+\beta=n)$ 是基元反应的总反应级数。反应级数的大小反映了该物料浓度对反应速率影响的程度。级数越高，表明该物料浓度的变化对反应速率的影响越显著；如是负值，表明抑制反应，使反应速率下降。

$$(-r_A) = k_A c_A^{\alpha} c_B^{\beta} \qquad (2\text{-}30)$$

反应级数是可由实验测定的。例如

$r = k_0$	零级反应
$r = k[A]$	一级反应

$$r = [A][B] \qquad\qquad \text{二级，对 A 和 B 各为一级}$$
$$r = k[A]^2[B] \qquad\qquad \text{三级，对 A 为二级，对为一级}$$
$$r = k[A][B]^{-2} \qquad\qquad \text{负一级反应}$$
$$r = k[A][B]^{1/2} \qquad\qquad \text{1.5 级反应}$$
$$r = [A][B]/(1 - [B]^{1/2}) \qquad\qquad \text{无简单级数}$$

2.2.2.5 反应的速率系数

速率方程中的比例系数 k 称为反应的速率系数，也称为速率常数。它的物理意义是当反应物的浓度均为单位浓度时，k 等于反应速率，因此它的数值与反应物的浓度无关。在催化剂等其他条件确定时，k 的数值仅是温度的函数。k 的单位随着反应级数的不同而不同。反应速率方程中，若反应物浓度项不出现，即反应速率与反应物浓度无关，则这种反应称为零级反应。常见的零级反应有表面催化反应和酶催化反应，这时反应物总是过量的，反应速率取决于固体催化剂的有效表面活性位或酶的浓度。反应速率只与反应物浓度的一次方成正比的反应称为一级反应。常见的一级反应有放射性元素的蜕变（如式（2-31））、分子重排、五氧化二氮的分解（如式（2-32））等。

$$_{88}^{226}\text{Ra} \longrightarrow {}_{86}^{222}\text{Ra} + {}_{2}^{4}\text{He}, \ r = k[{}_{88}^{226}\text{Ra}] \tag{2-31}$$

$$N_2O_5 \longrightarrow N_2O_4 + \frac{1}{2}O_2, \ r = k[N_2O_5] \tag{2-32}$$

2.2.2.6 化学反应的速率方程

一级反应的微分速率方程为：

$$A \longrightarrow P \tag{2-33}$$
$$t = 0 \quad c_{A0} = a \qquad 0$$
$$t = t \quad c_A = a - x \quad x \tag{2-34}$$
$$r = -\frac{dc_A}{dt} = k_1 c_A \quad \text{或} \quad r = \frac{dx}{dt} = k_1(a - x)$$

对式（2-34）变形得到不定积分式：

$$\int \frac{dc_A}{c_A} = \int k_1 dt - \ln c_A = k_1 t + C \tag{2-35}$$

对式（2-35）变形得到定积分式：

$$\int_{c_{A0}}^{c_A} -\frac{dc_A}{c_A} = \int_0^t k_1 dt, \ \ln \frac{c_{A0}}{c_A} = k_1 t \tag{2-36}$$

或

$$\int_0^x \frac{dx}{a - x} = \int_0^t k_1 dt, \ \ln \frac{a}{a - x} = k_1 t \tag{2-37}$$

令 $y = x/a$，则：

$$\ln \frac{1}{1 - y} = k_1 t \tag{2-38}$$

当 $y = 0.2$ 时，则：

$$t_{1/2} = \ln 2 / k_1 \tag{2-39}$$

由此可以看出，一级反应的具有如下特点：（1）速率系数 k 的单位为时间的负一次方，时间 t 可以是秒（s）、分（min）、小时（h）、天（d）和年（a）等；（2）半衰期（half-life time）$t_{1/2}$ 是一个与反应物起始浓度无关的常数，$t_{1/2} = \ln2/k_1$；（3）$\ln c_A$ 与 t 呈线性关系。

同样也可以得到其他的一级反应特点：（1）所有分数衰期都是与起始物浓度无关的常数；（2）$t_{1/2} : t_{3/4} : t_{7/8} = 1 : 2 : 3$；（3）$c/c_0 = \exp(-k_1 t)$ 反应间隔 t 相同，所以 c/c_0 有定值。

例 2-1 某金属钋的同位素进行 β 放射，14d 后，同位素活性下降了 6.85%。试求该同位素的：（1）蜕变常数；（2）半衰期；（3）分解掉 90% 所需时间。

解：

（1）$k_1 = \dfrac{1}{t} \ln \dfrac{a}{a-x} = \dfrac{1}{14} \ln \dfrac{100}{100 - 6.85} = 0.00507 \text{d}^{-1}$

（2）$t_{1/2} = \ln2/k_1 = 136.7 \text{d}$

（3）$t = \dfrac{1}{k_1} \ln \dfrac{1}{1-y} = \dfrac{1}{k_1} \ln \dfrac{1}{1-0.9} = 454.2 \text{d}$

反应速率方程中，浓度项的指数和等于 2 的反应称为二级反应。常见的二级反应有乙烯、丙烯的二聚作用，乙酸乙酯的皂化，碘化氢的热分解反应等。例如，有基元反应：

$$A + B \longrightarrow P, \quad r = k_2[A][B] \tag{2-40}$$

$$2A \longrightarrow P, \quad r = k_2[A]^2 \tag{2-41}$$

对于反应式（2-40）二级反应的微分速率方程可推导得出：

$$
\begin{array}{cccc}
 & A & + B & \longrightarrow P \\
t = 0 & a & b & 0 \\
t = t & a-x & b-x & x
\end{array} \tag{2-42}
$$

$$\dfrac{\mathrm{d}x}{\mathrm{d}t} = k_2(a-x)(b-x) \tag{2-43}$$

当 $a = b$ 时，可得：

$$\dfrac{\mathrm{d}x}{\mathrm{d}t} = k_2(a-x)^2 \tag{2-44}$$

对于反应式（2-41）二级反应的微分速率方程可推导得出：

$$
\begin{array}{ccc}
 & 2A & \longrightarrow P \\
t = 0 & a & 0 \\
t = t & a-2x & x
\end{array} \tag{2-45}
$$

$$\dfrac{\mathrm{d}x}{\mathrm{d}t} = k_2(a-2x)^2 \tag{2-46}$$

对于反应式（2-40）二级反应的微分速率方程可推导得出，当 $a = b$ 时，不定积分式为：

$$\int \dfrac{\mathrm{d}x}{(a-x)^2} = \int k_2 \mathrm{d}t \tag{2-47}$$

$$\dfrac{1}{a-x} = k_2 t + 常数 \tag{2-48}$$

定积分式为：

$$\int_0^x \frac{\mathrm{d}x}{(a-x)^2} = \int_0^t k_2 \mathrm{d}t \tag{2-49}$$

对于反应式（2-40）二级反应的微分速率方程可推导得出，当 $a \neq b$ 时：

$$\frac{1}{a-b} = \frac{a-x}{b-x} = k_2 t + C \tag{2-50}$$

$$\frac{1}{a-x} - \frac{1}{a} = k_2 t, \quad \frac{x}{a(a-x)} = k_2 t \tag{2-51}$$

$$\frac{y}{1-y} = k_2 a t, \quad y = \frac{x}{a}, \quad t_{1/2} = \frac{1}{k_2 a} \tag{2-52}$$

$$\frac{1}{a-b} \ln \frac{b(a-x)}{a(b-x)} = k_2 t \tag{2-53}$$

对于反应式（2-41）二级反应的微分速率方程可推导得出其定积分式为：

$$\int_0^x \frac{\mathrm{d}x}{(a-2x)^2} = \int_0^t k_2 \mathrm{d}t \tag{2-54}$$

$$\frac{x}{a(a-2x)} = k_2 t \tag{2-55}$$

由以上分析总结得出二级反应（$a=b$）的特点：（1）速率系数 k 的单位为 ［浓度］$^{-1}$ ［时间］$^{-1}$；（2）半衰期与起始物浓度成反比，$t_{1/2} = \frac{1}{k_2 a}$；（3）$\frac{1}{a-x}$ 与 t 成线性关系。

仅由一种反应物 A 生成产物的反应，其反应速率与 A 浓度的 n 次方成正比，称为 n 级反应。从 n 级反应可以导出微分式、积分式和半衰期表示式等一般形式，这里 n 不等于 1，如式（2-41）为 n 级速率公式。各基元反应的速率公式见表2-1。

$$n\mathrm{A} \longrightarrow P \qquad r = k[\mathrm{A}]^n \tag{2-56}$$

$$t_{1/2} = \frac{2^{n-1} - 1}{k(n-1)C_0^{n-1}} \quad (n \neq 1) \tag{2-57}$$

表2-1　基元反应的速率方程

反应	微分式	积分式
$\mathrm{A} \longrightarrow P$	$-\dfrac{\mathrm{d}c_\mathrm{A}}{\mathrm{d}t} = k$	$kt = c_\mathrm{A0} - c_\mathrm{A}$
$\mathrm{A} \longrightarrow P$	$-\dfrac{\mathrm{d}c_\mathrm{A}}{\mathrm{d}t} = k c_\mathrm{A}$	$kt = \ln \dfrac{c_\mathrm{A0}}{c_\mathrm{A}} = \ln \dfrac{1}{1-x_\mathrm{A}}$
$2\mathrm{A} \longrightarrow P$	$-\dfrac{\mathrm{d}c_\mathrm{A}}{\mathrm{d}t} = k c_\mathrm{A}^2$	$kt = \dfrac{1}{c_\mathrm{A}} - \dfrac{1}{c_\mathrm{A0}} = \dfrac{1}{c_\mathrm{A0}}\left(\dfrac{x_\mathrm{A}}{1-x_\mathrm{A}}\right)$
$\mathrm{A} + \mathrm{B} \longrightarrow P$	$-\dfrac{\mathrm{d}c_\mathrm{A}}{\mathrm{d}t} = k c_\mathrm{A} c_\mathrm{B}$	$kt = \dfrac{1}{c_\mathrm{B0} - c_\mathrm{A0}} \ln \dfrac{c_\mathrm{B} c_\mathrm{A0}}{c_\mathrm{A} c_\mathrm{B0}} = \dfrac{1}{c_\mathrm{B0} - c_\mathrm{A0}} \ln \dfrac{1-x_\mathrm{B}}{1-x_\mathrm{A}}$
$2\mathrm{A} + \mathrm{B} \longrightarrow P$	$-\dfrac{\mathrm{d}c_\mathrm{A}}{\mathrm{d}t} = k c_\mathrm{A}^2 c_\mathrm{B}$	$kt = \dfrac{2}{c_\mathrm{A0} - 2c_\mathrm{B0}}\left(\dfrac{1}{c_\mathrm{A0}} - \dfrac{1}{c_\mathrm{A}}\right) + \dfrac{2}{c_\mathrm{A0} - 2c_\mathrm{B0}} \ln \dfrac{c_\mathrm{B0} c_\mathrm{A}}{c_\mathrm{A0} c_\mathrm{B}}$
$\mathrm{A} + \mathrm{B} + \mathrm{C} \longrightarrow P$	$-\dfrac{\mathrm{d}c_\mathrm{A}}{\mathrm{d}t} = k c_\mathrm{A} c_\mathrm{B} c_\mathrm{C}$	$kt = \dfrac{1}{(c_\mathrm{A0} - c_\mathrm{B0})(c_\mathrm{A0} - c_\mathrm{C0})} \ln \dfrac{c_\mathrm{A0}}{c_\mathrm{A}} + \dfrac{1}{(c_\mathrm{B0} - c_\mathrm{C0})(c_\mathrm{B0} - c_\mathrm{A0})} \ln \dfrac{c_\mathrm{B0}}{c_\mathrm{B}} + \dfrac{1}{(c_\mathrm{C0} - c_\mathrm{A0})(c_\mathrm{C0} - c_\mathrm{B0})} \ln \dfrac{c_\mathrm{C0}}{c_\mathrm{C}}$

多个基元反应组合形成的总反应速率，与反应中的各物质的浓度间的关系可表示为下列幂函数的关系：

$$v = kc_A^{\alpha} c_B^{\beta} c_C^{\gamma} \qquad (2\text{-}58)$$

式中　A，B，C——反应物和催化剂。

反应（2-58）的反应级数（称为表观反应级数）：

$$n = \alpha + \beta + \gamma \cdots$$

其一般形式是速率与浓度的关系是复杂无规律函数形式，例如反应

$$H_2 + Br_2 \rightleftharpoons 2HBr$$

的速率方程式表示为：

$$v = \frac{kc_{H_2} c_{Br_2}^{1/2}}{1 + kc_{HBr} c_{Br_2}^{-1}} \qquad (2\text{-}59)$$

其中的分级数和反应级数已经没有意义了。

在测定反应级数的实验中，为了排除产物浓度的干扰，通常是测初速度。为了研究某一反应物浓度与反速度的函数关系，常常将其他反应物的浓度固定后再确定该反应物的反应级数。反应级数的测定方法包括两类：积分法和微分法，前者包括尝试法、作图法和半衰期法；后者还包括孤立法。下面介绍作图法和积分法两种。

关于微分法：将速率方程取对数：

$$\ln\left(-\frac{dc}{dt}\right) = n\ln c + \ln k \qquad (2\text{-}60)$$

则：

$$\ln\left(-\frac{dc}{dt}\right) - \ln c \qquad (2\text{-}61)$$

线性相关，斜率为 n。具体步骤为：在曲线上取若干个浓度点，并作切线，计算每点处切线的斜率 $\left(-\frac{dc}{dt}\right)$，作 $\ln\left(-\frac{dc}{dt}\right) - \ln c$ 的图或线性回归求出 n。

关于积分法：积分法是将 c-t 数据分别代入已知的动力学方程积分式中，如零级反应是 $c = c_0 - k_t$，一级反应是 $\ln c_0 - kt$，二级反应 $\frac{1}{c} = \frac{1}{c_0} + kt$ 等，判断何者更合适，这种方法需要逐个尝试，计算量较大。

2.2.3　反应速率的影响因素

实际化学反应过程中，影响化学反应速率的因素有很多，如温度、压力、化学组分（浓度）、催化剂以及反应条件（流动条件、搅拌强度等）等。

范霍夫根据大量的实验数据总结出一条经验规律：温度每升高 10K，反应速率近似增加 2~4 倍。这个规律为范霍夫（Van't Hoff）近似规律，这个经验规律可以用来估算温度对反应速率的影响。温度不能影响反应的级数，对反应物浓度的影响也很小，所以温度对反应速率的影响主要是对速率常数 k 的影响。温度升高，反应速率一般是增大的。但不同类型的反应，温度对反应速率的影响是不相同的，大致可以分为 5 种类型：

（1）温度升高，反应速率增大，最为普遍。

（2）爆炸类型反应，当温度升高到燃点，反应速率突然增大。

（3）温度升高，反应速率先是增大然后又减小，例如催化氢化反应及酶反应。

（4）温度升高，反应速率先是增大，然后又减小，最后又突然增大，例如碳的氧化反应。

（5）反应速率随温度的升高而降低，例如 $2NO + O_2 = 2NO_2$ 反应的情形。

反应速率随温度的变化可以通过阿累尼乌斯（Arrhenius）公式获得，Arrhenius 从实验得到化学反应速率常数与温度的关系：

$$k = Ae^{-\frac{E_a}{RT}} \tag{2-62}$$

此式中 A 称为指前因子，与温度、浓度无关，其单位与反应速率 k 的单位相同，不同的反应 A 值不同。对基元反应 E_a 称为活化能，对于复合反应称为表观活化能，或总的活化能，其单位为 J/mol。E_a 通常需要实验测定，故也称为实验活化能或活化能。

阿累尼乌斯公式的微分形式为：

$$E_a = RT^2 \frac{d\ln\frac{k}{[k]}}{dT} \tag{2-63}$$

阿累尼乌斯公式积分式为：

$$\ln\frac{k}{[k]} = \ln\frac{k}{[A]} - \frac{E_a}{RT} \tag{2-64}$$

式中，$[k]$ 为 k 的单位；$[A]$ 为 A 的单位，故 $k/[k]$、$[A]/A$ 皆为无因次数。

根据阿累尼乌斯的结论，对于如下简单的一级基元反应：

$$A \longrightarrow B \tag{2-65}$$

在微观上也经历了如下两个步骤：

（1）A 吸收能量变为异构形态的活化分子，即：

$$A + E_a \rightleftharpoons A^* \tag{2-66}$$

（2）由活化分子得到产物 B，即：

$$A^* \longrightarrow B \tag{2-67}$$

式中的 A^* 表示活化分子。

阿累尼乌斯认为活化能为活化分子的平均能量与普通分子的平均能量的差。至今还没有理论计算活化能的满意方法，一般要通过实验测定。简单的方法是测量两个不同温度下的反应速率，应用式（2-53）可得到：

$$\ln[k_1/k_2] = \frac{E_a}{R}\left(\frac{1}{T_2} - \frac{1}{T_1}\right) \tag{2-68}$$

由直线的斜率可得活化能 E_a 的值。更精确的方法是测量一系列不同温度时的 k 值，并对 $1/T$ 作图，根据式（2-53）所得图形应为一直线，由直线的斜率可得活化能 E_a，由其截距得到指前因子 A。图 2-3 所示为其示意图。

$$\ln k = -\frac{E_a}{R}\frac{1}{T} + B \tag{2-69}$$

已知在等容条件下该反应的平衡常数为 $K_c^{\ominus}$，k_+ 和 k_- 为正活化能与热力学函数变化的关系。则对如下可逆反应，反应达到平衡时，正、逆反应速率相等，即逆反应的速率常数，$K_C^\ominus = k_+/k_-$，故得出：

$$K_C^\ominus = \exp\left(\frac{-\Delta_r F_m^\ominus}{RT}\right) = \exp\left(-\frac{\Delta_r U_m^\ominus - T\Delta_r S_m^\ominus}{RT}\right)$$

$$= \exp\left(\frac{\Delta_r S_m^\ominus}{R}\right)\exp\left(\frac{\Delta_r U_m^\ominus}{RT}\right) \qquad (2\text{-}70)$$

式中，$\Delta_r S_m^\ominus$、$\Delta_r U_m^\ominus$、$\Delta_r F_m^\ominus$ 分别为反应的标准摩尔熵变、标准摩尔内能变化和亥姆霍兹标准摩尔自由能变化。

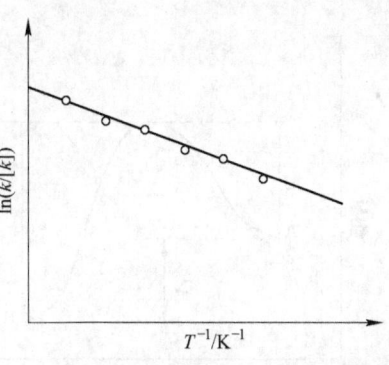

图 2-3 由阿累尼乌斯公式求活化能及指前因子

或：

$$K_C^\ominus = \frac{k_+}{k_-} = \frac{A_+ \exp\left(-\dfrac{E_+}{RT}\right)}{A_- \exp\left(-\dfrac{E_-}{RT}\right)} = \frac{A_+}{A_-}\exp\left(-\frac{E_+ - E_-}{RT}\right) \qquad (2\text{-}71)$$

式中 A_+，A_-——分别为正、逆反应的指前因子；

E_+，E_-——分别为正、逆反应的活化能。

比较式（2-59）和式（2-60）得：

$$\frac{A_+}{A_-} = \exp\left(\frac{\Delta_r S_m^\ominus}{R}\right) \qquad (2\text{-}72)$$

$$E_+ - E_- = \Delta_r U_m^\ominus \qquad (2\text{-}73)$$

式（2-62）说明活化能等于正逆反应的标准摩尔内能之差。同时，$\Delta_r U_m^\ominus$ 又等于生成物平均能量 $\overline{E}_P$ 与反应物的平均能量 $\overline{E}_R$ 之差，即：

$$\Delta_r U_m^\ominus = \overline{E}_P - \overline{E}_R = Q_V \qquad (2\text{-}74)$$

式中，Q_V 为等容反应热。

结合式（2-62）和式（2-63），得到：

$$\overline{E}_P - \overline{E}_R = E_+ - E_- = Q_V \qquad (2\text{-}75)$$

图 2-4 所示是这一关系的示意图。因为 Q_V 是温度的函数，所以，严格说来阿累尼乌斯活化能也应是温度的函数。但是，在不太宽的温度范围内，可以忽略活化能随温度的变化。

有研究者提出低温下，活化能越小，反应速率越大；而高温下，活化能越大，反应速率越大。这可以从图 2-5 看出。

例 2-2 某反应在 390K 时进行需 10min。若降温到 290K，达到相同的程度需时多少？

解： 取每升高 10K，速率增加的下限为 2 倍。

则有

$$\frac{k(390K)}{k(290K)} = \frac{t(290K)}{t(390K)} = 2^{10} = 1024$$

$$t(290K) = 1024 \times 10\text{min} \approx 7\text{d}$$

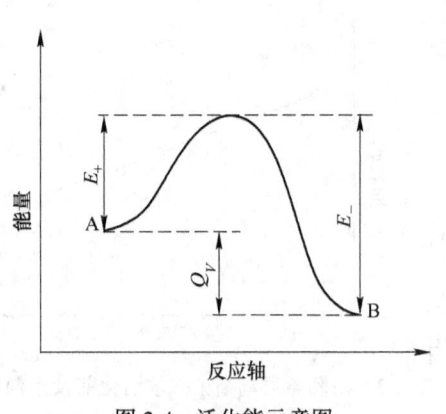

图 2-4   活化能示意图

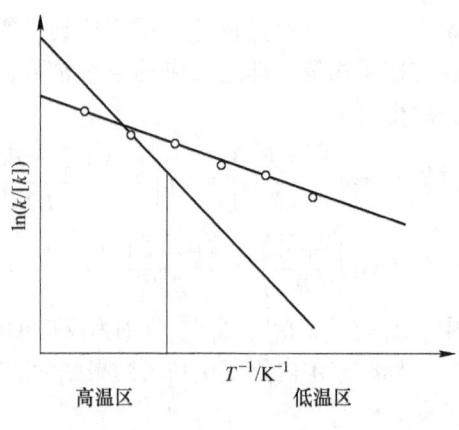

图 2-5   活化能与反应速率的关系

阿累尼乌斯公式可表示如式（2-76）和式（2-77）所示：

（1）指数式：

$$k = A\exp\left(-\frac{E_a}{RT}\right) \tag{2-76}$$

该式描述了速率随温度而变化的指数关系。A 称为指前因子，E_a 称为阿累尼乌斯活化能，阿累尼乌斯认为 A 和 E_a 都是与温度无关的常数。

（2）对数式：

$$\ln k = -\frac{E_a}{RT} + B \tag{2-77}$$

该式描述了速率系数与 $1/T$ 之间的线性关系。可以根据不同温度下测定的 k 值，以 $\ln k$ 对 $1/T$ 作图，从而求出活化能 E_a。

公式中活化能的求算由以下式（2-78）和式（2-79）所得。

（1）用实验值作图得：

$$\ln k = -\frac{E_a}{RT} + B \tag{2-78}$$

（2）从定积分式计算：

$$\ln \frac{k_2}{k_1} = \frac{E_a}{R}\left(\frac{1}{T_1} - \frac{1}{T_2}\right) \tag{2-79}$$

测定两个温度下的 k 值，代入计算 E_a 值。如果 E_a 已知，也可以用此方法求出其他温度下的 k 值。

一定温度下的反应速率与各个反应物的浓度的若干次方成正比。对于基元反应，每种反应物浓度的指数等于反应式中各反应物的系数。

$$-\frac{dc_A}{dt} = k_A c_A^a c_B^b, \quad -\frac{dc_{AB}}{dt} = k_{AB} c_A^a c_B^b, \quad -\frac{dc_B}{dt} = k_B c_A^a c_B^b \tag{2-80}$$

这就是化学反应的质量作用定律。式中的比例系数 k_A、k_B、k_{AB} 称为反应的速度常数。

对复杂反应不能直接应用质量作用定律，而应按照分解的基元反应分别讨论或经试验测定，确定其表观速率。

2.2.4 渣和金属反应的速度表达式

熔渣和金属两相主体理想混合，过程由传质环节控制，在界面化学反应达到平衡假定条件下，推导渣和金属反应的速度表达式。应用双膜理论分析金属液/熔渣反应机理和反应速率。金属液/熔渣反应主要为以下两种反应：

$$[A] + (B^{z+}) \Longrightarrow (A^{z+}) + [B] \tag{2-81}$$

$$[A] + (B^{z-}) \Longrightarrow (A^{z-}) + [B] \tag{2-82}$$

式中，$[A]$ 和 $[B]$ 分别为金属液中以原子状态存在的组元 A、B；(A^{z+})、(A^{z-})、(B^{z+})、(B^{z-}) 为熔渣中以正（负）离子状态存在的组元 A、B。

组元 A 在熔渣、金属液两相中浓度分布如图 2-6 所示。

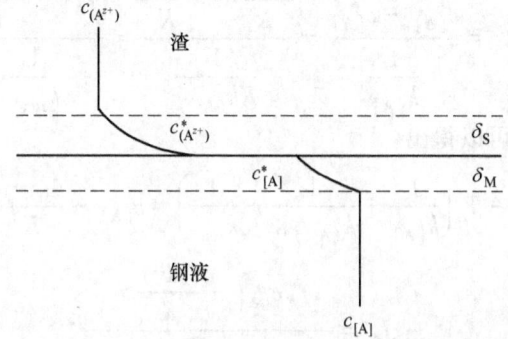

图 2-6　组元 A 在熔渣、金属液两相中浓度分布示意图

$$\left(J_{[A]} = \frac{1}{S} \frac{dn_{[A]}}{dt} \right)$$

对于一般情况，若组元 A 在钢液和在渣中的扩散及在界面化学反应速率差不多，则每一步的物质流密度如下。

在金属液边界层的物质流密度：

$$J_{[A]} = k_{[A]} (c_{[A]}^* - c_{[A]}) \tag{2-83}$$

在渣相边界层的物质流密度：

$$J_{(A^{z+})} = k_{(A^{z+})} (c_{(A^{z+})}^* - c_{(A^{z+})}) \tag{2-84}$$

若界面化学反应为一级反应，则：

正反应的速率为：

$$v_+ = -\frac{1}{S} \frac{dn_{[A]}}{dt} = k_{rea^+} c_{(A)}^* \tag{2-85}$$

逆反应速率为：

$$v_- = \frac{1}{S} \frac{dn_{[A]}}{dt} = k_{rea^-} c_{(A^{z+})}^* \tag{2-86}$$

式中　k_{rea^+}，k_{rea^-}——分别为正、逆反应的速率常数；

v_+，v_-——分别为正、逆反应速率。

当正、逆反应速率相等，达到动态平衡时有：

$$\frac{c_{(A^{z+})}^{*}}{c_{[A]}^{*}} = \frac{k_{rea^+}}{k_{rea^-}} = K \tag{2-87}$$

当正、逆反应速率不相等时，则化学反应净速率为：

$$v_A = -\frac{1}{S}\frac{dn_{[A]}}{dt} = k_{rea^+}c_{[A]}^{*} - k_{rea^-}c_{(A^{z+})}^{*} = k_{rea^+}\left(c_{[A]}^{*} - \frac{c_{(A^{z+})}^{*}}{K}\right) \tag{2-88}$$

假设总反应过程是稳态，则：

$$-J_A = k_{[A]}(c_{[A]} - c_{[A]}^{*}) = k_{(A^{z+})}(c_{(A^{z+})}^{*} - c_{(A^{z+})}) = k_{rea^+}\left(c_{[A]}^{*} - \frac{c_{(A^{z+})}^{*}}{K}\right) \tag{2-89}$$

或：

$$-J_A = \frac{c_{[A]} - c_{[A]}^{*}}{\dfrac{1}{k_{[A]}}} = \frac{\dfrac{c_{(A^{z+})}^{*}}{K} - \dfrac{c_{(A^{z+})}}{K}}{\dfrac{1}{Kk_{(A^{z+})}}} = \frac{c_{[A]}^{*} - \dfrac{c_{(A^{z+})}^{*}}{K}}{\dfrac{1}{k_{rea^+}}} \tag{2-90}$$

采用合分比的方法可以得出：

$$-J_A\left(\frac{1}{k_{[A]}} + \frac{1}{k_{(A^{z+})}K} + \frac{1}{k_{rea^+}}\right) = c_{[A]} - \frac{c_{(A^{z+})}}{K} \tag{2-91}$$

$$-J_A = \frac{c_{[A]} - \dfrac{c_{(A^{z+})}}{K}}{\dfrac{1}{k_{[A]}} + \dfrac{1}{k_{(A^{z+})}K} + \dfrac{1}{k_{rea^+}}} \tag{2-92}$$

$\dfrac{1}{k_{[A]}}$ 和 $\dfrac{1}{k_{(A^{z+})}K}$ $\dfrac{1}{k_{rea^+}}$ 分别表示 A 在钢液、渣中的传质和在界面上化学反应的阻力。

若 A 在钢液中的传质是限制环节，即 $\dfrac{1}{k_{[A]}} \gg \dfrac{1}{k_{(A^{z+})}K} \dfrac{1}{k_{rea^+}}$，则在渣中的阻力和化学反应的阻力可以忽略。此时，总过程的速率为：

$$-J_A = \frac{c_{[A]} - \dfrac{c_{(A^{z+})}}{K}}{\dfrac{1}{k_{[A]}}} = k_{[A]}\left(c_{[A]} - \frac{c_{(A^{z+})}}{K}\right)c_{(A^{z+})} = c_{(A^{z+})}^{*} \tag{2-93}$$

由

$$\frac{c_{(A^{z+})}^{*}}{c_{[A]}^{*}} = \frac{k_{rea^+}}{k_{rea^-}} = K \tag{2-94}$$

所以　　　　　　　　$-J_A = k_{[A]}(c_{[A]} - c_{[A]}^{*})$

若 A 在渣中的传质是限制环节，即 $\dfrac{1}{k_{(A^{z+})}K} \ll \dfrac{1}{k_{[A]}} + \dfrac{1}{k_{rea^+}}$，则在钢液中的阻力和化学反应的阻力可以忽略。此时，总过程的速率为：

$$-J_A = \frac{c_{[A]} - \dfrac{c_{(A^{z+})}}{K}}{\dfrac{1}{k_{(A^{z+})}K}} = k_{(A^{z+})}K\left(c_{[A]} - \frac{c_{(A^{z+})}}{K}\right) = k_{(A^{z+})}(Kc_{[A]} - c_{(A^{z+})}) \tag{2-95}$$

因为
$$\frac{c^*_{(A^{z+})}}{c^*_{[A]}} = \frac{k_{rea^+}}{k_{rea^-}} = K \quad 和 \quad c_{[A]} = c^*_{[A]}$$

所以
$$c_{[A]}K = c^*_{(A^{z+})}$$

且
$$-J_A = k_{(A^{z+})}(Kc_{[A]} - c_{(A^{z+})}) = k_{(A^{z+})}(c^*_{(A^{z+})} - c_{(A^{z+})})$$

若 A 在渣钢界面化学反应是限制环节，即 $\frac{1}{k_{rea^+}} \gg \frac{1}{k_{[A]}} + \frac{1}{k_{(A^{z+})}K}$，则在钢液和渣中的阻力可以忽略。此时，总过程的速率为：

$$-J_A = k_{rea^+}\left(c_{[A]} - \frac{c_{(A^{z+})}}{K}\right) = k_{rea^+}c_{[A]} - k_{rea^+}\frac{c_{(A^{z+})}}{\frac{k_{rea^+}}{k_{rea^-}}} = k_{rea^+}c_{[A]} - k_{rea^-}c_{(A^{z+})} \quad (2\text{-}96)$$

在炼钢的高温情况下，一般说来，化学反应速率是很快的，不是过程的限制性环节。总的速率多取决于组元的传质速率。

2.3 冶金动力学方程与复杂反应

2.3.1 动力学方程式的建立

积分法又称尝试法。积分法适用于具有简单级数的反应。当实验测得了一系列 c_A-t 或 x-t 的动力学数据后，作以下两种尝试：

（1）将各组 c_A、t 值代入具有简单级数反应的速率定积分式中，计算 k 值。若得 k 值基本为常数，则反应为所代入方程的级数。若求得 k 不为常数，则需再进行假设。

（2）用下列式（2-97）中的关系作图：

$$\ln c_A - t, \quad \frac{1}{a-x} - t, \quad \frac{1}{(a-x)^2} - t \quad (2\text{-}97)$$

如果所得图为一直线，则反应为相应的级数

$$nA \longrightarrow P \quad (2\text{-}98)$$
$$t = 0 \quad c_{A0} \quad 0$$
$$t = t \quad c_A \quad x \quad (2\text{-}99)$$
$$r = -\frac{dc_A}{dt} = kc_A^n$$

对初始浓度 c_{A0}：

$$\ln r = \ln\left(-\frac{dc_A}{dt}\right) = \ln k + n\ln c_A \quad (2\text{-}100)$$

以式（2-100）$\ln A\left(-\frac{dc_A}{dt}\right) \approx \ln c_A$ 作图，由直线的斜率求出 n 值，具体作法：根据实验数据作 c_A-t 曲线；在不同时刻 t 求 $-dc_A/dt$；以 $\ln(-dc_A/dt)$ 对 $\ln c_A$ 作图；微分法要作三次图，引入的误差较大，但可适用于非整数级数反应。

2.3.2 几种典型的复杂反应

复杂反应包括对峙反应、平行反应、连续反应。各个反应特点不同,其积分和微分表达式也不同。

(1) 对峙反应。在正、逆两个方向同时进行的反应称为对峙反应,俗称可逆反应。正、逆反应可以为相同级数,也可以为具有不同级数的反应;可以是基元反应,也可以是非基元反应。例如:

$$A \longrightarrow B$$
$$A + B \longrightarrow C + D$$
$$A + B \longrightarrow C$$

如图 2-7 所示,对峙反应的特点:

1) 净速率等于正、逆反应速率之差值;

2) 达到平衡时,反应净速率等于零;

3) 正、逆速率系数之比等于平衡常数 $K = k_f / k_b$;

4) 在 c-t 图上,达到平衡后,反应物和产物的浓度不再随时间而改变。

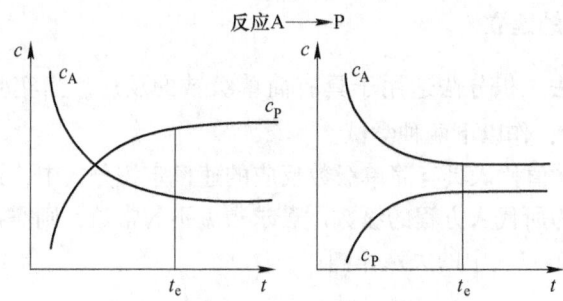

图 2-7　反应物和产物浓度随时间的变化

t_e—反应达平衡的时间

(2) 平行反应。相同反应物同时进行若干个不同的反应称为平行反应。这种情况在有机反应中较多,通常将生成期望产物的一个反应称为主反应,其余为副反应。总的反应速率等于所有平行反应速率之和。平行反应的级数可以相同,也可以不同,前者数学处理较为简单。

平行反应的特点:平行反应的总速率等于各平行反应速率之和;速率方程的微分式和积分式与同级的简单反应的速率方程相似,只是速率系数为各个反应速率系数的和;当各产物的起始浓度为零时,在任一瞬间,各产物浓度之比等于速率系数之比,若各平行反应的级数不同,则无此特点;用合适的催化剂可以改变某一反应的速率,从而提高主反应产物的产量;由阿累尼乌斯公式,用改变温度的办法,可以改变产物的相对含量。活化能高的反应,速率系数随温度的变化率也大。

$$\frac{\mathrm{d}\ln k}{\mathrm{d}T} = \frac{E_a}{RT^2} \tag{2-101}$$

(3) 连续反应 (consecutive reaction)。有很多化学反应是经过连续几步才完成的,前一步生成物中的一部分或全部作为下一步反应的部分或全部反应物，依次连续进行，这种反应称为连续反应或连串反应。连续反应的数学处理极为复杂，我们只考虑最简单的由两个单向一级反应组成的连续反应。

链反应（straight chain reaction）

$$H_2 + Cl_2 \longrightarrow 2HCl \quad 总包反应 \tag{2-102}$$

$r = \dfrac{1}{2}\dfrac{d[HCl]}{dt} = k[H_2][Cl_2]^{1/2}$ 实验测定的速率方程推测反应机理：

链引发：$Cl_2 + M \longrightarrow 2Cl + M$

链传递：$Cl + H_2 \longrightarrow HCl + H$

$\qquad\qquad H + Cl_2 \longrightarrow HCl + Cl$

$\qquad\qquad \vdots$

链终止：$2Cl + M \longrightarrow Cl_2 + M$

如果从反应机理导出的速率方程和表观活化能与实验值相符，说明反应机理是正确的。直链反应的主要过程为链引发—链传递—链终止。

（1）链引发（chain initiation）。处于稳定态的分子吸收了外界的能量，如加热、光照或加引发剂，使它分解成自由原子或自由基等活性传递物。活化能相当于所断键的键能。

（2）链传递（chain propagation）。链引发产生的活性传递物与另一稳定分子作用，在形成产物的同时又生成新的活性传递物，使反应如链条一样不断发展下去。

（3）链终止（chain termination）。两个活性传递物相碰形成稳定分子或发生歧化，失去传递活性；与器壁相碰，形成稳定分子，放出的能量被器壁吸收，造成反应停止。

2.3.3 复杂反应速率方程的近似处理方法

（1）速控步骤法。在连续反应中，如果某一环节很慢，该步的速率基本上等于整个反应的速率，则该慢步骤称为速率决定步骤，简称速决步或速控步。利用速决步近似，可以使复杂反应的动力学方程推导步骤简化。

（2）稳态近似法。从反应机理导出速率方程时必须作适当近似，稳态近似是方法之一。假定反应进行一段时间后，体系基本上处于稳态，这时，各中间产物的浓度可认为保持不变，这种近似处理的方法称为稳态近似，一般活泼的中间产物可以采用稳态近似。

（3）平衡假设法。该决定步骤的反应速率即为总反应速率，决速步骤前的快反应可以假定处于平衡，决速步骤后的快速反应对总反应速率没有影响。

拟定反应历程的一般方法：

（1）写出反应的计量方程；

（2）实验测定速率方程，确定反应级数；

（3）测定反应活化能；

（4）用顺磁共振、核磁共振和质谱等手段检测中间产物的化学组成；

（5）拟定反应历程；

（6）从反应历程推导动力学方程是否与实验测定的一致；

（7）从动力学方程计算活化能是否与实验值相等；

（8）如果（6）、（7）结果与实验一致，则所拟的反应历程基本准确，如果不一致则做相应的修正。

2.3.4　催化反应动力学

催化反应的过程可视为反应物在催化剂周围发生反应，同时周围的反应物不断向催化剂扩散（因为此处反应物不断被消耗而浓度降低），生成物则不断向外围扩散。此间涉及两个过程：一个是反应，一个是扩散。反应的速度是由该反应的最慢步骤决定，一个反应如果反应速度小于反应物（或生成物）的扩散速率，则该反应为动力学控制；反之，如果扩散速度小于反应速度，则为扩散控制。

催化反应通常可以分为三大类：

（1）均相催化。即催化剂和反应物同处于同一相中，均为气相或均为液相。如：NO_2 与 SO_2 处于同一液相中。

（2）复相催化。即催化剂和反应物处于不同相中，如 V_2O_5 对 SO_2 氧化为 SO_3 的催化作用，Fe 对合成氨的催化作用等。

（3）生物催化，或称酶催化。如馒头的发酵、制酒过程中的发酵等都属于酶催化。由于酶是由蛋白质或核酸分子组成，而分子很大，已达到胶体粒子大小的范围，因此它既不同于均相催化，也不同于复相催化，而是兼备两者的某些特征。

催化剂是用来控制反应速率的。可明显改变反应速率，而本身在反应前后保持数量和化学性质不变的物质称为催化剂。根据催化剂对反应速率的影响，可以将催化剂分为正催化剂和负催化剂；可加速反应速率的，称为正催化剂；可降低反应速率的，称为阻化剂或负催化剂。工业上大部分用的是正催化剂。而塑料和橡胶中的防老剂、金属防腐用的缓蚀剂和汽油燃烧中的防爆震剂等都是阻化剂。催化剂是参与反应的，催化过程中其物理性质有可能改变。

催化剂加速反应速率的本质是改变反应的历程，降低整个反应的表观活化能。在反应前后，催化剂的化学性质没有改变，但物理性质可能会发生改变。催化剂不影响化学平衡，不能改变反应的方向和限度，催化剂同时加速正向和逆向反应的速率，使平衡提前到达。即不能改变热力学函数 $\Delta_r G_m$、$\Delta_r G_m^{\ominus}$ 的值。催化剂有特殊的选择性，同一催化剂在不同的反应条件下，有可能得到不同产品。有些反应其速率和催化剂的浓度成正比，这可能是催化剂参加了反应成为中间化合物；对于气-固相催化反应，增加催化剂的用量或增加催化剂的比表面，都将增加反应速率。加入少量的杂质常可以强烈地影响催化剂的作用，这些杂质既可成为助催化剂也可成为反应的毒物。

习　题

2-1 请描述化学动力学方法的定义。

2-2 请详述简单反应选择反应器类型的原则。

2-3 请简述催化反应的特点。

2-4 请列举典型的复杂反应。

2-5 如何确定均相反应速率方程参数，请简述其步骤。

2-6 什么是实验间歇法，什么是连续法？

2-7 请描述简单反应的解析方法。

2-8 请描述直链反应的主要步骤。

2-9 一级反应的特点有哪些？

2-10 某反应在 390K 时进行需 10min。若降温到 290K，达到相同的程度，需用时多少？

2-11 钚的同位素进行 β 放射，14d 后，同位素活性下降了 6.85%。试分别求出该同位素的：（1）蜕变常数；（2）半衰期；（3）分解掉 90% 所需时间。

2-12 写出化学反应速度式的确定步骤。

2-13 链反应的主要特征有哪些？

2-14 请简述拟定一个反应历程的一般方法。

2-15 （1）比较、总结零级、一级和二级反应的动力学特征，并用列表形式表示。

（2）某二级反应的反应物起始浓度为 $0.4 \times 10^3 \, mol/m^3$。该反应在 80min 内完成 30%，计算其反应速率常数及完成反应的 80% 所需的时间。

2-16 已知 A、B 两个反应的频率因子相同，活化能之差：$E_A - E_B = 16.628 \, kJ/mol$。

求：（1）1000K 时，反应的速率常数之比 $k_A/k_B = ?$

（2）1500K 时反应的速率常数之比 k_A/k_B 有何变化？

2-17 某电炉冶炼 1Cr18Ni9 不锈钢，试验中每 2min 取样一次，碳的质量分数的分析结果如下表所示。

t/min	0	2	4	6	8	10	12	14	16	18	20	22
$w[C]/\%$	0.6	1.25	1.04	0.78	0.52	0.30	0.23	0.16	0.11	0.074	0.05	0.034

要求：

（1）根据碳含量变化，绘出 $w[C]$-t 及 $lgw[C]$-t 图。分析在 $w[C] \approx 0.2\%$ 附近，反应的表观级数有何变化。如果以 $w[C] = 0.2\%$ 为界，将脱碳过程分为两个阶段，问两个阶段的表观级数 n_1、n_2 和表观速率常数 k_1、k_2 各为多少？

（2）已知当 $w[C] < 0.2\%$ 以后，温度与时间呈线性关系，可以写为 $dT/dt = k_3$，k_3 仅为吹氧速率的函数。试推导 $w[C]$ 随温度变化的微分式及其积分式。

（3）如果 $k_2/k_3 = 8.7 \times 10^{-3} \, K^{-1}$，又知同样的吹炼条件下，有如下原始数据：

吹炼起始温度为 1600℃，起始钢液成分：$w[C] = 1.41\%$，$w[Si] = 0.44\%$，$w[Cr] = 19.38\%$，$w[Ni] = 10.60\%$。应用（2）中推导的 $w[C]$ 与温度的关系式，并设该式可以外推到起始温度、成分，求终点碳控制在 0.08% 时，温度应控制在多少度附近？（忽略硅含量的影响）。

2-18 球形石墨颗粒 $r_p = 1mm$，在 900℃、10% O_2 的静止气氛中燃烧，总压力为 101.325kPa，反应是 $C + O_2 = CO_2$ 的一级不可逆化学反应，计算完全反应时间，并判断反应控制环节。并重复计算当 $r_p = 0.1mm$ 时的情况。

（已知条件：$\rho_{石墨} = 3.26 \, g/cm^3$，$k = 20cm/s$，$D = 20cm^2/s$）

参 考 文 献

[1] 郭汉杰. 冶金物理化学教程 [M]. 2 版. 北京：冶金工业出版社，2006.

[2] 魏寿昆. 冶金过程热力学 [M]. 北京：科学出版社，2010.

[3] 王筱留. 钢铁冶金学（炼铁部分）[M]. 北京：冶金工业出版社，2003.

[4] 黄希祜. 钢铁冶金原理 [M]. 北京：冶金工业出版社，2005.

[5] 赵俊学. 冶金原理 [M]. 北京：冶金工业出版社，2005.

3 冶金过程宏观动力学

冶金宏观动力学的目的：（1）弄清化学反应本身的规律（热力学、动力学）；（2）弄清试验体系内物质的三传规律；（3）用质量、热量、动量三者平衡关系联立求解（1）、（2）之间的相互联系。

虽然煤气燃烧、转炉或熔融还原炉中的煤气二次燃烧等重要的冶金反应为气相均匀反应，但是，多数冶金反应是发生在不同相的相间，属多相反应。本章仅讨论按体系中相界面特征划分的五大类型相间反应（表3-1）的宏观动力学处理方法。

表 3-1　冶金相间反应的分类和实例

界面类型	反应类型[①]	实　例
气-固	$S_1 + G = S_2$	金属氧化
	$S_1 + G_1 = S_2 + G_2$	氧化物气体还原
	$S_1 = S_2 + G$	氧化物、碳酸盐和硫酸盐分解
	$S_1 + G_1 = G_2$	碳燃烧
气 - 液	$L_1 + G = L_2$	气体吸收
	$L_1 + G_1 = L_2 + G_2$	冰桶吹炼，吹氧炼钢
液 - 液	$L_1 = L_2$	溶剂萃取，渣金反应
液 - 固	$L_1 + S = L_2$	溶剂浸出
	$L_1 + S_1 = L_2 + S_2$	置换沉淀
固 - 固	$S_1 + S_2 = S_3 + G$	氧化物碳还原
	$S_1 + S_2 = S_3 + S_4$	氧化物或卤化物金属还原
	$S_1 + S_2 = S_3$	合金化、固体渗碳、金属氧化物陶瓷化

注：G—气体；S—固体；L—液体。

化学反应速率是以单位时间单位体积（或面积）内的反应物消耗量或产物生成量来表示的。式（3-1）为均相反应：

$$aA + bB \longrightarrow rR + qQ \tag{3-1}$$

当反应是在恒容条件下进行，用浓度变化表示反应速率，如式（3-2）所示，其中 c_A 表示反应物 A 物质的量浓度。

$$r_A = -\frac{dc_A}{dt} \tag{3-2}$$

3.1　气-固相反应动力学

3.1.1　气-固相反应过程

气-固反应在冶金中非常普遍，反应过程通常可以考虑以下基本步骤：

（1）气体反应物和生成物在主气流与固体表面之间的传质。

（2）气体反应物和生成物在有孔固体的孔隙内的扩散。

（3）气体和固体反应物之间的化学反应。

（4）对于热效应较大的反应，还要考虑通过固体内部的热传导、主气流与固体表面间的对流和（或）辐射传热。

气体-固体间的反应，按固体反应物性质可分为无孔颗粒和多孔颗粒两大类，每一类又可分为有和无固体产物生成两类。本章针对最基本的反应类型，讨论其宏观动力学研究及模型化方法。图 3-1 所示为气-固相反应过程。

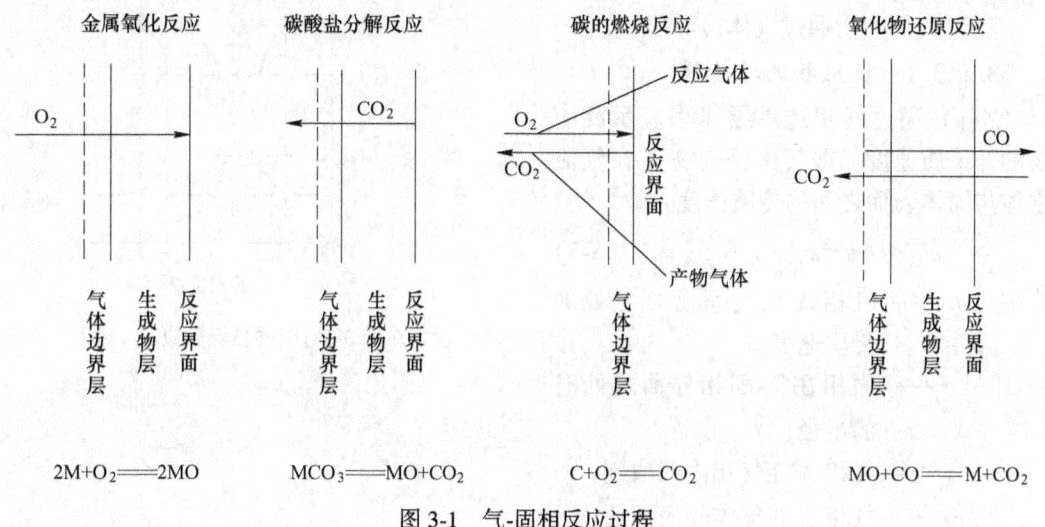

图 3-1 气-固相反应过程

3.1.2 气-固相反应的特征

气-固相反应特征如图 3-2 所示，Ⅰ为反应气体传质，Ⅱ为反应气体扩散，Ⅲ为发生化学反应，Ⅳ为生成气体传质，Ⅴ为生成气体扩散。其中金属氧化过程为：Ⅰ—Ⅱ—Ⅲ；碳酸盐分解过程：Ⅲ—Ⅳ—Ⅴ；氧化物还原过程：Ⅰ—Ⅱ—Ⅲ—Ⅳ—Ⅴ；碳的燃烧过程：Ⅰ—Ⅲ—Ⅴ。

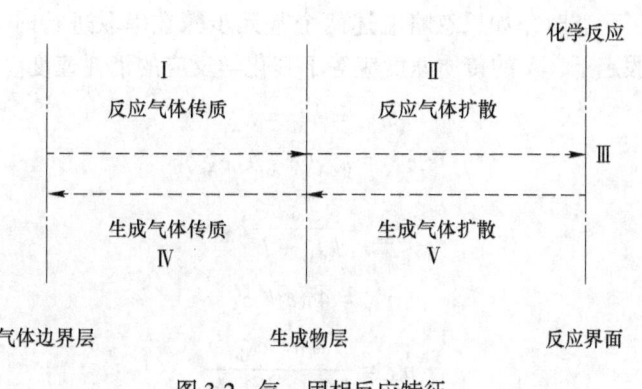

图 3-2 气-固相反应特征

对于没有固体产物或生成可立即从固体反应物表面脱落的固体产物的气体与无孔固体间的反应，随反应进行，固体颗粒的体积逐渐缩小以致最后消失。如碳的燃烧、矿石的氯化焙烧等。

3.1.3　碳燃烧反应

碳燃烧反应式为 $A(g) + bB(s) = cC(g)$，反应过程如图 3-3 所示，动力学步骤如下：

(1) 气体反应物通过气体边界层；

(2) 界面化学反应；

(3) 气体产物通过气体边界层。

3.1.3.1　反应物的外传质

$A(g)$ 通过气相边界层速率表示反应物的外传质速度，即气体反应物 A 在气流主体与固体表面之间的传质速度：

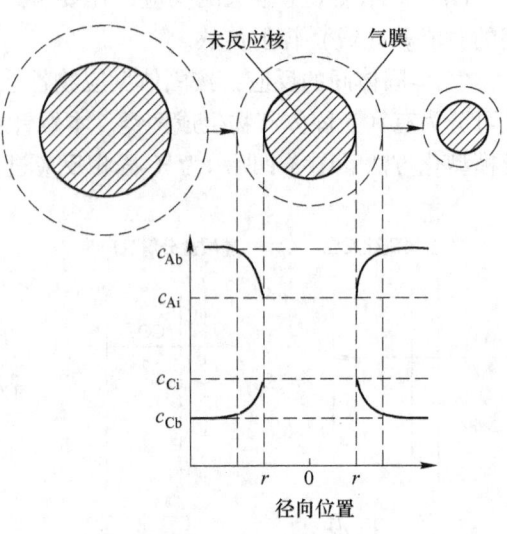

图 3-3　碳的燃烧反应

$$\dot{n}_{Ai} = 4\pi r_i^2 k_g (c_{Ab} - c_{As}) \qquad (3\text{-}3)$$

式中　$\dot{n}_{Ai}$ ——气相 A 在气-固界面之处的传质速度；

　　　r_i ——固相在气-固相界面之处时的半径；

　　　c_{Ab} ——气相 A 在气相内的浓度；

　　　c_{As} ——气相 A 在球体外表面的浓度；

　　　k_g ——气相边界层的传质系数。

3.1.3.2　界面化学反应

传质速度为气体 A 和固体反应物 B 之间以气体 A 的消耗表示的化学反应速度（mol/s），当化学反应为一级不可逆反应时，传质速率可表示为：

$$\dot{n}_{Ar} = 4\pi r_i^2 k_r c_{As} \qquad (3\text{-}4)$$

式中　k_r ——化学反应速度常数。

式（3-4）说明，逆反应不影响反应速度。因此，产物气体传质阻力可以忽略。

反应过程处于稳态时，如果忽略上述两个基元步骤在串联进行时 A 在边界层内的积累，即在拟稳态假定下，A 的传质速度应等于其化学反应的消耗速度。

$$\dot{n}_{Ar} = \dot{n}_{Ai} = \dot{n}_A \qquad (3\text{-}5)$$

$$k_r c_{As} = k_{dA}(c_{Ab} - c_{As}) \qquad (3\text{-}6)$$

$$c_{As} = \frac{k_{dA}}{k_{dA} + k_r} c_{Ab} \qquad (3\text{-}7)$$

$$\dot{n}_{Ar} = 4\pi r_i^2 k_r c_{As} \qquad (3\text{-}8)$$

$$\dot{n}_A = \frac{4\pi r^2 c_{Ab}}{1/k_{dA} + 1/k_r} \qquad (3\text{-}9)$$

由式（3-9）可见，过程的总推动力是固体反应物的表面积与主气流中气体反应物浓度的乘积，总阻力是两个串联进行的基元步骤的阻力。

对于碳燃烧反应：$A(g) + bB(s) = cC(g)$，球形粒子的反应速率可表示为：

$$\dot{n}_A = -\frac{dn_A}{dt} = \frac{1}{b}\dot{n}_B = -\frac{1}{b}\frac{dn_B}{dt} = -\frac{1}{b}\frac{d}{dt}\left(\rho_B\frac{4\pi r_i^3}{3}\right) = -\rho_B\frac{4\pi r_i^2 dr_i}{bdt} \tag{3-10}$$

$$\dot{n}_A = \frac{4\pi r^2 c_{Ab}}{1/k_{dA} + 1/k_r} \tag{3-11}$$

$$\dot{n}_A = -\rho_B\frac{4\pi r_i^2 dr_i}{bdt} \tag{3-12}$$

$$-\frac{dr_c}{dt} = \frac{bc_{Ab}}{\rho_B}\frac{1}{1/k_{dA} + 1/k_r} \tag{3-13}$$

当 $u \rightarrow 0$ 时，

$$t = \frac{\rho_B r_0}{bk_r c_{Ab}}\left[\left(1 - \frac{r}{r_0}\right) + \frac{k_r r_0}{2D}\left(1 - \frac{r^2}{r_0^2}\right)\right] \tag{3-14}$$

式中 D——气体中 A 的扩散系数。

若以 r_0 和 r 分别表示固体反应物颗粒的初始和反应过程中的半径，则固体的转化率 X 可用式（3-15）表达，转化时间可用式（3-16）表示：

$$X = 1 - (r/r_0)^3 \tag{3-15}$$

$$t = \frac{\rho_B r_0}{bk_r c_{Ab}}\left\{\left[1 - (1-X)^{1/3}\right] + \frac{k_r r_0}{2D}\left[1 - (1-X)^{2/3}\right]\right\} \tag{3-16}$$

当 $X=1$ 时，完全转化需要的时间可用式（3-17）表示：

$$t_c = \frac{\rho_B r_0}{bk_r c_{Ab}}\left(1 + \frac{k_r r_0}{2D}\right) \tag{3-17}$$

令

$$\sigma^2 = \frac{k_r r_0}{2D} \tag{3-18}$$

式中，σ^2 表示边界层传质阻力和化学反应阻力比值的无因次准数，可用来判断过程的控制步骤。

当 $\sigma^2 \leq 0.1$ 时，过程由化学反应控制；当 $\sigma^2 \geq 10$ 时，过程由边界层传质控制；当 $0.1 < \sigma^2 < 10$ 时，一般应考虑两个基元步骤的阻力，即混合控制，可用式（3-19）表示：

$$t = \frac{\rho_B r_0}{bk_r c_{Ab}}\left\{\left[1 - (1-X)^{1/3}\right] + \frac{k_r r_0}{2D}\left[1 - (1-X)^{2/3}\right]\right\} \tag{3-19}$$

显然，当过程由化学反应控制时有：

$$t = \frac{\rho_B r_0}{bk_r c_{Ab}}\left[1 - (1-X)^{1/3}\right] \tag{3-20}$$

当过程由边界层传质控制时有：

$$t = \frac{\rho_B r_0}{2bDc_{Ab}}\left[1 - (1-X)^{2/3}\right] \tag{3-21}$$

例3-1 900℃和1大气压（0.1MPa）下，半径为1mm的球形石墨颗粒在含10%氧的静止气体中燃烧。试计算完全燃烧需要的时间并确定过程控制步骤。若石墨颗粒半径改为 0.1mm，其他条件不变时，结果有何变化？已知该条件下，$k_r = 0.2\,\mathrm{m/s}$，$D = 2 \times 10^{-4}\,\mathrm{m^2/s}$，$\rho_b = 1.88 \times 10^5\,\mathrm{mol/m^3}$。

解：气相主体中氧的浓度为

$$c_{O_2} = \frac{P}{RT} = 1.039\,\mathrm{mol/m^3}$$

石墨颗粒半径为 1mm 时，完全燃烧所需的时间为：

$$t_c = \frac{\rho_B r_0}{b k_r c_{Ab}} \left(1 + \frac{k_r r_0}{2D}\right) = 22.62\,\mathrm{min} \quad \left(\sigma^2 = \frac{k_r r_0}{2D} = 0.5\right)$$

石墨颗粒半径为 0.1mm 时，完全燃烧所需的时间为：

$$t_c = \frac{\rho_B r_0}{b k_r c_{Ab}} \left(1 + \frac{k_r r_0}{2D}\right) = 1.58\,\mathrm{min} \quad \left(\sigma^2 = \frac{k_r r_0}{2D} = 0.05 < 0.1\right)$$

限制环节为化学反应过程。

3.1.4　金属氧化反应

金属氧化反应化学反应式可由式（3-22）表示。反应过程如图 3-4 所示，气体反应物 A 通过气膜扩散到固体表面；A 通过灰层（固体产物层）扩散到未反应核的表面；A 与固体 B 在未反应核表面进行反应；生成的气相产物 R 通过灰层扩散到粒子表面；生成的气相产物 R 通过气膜扩散到气体本体中。

$$A(g) + bB(s) = sS(s) \tag{3-22}$$

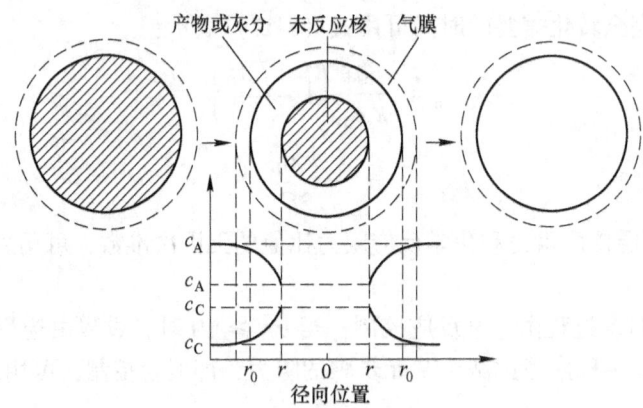

图 3-4　金属氧化反应过程

动力学步骤：当 A(g) 通过气体边界层到达固相表面时为外传质；当 A(g) 通过固相产物层到达反应界面时为内扩散；界面上发生：A(g) + bB(s) = sS(s) 反应。

（1）外传质（外径不变）：

$$\dot{n}_{Ai} = 4\pi r_0^2 k_{dA}(c_{Ab} - c_{As}) \tag{3-23}$$

式中　$\dot{n}_{Ai}$ ——气相 A 在气-固相界面之处的传质速度；

　　　　c_{Ab} ——气相 A 在气相内的浓度；

c_{As}——气相 A 在球体外表面的浓度；

$4\pi r_0^2$——固相反应物原始表面积；

k_{dA}——气相边界层的传质系数。

（2）内扩散。如图 3-5 所示，固相产物层内扩散速度为：

$$\dot{n}_{Ad} = 4\pi r_i^2 D_{eA} \frac{dc_A}{dr_i} \qquad (3\text{-}24)$$

式中　D_{eA}——有效扩散系数。

当稳态扩散时，存在式（3-25）：

$$4\pi r_i^2 D_{eA} \frac{dc_A}{dr_i} = \text{const} \qquad (3\text{-}25)$$

由于 A 通过固体产物层的扩散速度远大于反应界面的移动速度，故在拟稳态假定下，任意时刻 A 通过产物层内各同心球面的扩散速度相等，将式（3-25）分离变量积分得到：

$$\int_{c_{As}}^{c_{Ai}} dc_A = \frac{\text{const}}{4\pi D_{eA}} \int_{r_0}^{r_i} \frac{dr_i}{r_i^2} \qquad (3\text{-}26)$$

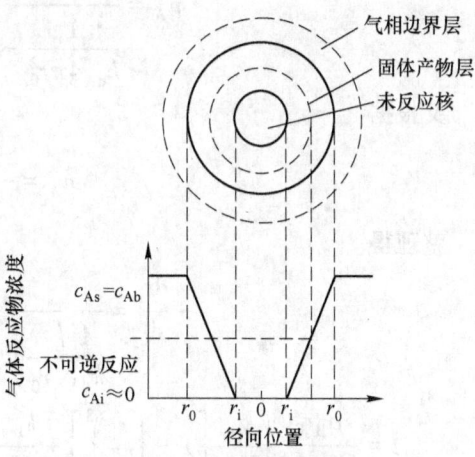

图 3-5　内扩散示意图

$$\dot{n}_{Ad} = 4\pi D_{eA} \frac{r_0 r_i}{r_0 - r_i}(c_{As} - c_{Ai}) \qquad (3\text{-}27)$$

式中　r_i——未反应核半径；

c_{As}——颗粒表面 A 的浓度；

c_{Ai}——反应界面处 A 的浓度。

（3）界面化学反应。如图 3-6 所示为界面化学反应过程，当发生一级不可逆反应时，可以用式（3-28）表示。

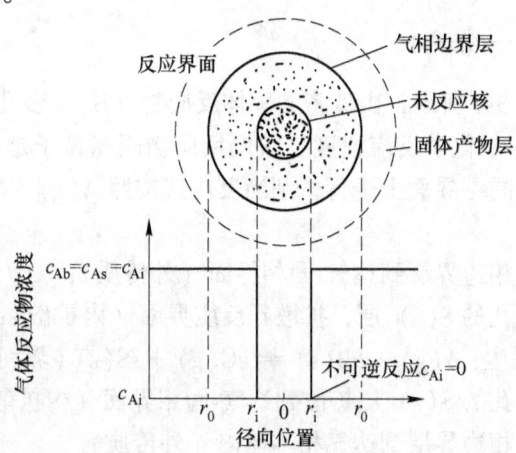

图 3-6　界面化学反应

$$\dot{n}_{Ar} = 4\pi r_i^2 k_r c_{Ai} \qquad (3-28)$$

当界面化学反应过程处于稳态时，则 $\dot{n}_{Ai} = \dot{n}_{Ad} = \dot{n}_{Ar} = \dot{n}_A$，有

$$\dot{n}_A = \frac{c_{Ab}}{\dfrac{1}{k_{dA}4\pi r_0^2} + \dfrac{r_0 - r_i}{D_{eA}4\pi r_0 r_i} + \dfrac{1}{k_r 4\pi r_i^2}} \qquad (3-29)$$

又根据：

$$\dot{n}_A = -\rho_B \frac{4\pi r_i^2 \mathrm{d}r_i}{b\mathrm{d}t} \qquad (3-30)$$

整理得：

$$-\frac{\mathrm{d}r_i}{\mathrm{d}t} = \frac{bc_{Ab}/\rho_B}{\dfrac{1}{k_{dA}}\left(\dfrac{r_i}{r_0}\right)^2 + \dfrac{r_i}{D_{eA}}\left(1 - \dfrac{r_i}{r_0}\right) + \dfrac{1}{k_{rea}}}$$

$$t = \frac{\rho_B r_0}{b k_{rea} c_{Ab}}\left\{\frac{k_{rea}}{3k_{dA}}\left[1 - \left(\frac{r_i}{r_0}\right)^3\right] + \frac{k_{rea}r_0}{6D_{eA}}\left[1 - 3\left(\frac{r}{r_0}\right)^2 + 2\left(\frac{r}{r_0}\right)^3\right] + \left(1 - \frac{r}{r_0}\right)\right\} \qquad (3-31)$$

注意：以上，假设 r_0（初始半径）为常数条件下获得的关系式，这时 k_{dA} 也是常数。即：

$$\frac{k_{dA}d}{D} = 2.0 + 0.6Re^{1/2}Sc^{1/3} \qquad (3-32)$$

舍伍德数 $Sh = \dfrac{k_{dA}d}{D}$，雷诺数 $Re = \dfrac{du\rho}{\mu}$，施密特 $Sc = \dfrac{\mu}{\rho D}$，否则，当 r_0 变化时，k_{dA} 也随之变化。

完全转化（$X=1$）所需要的时间为：

$$t_c = \frac{\rho B r_p}{b k_r c_{Ab}}\left(\frac{k_r}{3k_{gA}} + \frac{k_r r_p}{6D_e} + 1\right) \qquad (3-33)$$

3.1.5　未反应核模型——抽象化

未反应核模型如图 3-7 所示，由致密的固体反应物（B）、多孔的还原产物（S）层和气相层构成，扩散速度≪化学反应速度。假设反应物固相粒子是球形，反应过程中固相球体体积不变，反应在同一界面上进行，则当反应式按照 $A(g) + bB(s) = gG(g) + sS(s)$ 进行时，反应步骤为：

(1) $A(g)$ 穿过气相边界层到达气-固相界面（外传质）；
(2) $A(g)$ 穿过多孔的 $S(s)$ 层，扩散到反应界面（内扩散）；
(3) 反应界面上发生：$A(g) + bB(s) = gG(g) + sS(s)$（界面反应）；
(4) $G(g)$ 穿过多孔的 $S(s)$ 层扩散到达气-固相界面（内扩散）；
(5) $G(g)$ 穿过气相边界层到达气相本体内（外传质）。

3.1.5.1　A(g)外传质控速

$A(g)$ 外传质控速如图 3-8 所示，当 $A(g)$ 通过气相边界层速率等于总反应速率

时有：

$$-\frac{\mathrm{d}n_A}{\mathrm{d}t} = 4\pi r_0^2 k_{kA}(c_{Ab} - c_{As}) \tag{3-34}$$

式中　c_{Ab}——气相 A 在气相内的浓度；

　　　c_{As}——气相 A 在球体外表面的浓度；

　　　$4\pi r_0^2$——固相反应物原始表面积；

　　　k_{dA}——气相边界层的传质系数。

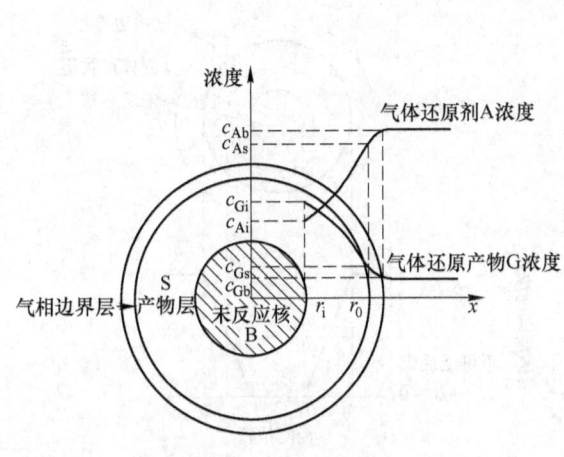

图 3-7　未反应核模型

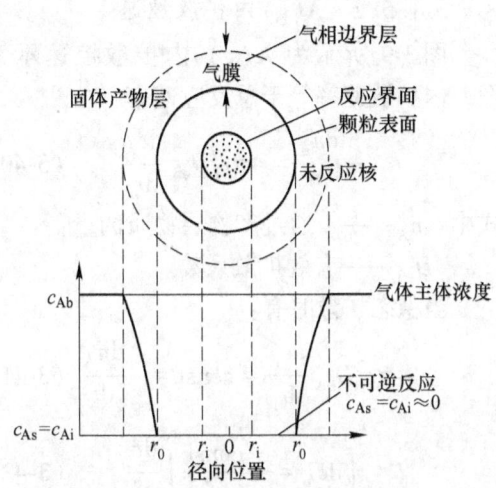

图 3-8　A(g) 外传质控速示意图

当 c_{As} 确定时，根据控速环节的假设（$c_{As} = c_{Ai}$），反应速率为：

$$\dot{n}_A = -\frac{\mathrm{d}n_A}{\mathrm{d}t} = 4\pi r_0^2 k_{dA}(c_{Ab} - c_{Ai}) \tag{3-35}$$

可逆反应：　　　　　　　　　　$c_{Ai} = c_{Ae}$

不可逆反应：　　　　　　　　　$c_{Ai} \approx 0$

总反应速率是：

$$-\frac{\mathrm{d}n_A}{\mathrm{d}t} = -\frac{\mathrm{d}n_B}{b\mathrm{d}t} = -\frac{4\pi r_i^2 \rho_B}{b}\frac{\mathrm{d}r_i}{\mathrm{d}t} \quad (A(g) + bB(s) \Longrightarrow gG(g) + sS(s)) \tag{3-36}$$

式中　n_B——B(s) 的量，mol；

　　　ρ_B——B(s) 的摩尔密度。

当 $c_{Ai} \approx 0$（不可逆反应）时：

$$-\frac{4\pi r_i^2 \rho_B}{b}\frac{\mathrm{d}r_i}{\mathrm{d}t} = 4\pi r_0^2 k_{dA} c_{Ab} \tag{3-37}$$

积分得：　　　　　　　　$t = \frac{\rho_B r_0}{3b k_{dA} c_{Ab}}\left[1 - \left(\frac{r_i}{r_0}\right)^3\right]$

$r_i = 0$，得到完全反应时间 t_f：

$$t_f = \frac{\rho_B r_0}{3 b k_{dA} c_{Ab}} \tag{3-38}$$

反应分数或转化率 X_B（conversion fraction）——反应消耗的B(s)与其原始量之比，$X_B = 1 - \left(\dfrac{r_i}{r_0}\right)^3 = \dfrac{t}{t_f}$。反应时间与转化率的关系可用式（3-39）表示：

$$t = \frac{\rho_B r_0}{3 b M_B k_g c_{Ab}} X_B = a X_B \tag{3-39}$$

3.1.5.2　A(g) 内扩散控速

图 3-9 所示为 A(g) 内扩散控速示意图，内扩散速率等于总反应速率：

$$-\frac{dn_A}{dt} = 4\pi r_i^2 D_{eff} \frac{dc_A}{dr_i} \tag{3-40}$$

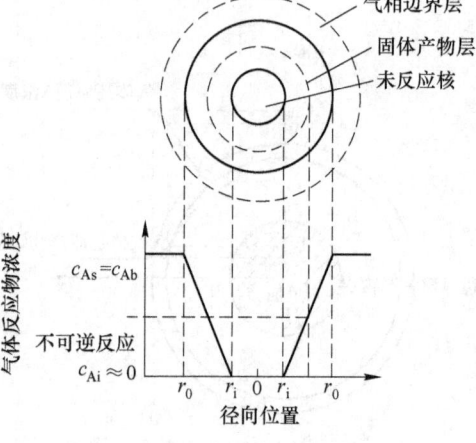

图 3-9　A(g) 内扩散控速

式中　n_A——A 通过产物层物质的量；

　　　D_{eff}——有效扩散系数。

当稳态扩散时有：

$$4\pi r_i^2 D_{eA} \frac{dc_A}{dr_i} = const = -\frac{dn_A}{dt} \tag{3-41}$$

$$\int_{c_{As}}^{c_{Ai}} dc_A = -\frac{const}{4\pi D_{eff}} \int_{r_0}^{r_i} \frac{dr_i}{r_i^2} \tag{3-42}$$

$$-\frac{dn_A}{dt} = 4\pi D_{eff} \frac{r_0 r_i}{r_0 - r_i}(c_{As} - c_{Ai}) \tag{3-43}$$

有效扩散系数为：

$$D_{eA} = \frac{D \varepsilon_p}{\tau}$$

式中　ε_p——产物层的气孔率；

　　　τ——曲折度系数。

当 c_{As} 与 c_{Ai} 确定，则根据假设：$c_{As} = c_{Ab}$，$c_{Ab} > c_{Ai}$，有：

可逆反应：　　　　　　　　　　$c_{Ai} = c_{Ae}$

不可逆反应：　　　　　　　　　$c_{Ai} \approx 0$

对于原方程 $-\dfrac{dn_A}{dt} = 4\pi r_i^2 D_{eff} \dfrac{dc_A}{dr_i}$，当 $c_{Ai} \approx 0$（不可逆反应）时有：

$$-\frac{dn_A}{dt} = 4\pi D_{eff} \frac{r_0 r_i}{r_0 - r_i} c_{Ab} \tag{3-44}$$

由于 $-\dfrac{dn_A}{dt} = -\dfrac{4\pi r_i^2 \rho_B}{b} \dfrac{dr_i}{dt}$，$\dfrac{4\pi r_i^2 \rho_B}{b} \dfrac{dr_i}{dt} = -4\pi D_{eff}\left(\dfrac{r_0 r_i}{r_0 - r_i}\right) c_{Ab}$，故有积分式：

$$t = \frac{\rho_B r_0^2}{6 b D_{eff} c_{Ab}}\left[1 - 3\left(\frac{r_i}{r_0}\right)^2 + 2\left(\frac{r_i}{r_0}\right)^3\right] \tag{3-45}$$

或

$$t = \frac{\rho_B r_0^2}{6 b D_{eff} c_{Ab}} \left[1 - 3(1 - X_B)^{2/3} + 2(1 - X_B) \right] \qquad (3\text{-}46)$$

当 $X_B = 1$ 时，完全反应时间 t_f 为:

$$t_f = \frac{\rho_B r_0^2}{6 b D_{eff} c_{Ab}} \qquad (3\text{-}47)$$

当外传质控速时:

$$t_f = \frac{\rho_B r_0}{3 b k_{dA} c_{Ab}} \qquad (3\text{-}48)$$

当内扩散控速时:

$$t_f = \frac{\rho_B r_0^2}{6 b D_{eff} c_{Ab}} \qquad (3\text{-}49)$$

3.1.5.3 界面化学反应控速

界面化学反应控速示意图如图 3-10 所示，反应式为:

$$A(g) + bB(s) \rightleftharpoons gG(g) + sS(s) \qquad (3\text{-}50)$$

当反应为一级可逆反应，有:

$$-\frac{dn_A}{dt} = 4\pi r_i^2 k_r (c_{Ai} - c_{Gi}/K) \qquad (3\text{-}51)$$

$$\dot{n}_{Ar} = 4\pi r_i^2 k_r c_{Ai} \qquad (3\text{-}52)$$

当 c_{Ai} 与 c_{Gi} 确定，则根据控速环节的假设: $c_{Ai} = c_{Ab}$, $c_{Gi} = c_{Gb}$, 不可逆反应为: $c_{Gi} \approx 0$; 当 $c_{Gi} \approx 0$ (不可逆反应)，由

$$-\frac{dn_A}{dt} = -\frac{4\pi r_i^2 \rho_B}{b} \frac{dr_i}{dt}$$

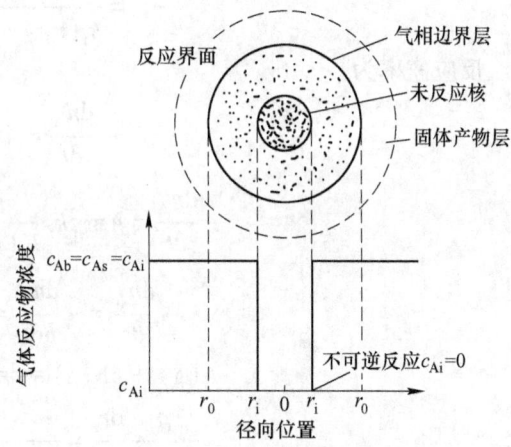

图 3-10 界面化学反应控速

$$-\frac{4\pi r_i^2 \rho_B}{b} \frac{dr_i}{dt} = 4\pi r_i^2 k_r c_{Ab} \qquad (3\text{-}53)$$

$$t = \frac{\rho_B r_0}{b k_r c_{Ab}} \left(1 - \frac{r_i}{r_0} \right) \qquad (3\text{-}54)$$

则完全反应时间 t_f 为:

$$t_f = \frac{\rho_B r_0}{b k_r c_{Ab}} \qquad (3\text{-}55)$$

也可以导出:

$$\frac{t}{t_f} = 1 - \frac{r_i}{r_0} = 1 - (1 - X_B)^{1/3} \qquad (3\text{-}56)$$

3.1.5.4 A(g)内扩散与界面反应混合控速

根据控速环节假设: $c_{As} = c_{Ab}$, 有:

A 通过固体产物层的扩散为：

$$N_{Ad} = 4\pi r_i^2 D_{eff} \frac{\partial c_A}{\partial r} \tag{3-57}$$

稳态条件下，由内扩散层内 $N_{Ad} \mid_{r=r_i} = const$ 有：

$$N_{Ad} = 4\pi D_{eff}(c_{Ab} - c_{Ai}) \frac{r_0 r_i}{r_0 - r_i} \tag{3-58}$$

当 c_{Ai} 确定，一级不可逆反应：

$$N_{Ar} = 4\pi r_i^2 k_r c_{Ai} \tag{3-59}$$

反应过程达到稳态时：

$$N_{Ad} = N_{Ar} \tag{3-60}$$

$$4\pi D_{eff}\left(\frac{r_0 r_i}{r_0 - r_i}\right)(c_{Ab} - c_{Ai}) = 4\pi r_i^2 k_r c_{Ai} \tag{3-61}$$

$$c_{Ai} = \frac{D_{eff} r_0 c_{Ab}}{k_r(r_0 r_i - r_i^2) + r_0 D_{eff}} \tag{3-62}$$

反应速率为：

$$-\frac{dn_A}{dt} = 4\pi r_i^2 k_r c_{Ai}$$

$$-\frac{dn_A}{dt} = 4\pi r_i^2 k_r \frac{D_{eff} c_{Ab} r_0}{k_r(r_0 r_i - r_i^2) + r_0 D_{eff}} \tag{3-63}$$

$$-\frac{dn_A}{dt} = -\frac{dn_B}{bdt} = -\frac{4\pi r_i^2 \rho_B}{b} \frac{dr_i}{dt} \tag{3-64}$$

$$A(g) + bB(s) \rightleftharpoons gG(g) + sS(s) \tag{3-65}$$

$$-\frac{\rho_B}{bM_B} \frac{dr_i}{dt} = \frac{D_{eff} c_{Ab} r_0 k_r}{k_r(r_0 r_i - r_i^2) + r_0 D_{eff}} \tag{3-66}$$

$$\frac{k_r D_{eff} r_0 c_{Ab} b}{\rho_B} t = \frac{1}{6} k_r(r_0^3 - 3r_0 r_i^2 + 2r_i^3) - r_0 r_i D_{eff} + r_0^2 D_{eff} \tag{3-67}$$

根据 $X_B = 1 - (r_i/r_0)^3$，有：

$$\frac{k_r D_{eff} c_{Ab} b}{r_0^2 \rho_B} t = \frac{1}{6} k_r[1 + 2(1 - X_B) - 3(1 - X_B)^{2/3}] + \frac{D_{eff}}{r_0}[1 - (1 - X_B)^{1/3}]$$

$$\tag{3-68}$$

$$t_f = \frac{\rho_B r_0^2}{6b D_{eff} c_{Ab}} \tag{3-69}$$

$$t_f = \frac{\rho_B r_0}{bk_r c_{Ab}} \tag{3-70}$$

反应时间的加和性为：

$$t = \frac{r_0^2 \rho_B}{6b D_{eff} c_{Ab}}[1 + 2(1 - X_B) - 3(1 - X_B)^{2/3}] + \frac{r_0 \rho_B}{bk_r c_{Ab}}[1 - (1 - X_B)^{1/3}] \tag{3-71}$$

一般情况，如果串联过程 Ⅰ、Ⅱ、Ⅲ、Ⅳ、Ⅴ阻力相差不大，必须考虑各个阶段。稳态过程：$N_I = N_{II} = N_{III} = N_{IV} = N_V = N = \text{const}$。

气体边界层传质过程如下：

过程 I：
$$N_I = k_{dA} 4\pi r_0^2 (c_{Ab} - c_{As})$$

过程 V：
$$N_V = k_{dG} 4\pi r_0^2 (c_{Gs} - c_{Gb})$$

式中 k_{dA}，k_{dG}——气体 A、G 的传质系数，m/s。

产物层内扩散过程如下：

过程 II：
$$N_{II} = 4\pi r^2 D_{eA} \frac{\partial c_A}{\partial r}$$

积分得：
$$N_{II} = D_{eA} \frac{4\pi r_0 r_i}{r_0 - r_i} (c_{As} - c_{Ai})$$

过程 IV：
$$N_{IV} = D_{eG} \frac{4\pi r_0 r_i}{r_0 - r_i} (c_{Gi} - c_{Gs})$$

式中 D_{eA}，D_{eG}——气体 A、G 的有效扩散系数，m²/s。

对界面化学反应 $a A(g) + b B(s) = g G(g) + s S(s)$：
$$a = g = 1$$

假设：界面反应是一级可逆反应，则：

过程 III：
$$N_{III} = k_r 4\pi r_i^2 (c_{Ai} - c_{Gi}/K)$$

式中 k_r——正反应速度常数，m/s。

消除 c_{As}、c_{Ai}、c_{Gs}、c_{Gi} 项：

$$\frac{N_I}{k_{dA} 4\pi r_0^2} = c_{Ab} - c_{As}, \quad \frac{N_{II}}{D_{eA} \dfrac{4\pi r_0 r_i}{r_0 - r_i}} = c_{As} - c_{Ai}, \quad \frac{N_{III}}{k_r 4\pi r_i^2} = c_{Ai} - c_{Gi}/K$$

$$\frac{N_{IV}}{K \cdot D_{eG} \dfrac{4\pi r_0 r_i}{r_0 - r_i}} = c_{Gi}/K - c_{Gs}/K, \quad \frac{N_V}{K k_{dG} 4\pi r_0^2} = c_{Gs}/K - c_{Gb}/K \tag{3-72}$$

稳态处理：根据 $N_I = N_{II} = N_{III} = N_{IV} = N_V = N$

$$N = \frac{c_{Ab} - c_{Gb}/K}{\dfrac{1}{k_{dA} 4\pi r_0^2} + \dfrac{r_0 - r_i}{D_{eA} 4\pi r_0 r_i} + \dfrac{1}{k_r 4\pi r_i^2} + \dfrac{r_0 - r_i}{K D_{eG} 4\pi r_0 r_i} + \dfrac{1}{K k_{dG} 4\pi r_0^2}} \tag{3-73}$$

化学反应关系：

令：
$$A(g) + b B(s) = g G(g) + s S(s)$$

对 $g = 1$，有：
$$c_{Ab} + c_{Gb} = c_{Ae} + c_{Ge} \tag{3-74}$$

$$c_{Ab} - c_{Gb}/K = \left(1 + \frac{1}{K}\right)(c_{Ab} - c_{Ae}) \tag{3-75}$$

$$N = \frac{c_{Ab} - c_{Ae}}{\dfrac{1}{k_f 4\pi r_0^2} + \dfrac{r_0 - r_i}{D_{eff} 4\pi r_0 r_i} + \dfrac{1}{k_r 4\pi r_i^2 (1 + 1/K)}}$$

其中：
$$\frac{1}{k_f} = \left(\frac{1}{k_{dA}} + \frac{1}{K k_{dG}}\right) / (1 + 1/K)$$

$$\frac{1}{D_{\text{eff}}} = \left(\frac{1}{D_{\text{eA}}} + \frac{1}{KD_{\text{eG}}}\right) / (1 + 1/K)$$

气-固相反应物量关系：

$$-\frac{dn_A}{dt} = -\frac{dn_B}{bdt} = -\frac{d}{bdt}\left(\frac{4}{3}\pi r_i^3 \rho_B\right) = -\frac{4\pi r_i^2 \rho_B}{b}\frac{dr_i}{dt} \tag{3-76}$$

$$-\frac{dr_i}{dt} = \frac{(c_{Ab} - c_{Ae})b/\rho_B}{\dfrac{(r_i/r_0)^2}{k_f} + \dfrac{r_i(r_0 - r_i)}{D_{\text{eff}}r_0} + \dfrac{1}{k_r(1 + 1/K)}} \tag{3-77}$$

反应率：
$$X_B = 1 - \left(\frac{r_i}{r_0}\right)^3$$

$$\frac{dX_B}{dt} = \frac{3(c_{Ab} - c_{Ae})b/\rho_B}{\dfrac{r_0}{k_f} + \dfrac{r_0^2[(1 - X_B)^{-1/3} - 1]}{D_{\text{eff}}} + \dfrac{r_0(1 - X_B)^{-2/3}}{k_r(1 + 1/K)}} \tag{3-78}$$

$$\frac{X_B}{3k_f} + \frac{r_0[1 - 3(1 - X_B)^{2/3} + 2(1 - X_B)]}{6D_{\text{eff}}} + \frac{1 - (1 - X_B)^{1/3}}{k_r(1 + 1/K)} = \frac{(c_{Ab} - c_{Ae})bt}{r_0\rho_B} \tag{3-79}$$

动力学参数求法：

令：
$$f = 1 - (1 - X_B)^{1/3}$$

$$\frac{(c_{Ab} - c_{Ae})bt}{r_0\rho_B f} - \frac{3 - 3f + f^2}{3k_f} = \frac{r_0(3f - 2f^2)}{6D_{\text{eff}}} + \frac{1}{k_r(1 + 1/K)} \tag{3-80}$$

令：
$$Y = \frac{(c_{Ab} - c_{Ae})bt}{r_0\rho_B f} - \frac{3 - 3f + f^2}{3k_f}, \ X = 3f - 2f^2$$

有
$$Y = \left(\frac{r_0}{6D_{\text{eff}}}\right)X + \frac{1}{k_r(1 + 1/K)}$$

应用实例如图 3-11 所示。

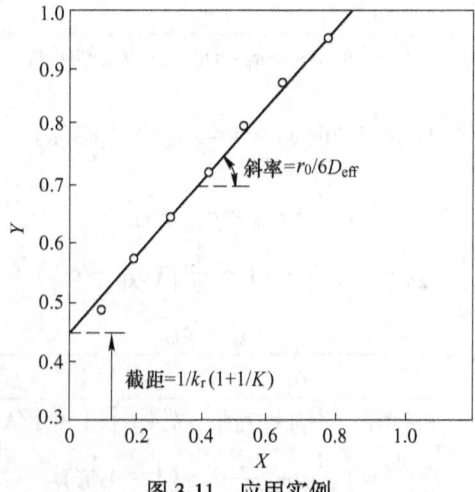

图 3-11 应用实例

3.2 气体-液体反应动力学

气体-液体间的反应在冶金过程中起相当重要的作用。这类反应分为分散的气泡通过液体的移动接触和气液两相持续接触反应两大类。

3.2.1 气泡的形成

液相中形成气泡有两种途径：一是由于溶液过饱和产生气相核心，并长大形成气泡；二是由浸没在液相中的喷嘴喷吹气体产生气泡。前者又可分为均相成核和非均相成核两种情况。

3.2.1.1 均相成核

均相成核必须克服气液界面张力 σ 做功，需要很大的过饱和度。例如，液相中一个半径为 R 的气泡，当其半径增加到 dR 时，相应的界面能增加量为：

$$\Delta F = 4\pi\sigma\left[(R + dR)^2 - R^2\right] = 8\pi\sigma RdR + 4\pi\sigma dR^2 \approx 8\pi\sigma RdR$$

该界面能增加量应等于过程中气泡内的附加压力 p_{Ad} 所做的功

$$\Delta F = 4\pi R^2 p_{Ad} dR \tag{3-81}$$

$$p_{Ad} = 2\sigma/R \tag{3-82}$$

式中，p_{Ad} 表示液相中气泡核心长大时，除必须克服大气压力和液体静压力外，还需要克服附加压力。

由式可见，R 越小，p_{Ad} 越大。换而言之，气泡越小，表面张力产生的附加压力就越大，形成气泡需要的过饱和度就越大。冶金溶体中，均相成核产生气泡实际上是不可能的，都是非均相成核形成气泡。

例 3-2 若钢液中 $w[C] = 4.5\%$，$w[O] = 0.02\%$，钢液和 CO 气体的表面张力为 $\sigma = 1.5N/m$，那么钢液中能否形成半径为 $r = 10^{-7}m$ 的气泡？

解：在 1600℃下，对反应 $[C] + [O] = CO$ 得到：

$$\frac{p_{CO}}{[\%C][\%O]} = 500$$

所以 $\qquad p_{CO} = 500[\%C][\%O] = 500 \times 4.5 \times 0.02 = 45$

或者 $\qquad p_{CO} = 45 \times 10^5 Pa = 4.5MPa$

而要形成 $r = 10^{-7}m$ 的气泡，液体的附加压力应为：

$$P_{附} = \frac{2\sigma}{r} = \frac{2 \times 1.5}{10^{-7}} = 3 \times 10^7 Pa = 30MPa$$

$$p_{CO} < P_{附}$$

所以，4.5MPa 的化学力要克服 30MPa 的附加压力，表明在钢液中不能形成 CO 气泡。

3.2.1.2 非均相成核

非均相生核比均相生核要容易实现。炼钢炉衬的耐火材料表面是不光滑的，表面上有大量微孔隙，由于钢水和耐火材料不浸润，接触角大于 90°，约为 120°~160° 之间，故钢水不能完全浸入到耐火材料的微孔隙中，这些微孔隙就成了生成一氧化碳气泡的天然核心。图 3-12 所示为这种气泡核心的示意图。图中，R 为液体弯月面曲率半径，r 为微孔半径，θ 为液体金属与耐火材料的接触角。由于液态金属通常与耐火材料不润湿，故 $\theta > 90°$，故克服气液界面张力所需的附加压力为：

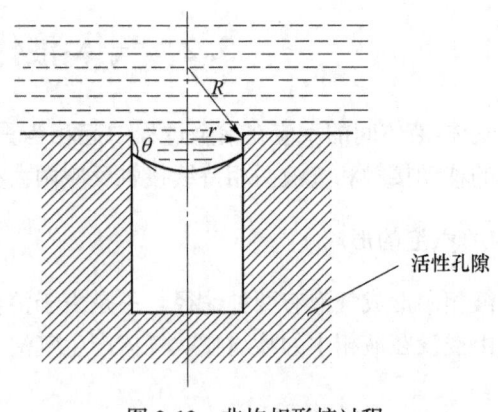

$$p_{附} = \frac{2\sigma}{R} = \frac{2\sigma\cos(180° - \theta)}{r} = -\frac{2\sigma\cos\theta}{r}$$

（3-83）

$$p_{静} = \rho_1 gh \quad (3\text{-}84)$$

当 $p_{附} = p_{静}$ 时，有：

$$r_{max} = -\frac{2\sigma\cos\theta}{\rho_1 gh} \quad (3\text{-}85)$$

图 3-12　非均相形核过程

气泡形成过程如图 3-13 所示，当由状态图 3-13（a）向图 3-13（b）过渡时，曲率半径 R 增大，并在状态图 3-13（b）时，R 趋近于无限大；由状态图 3-13（b）向状态图 3-13（c）过渡时，曲率半径由于无限大逐渐减小，并在状态图 3-13（c）恢复为 R，但方向与状态图 3-13（a）相反，附加压力与静压力方向一致，空隙内气相压力达到最大值。

$$p_{max} = p_g + \rho_1 gh + \frac{2\sigma\sin\theta}{r} \quad (3\text{-}86)$$

式中　p_g——表面气体压力。

当由状态图 3-13（c）向图 3-13（d）过渡时，θ 不变，R 增大，附加压力减小，空隙中气相体积增大；当大到一定程度时，由于浮力作用经过状态图 3-13（e），气泡脱离微孔上浮成状态图 3-13（f）。

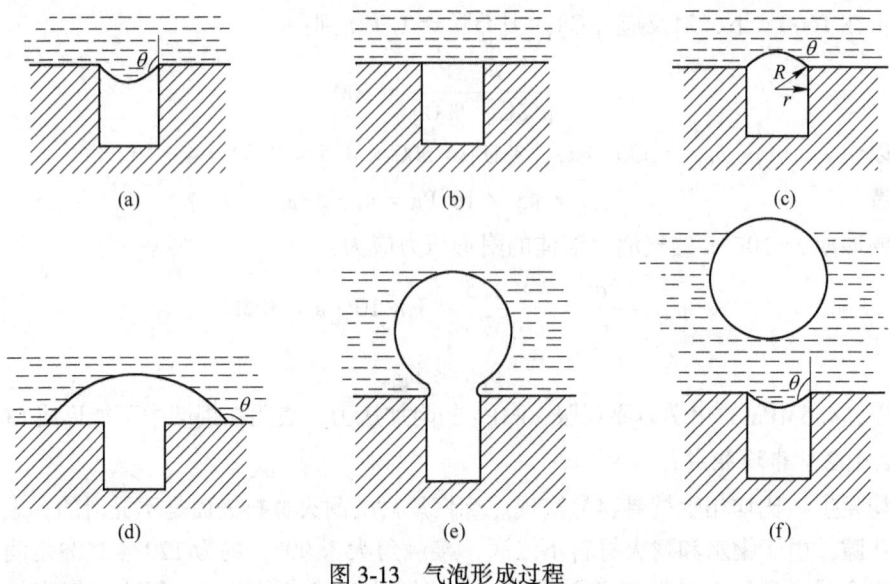

图 3-13　气泡形成过程

在钢液和耐火材料接触的界面,耐火材料的孔隙半径小于 r_{max} 的称为活性孔隙。只有满足活性孔隙条件的地方才可以在钢液中生成气泡。由于 r_{max} 与 h 成反比,故在钢包不同液面高度,活性孔隙的大小不同,钢液越深的地方,满足活性孔隙条件的孔隙越少。气泡在活性孔隙中生成后,在钢液中的长大上浮过程可分为以下几个阶段。

首先,满足活性孔隙条件的孔隙中开始有化学反应产生的气体进入,孔隙中气体压力增大,液面的曲率半径逐渐增大。

然后,曲率半径为无穷大,孔隙处的气体压力需要由 0.1MPa 增加到 0.1MPa 加钢水静压力,而附加压力变为零。接着,液面的曲率半径由无穷大变为 R,但方向与处于刚开始时相反。随着气体不断产生,继续膨胀,R 不断减小,p 不断增大;变动至一定角度时,p 达到最大值 p_{max},因为 $p_{附}$ 和液体静压力方向一致。故当活性孔隙内气相扩展到一定程度时,由于浮力的作用,气泡脱离孔隙面而形成球形。气泡浮力与活性孔隙接触处的表面张力平衡时,气泡达最大值。若将气—液反应的平衡压力值代替式(3-86)中的 p_{max},可以求出能产生气泡的微孔隙半径的下限值。最后,当气泡浮力大于活性孔隙接触处的表面张力平衡时,气泡脱离活性孔隙。

例 3-3 在钢液中,气液表面张力 σ 值约为 1.5N/m,θ 角约为 150°,钢液密度为 7200kg/m³,设熔池深度为 0.5m。求活性孔隙的最大半径是多少?

解:将这些数值代入式(3-85),有:

$$r_{max} = -\frac{2\sigma\cos\theta}{\rho_1 gh} = \frac{2 \times 1.5 \times \cos150°}{7200 \times 9.8 \times 0.5} = 7.4 \times 10^{-5}m$$

即炉底耐火材料活性孔隙半径的上限为 0.074mm。

3.2.2 脱碳反应动力学

脱碳反应过程如下:

(1)碳和氧扩散到 CO 气泡表面;

(2)在 CO 气泡表面发生反应:

$$[C]_s + [O]_s \longrightarrow CO(g)s$$

(3)生成的 CO 气体扩散到气泡内部,使气泡长大并上浮。

反应动力学步骤如下:

对于控速环节:

(1)碳和氧扩散到 CO 气泡表面,控速环节钢液边界层扩散;

(2)在 CO 气泡表面发生反应,化学反应处于平衡状态;

(3)生成的 CO 气体扩散到气泡内部,使气泡长大并上浮。D_g 比 D_1 约大 5 个数量级,$p_{CO} = p_{CO,s}$。

对于中、高碳钢液有:

$$\frac{dn_{CO}}{dt} = k_d A(c_{[O]}^b - c_{[O]}^s), \quad c = \frac{w[O]\rho}{M_O} \tag{3-87}$$

碳和氧向 CO 气泡表面扩散,$c_C^s = c_C^b$,碳扩散、氧扩散为控速环节。

单个球冠状气泡如图 3-14 所示。

$$\frac{dn_{CO}}{dt} = k_d' A(w[O] - w[O]_s) \quad (3\text{-}88)$$

$$\frac{dn_{CO}}{dt} = \frac{1}{V_m}\frac{dV}{dt} \quad (3\text{-}89)$$

$$H = 0.5r \quad (3\text{-}90)$$

$$A_B \approx 2\pi r^2 \quad (3\text{-}91)$$

式中，V_m 为气泡中 1mol CO 的体积。

$$V_B \approx \frac{1}{6}\pi r^3 \quad (3\text{-}92)$$

$$\frac{dn_{CO}}{dt} = \frac{\pi r^2}{2V_m}\frac{dr}{dt} \quad (3\text{-}93)$$

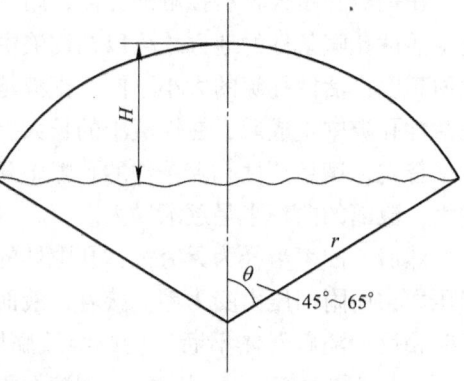

图 3-14　球冠状气泡

传质系数求法为：

$$k_d = 2\left(\frac{D}{\pi\tau}\right)^{\frac{1}{2}}$$

式中　τ——流体微元在表面的滞留时间，s，

$$\tau = \frac{H}{u_t} = \frac{1}{2}\frac{r}{u_t} \quad (3\text{-}94)$$

u_t——气泡上升的速度。

取：雷诺数大于 1000，韦伯数大于 18，奥斯特数大于 40，由斯托克斯公式得：

$$u_t = 0.71\sqrt{\frac{gd}{2}} \approx \frac{2}{3}(gr)^{1/2} \longrightarrow k_d' = \frac{\rho}{M_O}k_d = \frac{4\rho}{M_O}\left(\frac{gD^2}{9\pi^2 r}\right)^{1/4} \quad (3\text{-}95)$$

当有 1mol CO 气泡体积时，$pV = nRT$，

$$V_m = \frac{RT}{p} = \frac{RT}{p_g + \rho g(h - x)}$$

式中　p_g——炉内气体压力。

球冠表面积为：

$$\frac{dn_{CO}}{dt} = \frac{\pi r^2}{2V_m}\frac{dr}{dt} = k_d' A(w[O] - w[O]_s) \quad (3\text{-}96)$$

由：

$$V_m = \frac{RT}{p} = \frac{RT}{p_g + \rho g(h - x)} \quad (3\text{-}97)$$

$$k_d' = \frac{\rho}{M_O}k_d = \frac{4\rho}{M_O}\left(\frac{gD^2}{9\pi^2 r}\right)^{1/4} \quad (3\text{-}98)$$

$$A_B \approx 2\pi r^2 \quad (3\text{-}99)$$

可得：

$$\frac{dr}{dt} = \frac{16\rho RT}{M_O[p_g + \rho g(h - x)]}\left(\frac{gD^2}{9\pi^2 r}\right)^{1/4}(w[O] - w[O]_s) \quad (3\text{-}100)$$

气泡长大时的压力变化如图 3-15 所示。

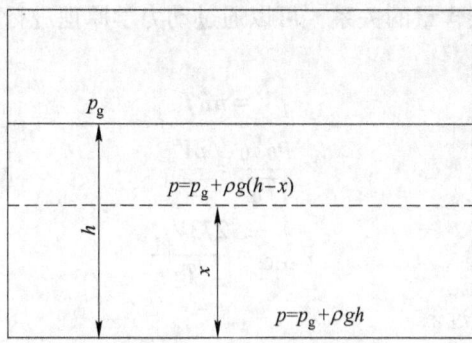

图 3-15 气泡长大时的压力变化

$$\frac{\mathrm{d}r}{\mathrm{d}t} = \frac{16\rho RT}{M_O[p_g + \rho g(h-x)]}\left(\frac{gD^2}{9\pi^2 r}\right)^{1/4}(w[O] - w[O_s]) \tag{3-101}$$

$$\frac{\mathrm{d}r}{\mathrm{d}x} = \frac{\mathrm{d}r}{\mathrm{d}t}\frac{\mathrm{d}t}{\mathrm{d}x} = \frac{\mathrm{d}r}{\mathrm{d}t}\frac{1}{u_t} \tag{3-102}$$

$$u_t \approx \frac{2}{3}(gr)^{1/2} \tag{3-103}$$

$$\frac{\mathrm{d}r}{\mathrm{d}x} = \frac{8\rho RT}{M_O[p_g + \rho g(h-x)]}\left(\frac{9D^2}{g\pi^2 r^3}\right)^{1/4}(w[O] - w[O]_s) \tag{3-104}$$

CO 溢出时气泡半径为：

$$\frac{\mathrm{d}r}{\mathrm{d}x} = \frac{8\rho RT}{M_O[p_g + \rho g(h-x)]}\left(\frac{9D^2}{g\pi^2 r^3}\right)^{1/4}(w[O] - w[O]_s) \tag{3-105}$$

$$\int_0^r r^{3/4}\mathrm{d}r = \frac{8\rho RT}{M_O}\left(\frac{9D^2}{g\pi^2}\right)^{1/4}(w[O] - w[O]_s)\int_0^x \frac{\mathrm{d}x}{p_g + \rho g(h-x)} \tag{3-106}$$

$$r = \left\{\frac{14RT}{gM_O}\left(\frac{9D^2}{g\pi^2}\right)^{1/4}(w[O] - w[O]_s)\ln\frac{p_g + \rho gh}{p_g + \rho g(h-x)}\right\}^{4/7} \tag{3-107}$$

当 $x=h$ 时，转换得：

$$r = \left\{\frac{14RT}{gM_O}\left(\frac{9D^2}{g\pi^2}\right)^{1/4}(w[O] - w[O]_s)\ln\left(1 + \frac{\rho gh}{p_g}\right)\right\}^{4/7} \tag{3-108}$$

式（3-108）中，若温度取值 1873K；R 取值 8.314J/(mol·K)；D 取值 $5\times10^{-9}\mathrm{m^2/s}$；$g$ 取值 9.8m/s^2；ρ 取值 $7.2\times10^3\mathrm{kg/m^3}$；$p_g$ 取值 $1.013\times10^5\mathrm{Pa}$，则式（3-108）可简化为：

$$r = \left\{54.31 \times (w[O] - w[O]_s)\ln\frac{1.436 + h}{1.436}\right\}^{4/7} \tag{3-109}$$

$$\Delta O = \frac{\rho}{M_O}(w[O] - w[O]_s) \tag{3-110}$$

$$r = 5.78 \times 10^{-3}\Delta O\left(\ln\frac{1.436 + h}{1.436}\right)^{4/7} \tag{3-111}$$

3.2.3 气泡冶金

钢包吹氩是一个常用的钢液净化方法，钢中氧、氢含量降到一定值时，需要鼓入多少氩气，鼓入的氩气量与碳含量的关系，可以通过动力学原理进行预测。对于不同状态下气体转换，有：

$$pV = nRT \tag{3-112}$$

$$\frac{p_0 V_0}{T_0} = \frac{pV}{T} \tag{3-113}$$

$$V_{\mathrm{Ar},0} = \frac{273 V_{\mathrm{Ar}}}{T} \tag{3-114}$$

3.2.3.1 吹氩脱气过程

吹氩脱气原理如图 3-16 所示，脱气动力学步骤为：

（1）氧、碳、氢等穿过钢液边界层扩散到气泡表面：$[\mathrm{O}] \rightarrow [\mathrm{O}]_s$，$[\mathrm{C}] \rightarrow [\mathrm{C}]_s$，$[\mathrm{H}] \rightarrow [\mathrm{H}]_s$，$[\mathrm{N}] \rightarrow [\mathrm{N}]_s$ 等。

（2）在 Ar 气泡表面上发生化学反应：$[\mathrm{O}]_s + [\mathrm{C}]_s \rightarrow [\mathrm{CO}]_s$，$2[\mathrm{H}]_s \rightarrow \mathrm{H}_2$，$2[\mathrm{N}]_s \rightarrow \mathrm{N}_2$ 等。

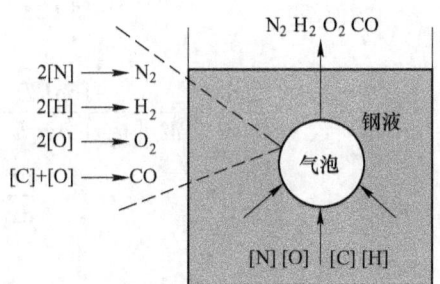

图 3-16 脱气原理图

（3）生成的气体从气泡表面扩散到气泡内部，并随气泡上浮排出。对于控制环节：氧、碳、氢等穿过钢液边界层扩散到气泡表面：$[\mathrm{O}] \rightarrow [\mathrm{O}]_s$，$[\mathrm{C}] \rightarrow [\mathrm{C}]_s$，$[\mathrm{H}] \rightarrow [\mathrm{H}]_s$，$[\mathrm{N}] \rightarrow [\mathrm{N}]_s$ 等。

气泡上浮路程较短，可能导致气泡中一氧化碳分压达不到碳氧平衡值，而且气泡直径越大，相差可能越大。因此，常用不平衡参数 α 来修正（考虑氩气气泡到达钢液表面时达到平衡的程度）：

$$\alpha = \frac{p_{\mathrm{CO}}}{p_{\mathrm{CO}}^{\mathrm{eq}}} \tag{3-115}$$

由于氢气原子半径小扩散快，故气泡中 H_2 分压接近钢液中 $[\mathrm{H}]$ 的平衡分压，即 $\alpha = 1$。

3.2.3.2 钢液中脱氧与脱碳

吹氩冶炼超低碳钢——碳在钢液边界层中的扩散是碳氧化反应过程的控速环节。

吹氩冶炼中、高碳钢（$[\mathrm{C}] > 0.2\%$）——氧在钢液边界层中的扩散是碳氧化反应过程的控速环节。

假定：氩气气泡的体积不变或等于到达钢液表面时体积，则有：

低碳钢吹氩脱碳：

$$-\frac{\mathrm{d}n_{[\mathrm{C}]}}{\mathrm{d}t} = A k_{\mathrm{d}}^{\mathrm{C}} (c_{[\mathrm{C}]} - c_{[\mathrm{C}]}^{\mathrm{s}}) \tag{3-116}$$

中、高碳钢吹氩脱碳：

$$-\frac{\mathrm{d}n_{[\mathrm{C}]}}{\mathrm{d}t} = A k_{\mathrm{d}}^{\mathrm{O}} (c_{[\mathrm{O}]} - c_{[\mathrm{O}]}^{\mathrm{s}}) \tag{3-117}$$

$$c_{[C]} = \frac{w[C]\rho}{M_{[C]}}, \qquad -\frac{dn_{[C]}}{dt} = \frac{k_d^C A\rho}{M_{[C]}}(w[C] - w[C]^s)$$

$$c_{[O]} = \frac{w[O]\rho}{M_{[O]}}, \qquad -\frac{dn_{[O]}}{dt} = \frac{k_d^O A\rho}{M_{[O]}}(w[O] - w[O]^s)$$

在气泡表面反应达局部平衡:

$$[O]_s + [C]_s \longrightarrow [CO]_s$$

$$w[C]^s w[O]^s = \frac{p_{CO}/p^{\ominus}}{10^4 K_{CO}} \tag{3-118}$$

式中 $w[O]^s$, $w[C]^s$——气泡表面氧、碳的质量百分数;

$\qquad p_{CO}$——气泡内 CO 分压, Pa;

$\qquad p^{\ominus}$——标准压力, 1.013×10^5 Pa;

$\qquad K_{CO}$——碳氧反应的平衡常数。

脱碳速度为:

$$-\frac{dn_{[C]}}{dt} = \frac{dn_{CO}}{dt} \tag{3-119}$$

当 $p_{CO} V_{Ar} = n_{CO} RT$ 时, 有:

$$-\frac{dn_{[C]}}{dt} = \frac{V_{Ar}}{RT}\frac{dp_{CO}}{dt} \tag{3-120}$$

低碳钢脱碳:

$$-\frac{dn_{[C]}}{dt} = \frac{k_d^C A\rho}{M_{[C]}}(w[C] - w[C]^s) \tag{3-121}$$

$$w[C]^s w[O]^s = \frac{p_{CO}/p^{\ominus}}{10^4 K_{CO}} \tag{3-122}$$

$$\frac{V_{Ar}}{RT}\frac{dp_{CO}}{dt} = \frac{k_d A\rho}{M_{[C]}}\left(w[C] - \frac{p_{CO}/p^{\ominus}}{10^4 K_{CO} w[O]}\right) \tag{3-123}$$

由碳与氧的关系:

$$c_{[C]}^0 - c_{[C]} = c_{[O]}^0 - c_{[O]}$$

$$w[C] = w[C]^0 - \frac{12}{16}(w[O]^0 - w[O]) \tag{3-124}$$

式中 $c_{[C]}^0$, $c_{[O]}^0$——初始时碳、氧的摩尔体积浓度, mol/m^3。

可以导出:

$$\frac{dp_{CO}}{dt} = \frac{k_d ART\rho}{V_{Ar} M_{[C]}}\left(w[C]^0 - \frac{3}{4}(w[O]^0 - w[O]) - \frac{p_{CO}}{10^4 K_{CO} w[O] p^{\ominus}}\right) \tag{3-125}$$

由气泡上升过程中 $w[O]^0 \approx w[O]$, 令:

$$B = \frac{k_d ART\rho}{VM_{[C]}}, \quad C = w[C]^0 - \frac{3}{4}(w[O]^0 - w[O]), \quad D = \frac{1}{10^4 K_{CO} w[O] p^{\ominus}}$$

$$\frac{dp_{CO}}{dt} = B(C - Dp_{CO}) \tag{3-126}$$

$$-\frac{1}{D}\ln(C - Dp_{CO})\Big|_0^{p_{CO}} = B\int_0^t dt \longrightarrow \ln\frac{C}{C - Dp_{CO}} = BDt \qquad (3\text{-}127)$$

式中　p_{CO}——上升到表面气泡内 CO 分压。

对气泡内 CO 未饱和状态, 有:

$$C = w[C]^0 - \frac{3}{4}(w[O]^0 - w[O]) = w[C], \quad D = \frac{1}{10^4 K_{CO}w[O]p^\ominus} \qquad (3\text{-}128)$$

$$\ln\frac{C}{C - Dp'_{CO}} = \ln\frac{w[C]}{w[C] - \dfrac{p'_{CO}}{10^4 K_{CO}w[O]p^\ominus}} = \ln\frac{1}{1 - \dfrac{p'_{CO}}{10^4 K_{CO}w[O]w[C]p^\ominus}}$$

令: $\alpha = \dfrac{p'_{CO}}{10^4 K_{CO}w[O]w[C]p^\ominus}$, 得 $\ln\dfrac{C}{C - Dp'_{CO}} = \ln\dfrac{1}{1 - \alpha}$。

α 的物理意义为间接考察传质阻力大小。

$$\alpha = \frac{p_{CO}/p^\ominus}{10^4 K_{CO}w[C]w[O]} \qquad (3\text{-}129)$$

$$K_{CO} = \frac{p_{CO}^{eq}/p^\ominus}{10^4 w[C]w[O]} \quad (\text{传输阻力为零}) \qquad (3\text{-}130)$$

由 $\ln\dfrac{1}{1 - \alpha} = BDt$, 得:

$$\ln\frac{1}{1 - \alpha} = \frac{k_d ART\rho}{10^4 K_{CO}V_{Ar}M_{[C]}p^\ominus}\frac{t}{w[O]} \qquad (3\text{-}131)$$

3.2.3.3　吹氩量与脱碳、脱气

钢中脱氧与脱碳 (W 为钢液量, t) 化学反应式如下:

$$[C] + [O] \Longrightarrow CO(g), \quad \lg K_{CO} = 1168/T + 2.07$$

$$[C] + [O] \longrightarrow CO \quad -\frac{dn_{[C]}}{dt} = -\frac{dn_{[O]}}{dt} = \frac{dn_{CO}}{dt} = \frac{p'_{CO}dV_{Ar}}{RTdt}$$

$$2[H] \longrightarrow H_2 \quad -\frac{dn_{[H]}}{2dt} = \frac{p'_{H_2}dV_{Ar}}{RTdt}$$

$$2[N] \longrightarrow N_2 \quad -\frac{dn_{[N]}}{2dt} = \frac{p'_{N_2}dV_{Ar}}{RTdt}$$

把式 (3-130) 和式 (3-131) 代入式 (3-132) 中, 有:

$$\frac{p'_{CO}}{RT}\frac{dV_{Ar}}{dt} = -\frac{10^3 W}{M_{[O]}}\frac{dw[O]}{dt} \qquad (3\text{-}132)$$

$$\frac{p'_{CO}}{RT}\frac{dV_{Ar}}{dt} = -\frac{10^3 W}{M_{[C]}}\frac{dw[C]}{dt} \qquad (3\text{-}133)$$

$$p'_{CO} = \alpha p_{CO}^{eq} = \alpha K_{CO}p^\ominus w[C]w[O] \times 10^4 \qquad (3\text{-}134)$$

得

$$dV_{Ar} = -\frac{10^3 WRTdw[O]}{16 \times 10^{-3}\alpha K_{CO}p^\ominus w[C]w[O] \times 10^4} \qquad (3\text{-}135)$$

对高碳、中碳钢（碳含量变化很小视为常数）：

$$V_{Ar} = \frac{RWT}{0.16\alpha K_{CO}p^{\ominus} w[C]} \ln \frac{w[O]_0}{w[O]} \qquad (3-136)$$

3.2.3.4 脱氢

由于钢液中 H 扩散系数较大，$\alpha = 1$，故有：

$$2[H] \Longrightarrow H_2(g), \quad \Delta G = -72950 - 60.90T$$

$$p'_{H_2} = K_{H_2}w[H]^2 p^{\ominus} \times 10^4 \qquad (3-137)$$

$$\frac{p'_{H_2}dV_{Ar}}{RT} = -\frac{10^3 Wdw[H]}{2M_{[H]}} \qquad (3-138)$$

式中 p_{H_2}——气泡内氢压力，Pa；

$M_{[H]}$——氢摩尔质量，kg/mol；

$w[H]$——钢液中氢质量分数。

脱氢与吹氩的关系：

$$dV_{Ar} = -\frac{10^3 WRTdw[H]}{2 \times 1 \times 10^{-3} K_{H_2}w[H]^2 p^{\ominus} \times 10^4} \qquad (3-139)$$

$$V_{Ar} = \frac{4.1 \times 10^{-3} WT}{K_{H_2}}\left(\frac{1}{w[H]} - \frac{1}{w[H]_0}\right) \qquad (3-140)$$

脱碳与脱氢的关系：

$$\frac{1}{12p'_{CO}}\frac{dw[C]}{dt} = \frac{1}{2p'_{H_2}}\frac{dw[H]}{dt} \qquad (3-141)$$

$$p'_{H_2} = K_{H_2}p^{\ominus} w[H]^2 \times 10^4 \qquad (3-142)$$

$$p'_{CO} = \alpha K_{CO}p^{\ominus} w[C]w[O] \times 10^4 \qquad (3-143)$$

$$\frac{dw[C]}{dt} = \frac{6\alpha K_{CO}w[C]w[O]}{K_H w[H]^2}\frac{dw[H]}{dt} \qquad (3-144)$$

3.2.4 真空脱气

真空脱气时，气体原子在钢液表面由原子态变成分子态后逸出。

如图 3-17 所示，脱气步骤为：（1）金属液内的气体原子通过对流和扩散迁移到金属液面；（2）在金属液或气泡表面上发生界面化学反应，生成气体分子；（3）气体分子通过气体边界层扩散进入气相，或被气泡带入气相。

真空脱气动力学方程为：

$$-\frac{dn_A}{dt} = Ak_d(c_A - c_A^s) \qquad (3-145)$$

式中 A——表面积；

c_A——钢液内部浓度；

c_A^s——气液界面处的浓度。

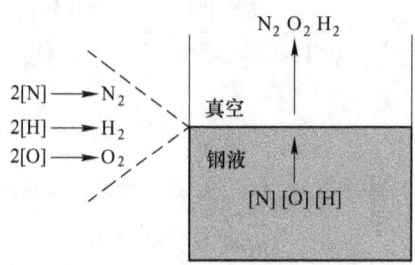

图 3-17　真空脱气

浓度与时间的关系：

$$-\frac{\mathrm{d}n_A}{\mathrm{d}t} = -V\frac{\mathrm{d}c_A}{\mathrm{d}t} \tag{3-146}$$

式中　V——钢液的体积。

$$\frac{\mathrm{d}c_A}{\mathrm{d}t} = -\frac{A}{V}k_d(c_A - c_A^s) \tag{3-147}$$

积分后得：

$$\ln\frac{c_A - c_A^s}{c_A^0 - c_A^s} = -\frac{A}{V}k_d t \tag{3-148}$$

式中　c_A^0，c_A——钢液的原始浓度及真空处理 t 时该元素的浓度。

假定单位炉底面积和氧的过饱和值成正比：

$$I = k\Delta O \tag{3-149}$$

则一个气泡的体积：

$$V_B = \frac{1}{6}\pi r^3 = \frac{1}{6}\pi\left[5.77\times10^{-3}(\Delta O)^{4/7}\left(\ln\frac{1.436+h}{1.436}\right)^{4/7}\right]^3$$

$$= 1.00\times10^{-7}(\Delta O)^{12/7}\left(\ln\frac{1.436+h}{1.436}\right)^{12/7}$$

单位炉底产生的 CO 体积为：

$$V = IV_B = 1.00\times10^{-7}k\left\{\Delta\left[\Delta^{2.7}\left(\ln\frac{1.436+h}{1.436}\right)^{1.7}\right]\right\} = k'\left[\Delta'\left(\ln\frac{1.436+h}{1.436}\right)^{1.7}\right]$$

式中，I 为式（3-149）中单位炉底面积上的生核频率。

这一结论与电炉大体相符，金（T. King）从 30t 电炉的生产数据得出脱碳速率与氧的过饱和值 ΔO 的 2.2 次幂成正比。

对应超低碳钢，碳的浓度低而氧浓度高，碳的扩散将成为碳氧反应的限制性环节，这时可以用类似的方法来讨论。

3.3 液-液相反应动力学

不相溶的液相之间的反应，如火法冶金中渣-金反应，湿法冶金中元素萃取等，这类反应过程包括反应物和产物在两个液相中的传质和化学反应等基元步骤。反应进行时，两个液相可以均为连续相，也可以有一液体为分散相。渣-金反应示意图如图 3-18 所示。

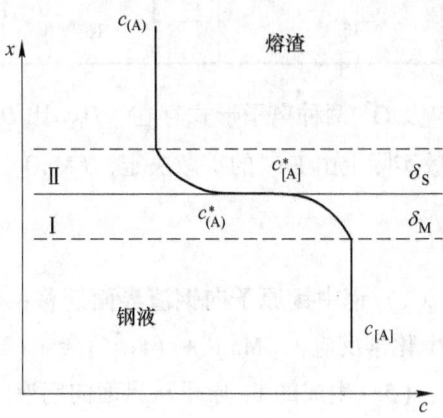

图 3-18 渣-金反应示意图

3.3.1 金属-熔渣反应

金属液-熔渣反应主要以两种反应进行：

$$[A] + (B^{z+}) \Longrightarrow (A^{z+}) + [B] \longrightarrow [Mn] + (Fe^{2+}) \Longrightarrow (Mn^{2+}) + (Fe)$$

$$[A] + (B^{z-}) \Longrightarrow (A^{z-}) + [B] \longrightarrow [S] + (O^{2-}) + [C] \Longrightarrow (S^{2-}) + CO$$

式中，$[A]$、$[B]$ 分别为金属液中以原子状态存在的组元 A、B；(A^{z+})、(A^{z-})、(B^{z+})、(B^{z-}) 分别为熔渣中以正（负）离子状态存在的组元 A、B。

渣-金反应步骤：（1）$[A]$ 由金属液内穿过金属液一侧边界层向金属液-熔渣界面迁移；（2）(B^{z+}) 穿过边界层向熔渣-金属液界面的迁移；（3）在界面上发生化学反应；（4）$(A^{z+})_s$ 由熔渣-金属液界面穿过渣相边界层向渣相内迁移；（5）$[B]_s$ 由金属液/熔渣界面穿过金属液边界层向金属液内部迁移。

典型例子：$\qquad [Mn] + (FeO) \Longrightarrow (MnO) + [Fe]$

计算 27t 电炉炼钢过程中正常沸腾条件下 Mn 的氧化速率。设炉温为 1600℃，渣的成分为：$w(FeO)=20\%$，$w(MnO)=5\%$，$w[Mn]=0.2\%$，钢的密度 $\rho_{st}=7.0\times10^3 kg/m^3$，渣的密度 $\rho_s=3.5\times10^3 kg/m^3$。渣钢界面积为 15m²，Mn、$Mn^{2+}$、Fe、$Fe^{2+}$ 的扩散系数 D 以及它们在钢渣界面扩散时边界层厚度 δ 已由实验求得，如表 3-2 所示。

表 3-2 参数表

步 骤	渣-钢界面积 A/m^2	扩散系数 $D/m^2 \cdot s^{-1}$	边界层厚度 δ/m
（1）Mn	15	10^{-8}	3.0×10^{-5}

步　骤	渣-钢界面积 A/m^2	扩散系数 $D/m^2 \cdot s^{-1}$	边界层厚度 δ/m
(2) Mn^{2+}	15	10^{-10}	1.2×10^{-4}
(3) Fe	15	10^{-10}	1.2×10^{-4}
(4) Fe^{2+}	15	10^{-8}	3.0×10^{-5}

分析（FeO）是以 Fe^{2+} 及 O^{2-} 两种离子形式存在，$D_{O^{2-}}$ 比 $D_{Fe^{2+}}$ 大，而且 $C_{O^{2-}}$ 也大大高于 $C_{Fe^{2+}}$，故（FeO）的扩散实际上由 Fe^{2+} 的扩散决定，（MnO）亦是如此。

3.3.2　钢中 Mn 氧化步骤

钢中 Mn 氧化步骤为：(1) 钢中锰原子向钢渣界面迁移；(2) 渣中 Fe^{2+} 向钢渣界面迁移；(3) 钢渣界面上发生化学反应：$[Mn] + (Fe^{2+}) = (Mn^{2+}) + [Fe]$；(4) 生成的 Mn^{2+} 从界面向渣中扩散；(5) 生成的 Fe 原子从界面向钢液内扩散。

是否存在唯一的限制性环节？如果存在，是哪个环节？首先，步骤 (3) 界面的化学反应可以不必考虑，因为在 1600℃ 高温下，化学反应非常迅速，界面化学反应处于局部平衡，不是限制性环节。

(1)(2)(4)(5) 步骤中，哪一步为限制性环节？可以通过对各步骤的最大速度的计算来确定，即计算某一步骤时假设其他步骤阻力非常小。

第 (1) 步：钢中锰原子向钢渣界面迁移。

$$N_{[Mn]} = k_d A(c_{[Mn]} - c_{[Mn]}^s) = A\frac{D_{[Mn]}}{\delta_{[Mn]}}(c_{[Mn]} - c_{[Mn]}^s) \qquad (3-150)$$

界面上的浓度满足质量作用定律：

$$K^\ominus = \frac{c_{(Mn^{2+})}^s c_{[Fe]}^s}{c_{[Mn]}^s c_{(Fe^{2+})}^s} \qquad (3-151)$$

一般情况：$c_{(Mn^{2+})}^s > c_{(Mn^{2+})}$；$c_{[Fe]}^s > c_{[Fe]}$；$c_{(Fe^{2+})}^s < c_{(Fe^{2+})}$

$$c_{[Mn]}^s = \frac{1}{K^\ominus}\frac{c_{(Mn^{2+})}^s c_{[Fe]}^s}{c_{(Fe^{2+})}^s} > \frac{1}{K^\ominus}\frac{c_{(Mn^{2+})} c_{[Fe]}}{c_{(Fe^{2+})}} \qquad (3-152)$$

特殊条件：$c_{(Mn^{2+})}^s = c_{(Mn^{2+})}$；$c_{[Fe]}^s = c_{[Fe]}$；$c_{(Fe^{2+})}^s = c_{(Fe^{2+})}$，此时第 (1) 步骤是控速环节。

锰在钢液中迁移反应的控速步骤：

$$c_{[Mn]}^s = \frac{1}{K^\ominus}\frac{c_{(Mn^{2+})} c_{[Fe]}}{c_{(Fe^{2+})}} \qquad (3-153)$$

$$N_{[Mn]} = A\frac{D_{[Mn]}}{\delta_{[Mn]}}(c_{[Mn]} - c_{[Mn]}^s) \qquad (3-154)$$

$$N_{[Mn]} = A \frac{D_{[Mn]}}{\delta_{[Mn]}} \left(c_{[Mn]} - \frac{1}{K^{\ominus}} \frac{c_{(Mn^{2+})} c_{[Fe]}}{c_{(Fe^{2+})}} \right) \qquad (3\text{-}155)$$

引入浓度熵:

$$N_{[Mn]} = A \frac{D_{[Mn]}}{\delta_{[Mn]}} c_{[Mn]} \left(1 - \frac{1}{K^{\ominus}} \frac{c_{(Mn^{2+})} c_{[Fe]}}{c_{[Mn]} c_{(Fe^{2+})}} \right) \qquad (3\text{-}156)$$

$$Q \equiv \frac{c_{(Mn^{2+})} c_{[Fe]}}{c_{[Mn]} c_{(Fe^{2+})}} \qquad (3\text{-}157)$$

$$N_{[Mn]} = A \frac{D_{[Mn^{2+}]}}{\delta_{[Mn]}} c_{[Mn]} \left(1 - \frac{Q}{K^{\ominus}} \right) \qquad (3\text{-}158)$$

当第 (2) (4) 或 (5) 步骤是控速环节时

第 (2) 步:

$$N_{(Fe^{2+})} = A \frac{D_{(Fe^{2+})}}{\delta_{(Fe^{2+})}} c_{(Fe^{2+})} \left(1 - \frac{Q}{K^{\ominus}} \right) \qquad (3\text{-}159)$$

第 (4) 步:

$$N_{(Mn^{2+})} = A \frac{D_{(Mn^{2+})}}{\delta_{(Mn^{2+})}} c_{(Mn^{2+})} \left(\frac{K^{\ominus}}{Q} - 1 \right) \qquad (3\text{-}160)$$

第 (5) 步:

$$N_{[Fe]} = A \frac{D_{[Fe]}}{\delta_{[Fe]}} c_{[Fe]} \left(\frac{K^{\ominus}}{Q} - 1 \right) \qquad (3\text{-}161)$$

在 1600℃时, $K^{\ominus} = 301$ (以质量分数乘以 100 表示), 故

$$Q \equiv \frac{c_{(Mn^{2+})} c_{[Fe]}}{c_{[Mn]} c_{(Fe^{2+})}}$$

$$Q = \frac{w(MnO) w[Fe]}{w[Mn] w(FeO)} = \frac{5 \times 100}{0.2 \times 20} = 125$$

$$c_{[i]} = w[i] \frac{\rho_{st}}{M_{[i]}} \quad \text{或} \quad c_{(i)} = w(i) \frac{\rho_s}{M_{(i)}}$$

$$M_{Mn} = 0.0549 kg/mol, \quad M_{Fe} = 0.05585 kg/mol$$

$$M_{MnO} = 0.07094 kg/mol, \quad M_{FeO} = 0.07185 kg/mol$$

$$c_{[Mn]} = (0.2/100) \times (7000/0.05494) = 255 mol/m^3$$

$$c_{(Fe^{2+})} = (20/100) \times (3500/0.07185) = 0.97 \times 10^4 mol/m^3$$

$$c_{(Mn^{2+})} = (5/100) \times (3500/0.07094) = 2.45 \times 10^3 mol/m^3$$

$$c_{[Fe]} = (100/100) \times (7000/0.05585) = 125 \times 10^3 mol/m^3$$

各步骤最大速率比较:

$$N_{(Fe^{2+})} = A \frac{D_{(Fe^{2+})}}{\delta_{(Fe^{2+})}} c_{(Fe^{2+})} \left(1 - \frac{Q}{K^{\ominus}} \right)$$

$$N_{[Mn]} = 15 \times \frac{10^{-8}}{3 \times 10^{-5}} \times 255 \times (1 - 0.415) = 0.74 mol/s$$

$$N_{(Fe^{2+})} = 15 \times \frac{10^{-10}}{1.2 \times 10^{-4}} \times 0.97 \times 10^4 \times (1 - 0.415) = 0.071 \text{mol/s}$$

$$N_{(Mn^{2+})} = 15 \times \frac{10^{-10}}{1.2 \times 10^{-4}} \times 2.45 \times 10^3 \times (2.4 - 1) = 0.043 \text{mol/s}$$

$$N_{[Fe]} = 15 \times \frac{10^{-8}}{3 \times 10^{-5}} \times 1.25 \times 10^5 \times (2.4 - 1) = 880 \text{mol/s}$$

第（5）步很快，不是限制性环节。第（1）（2）（4）步的最大速率虽然不一样，但差别不大，区别不出速率特别慢环节。

当改变反应条件时，有：

$$Q = \frac{w(MnO)w[Fe]}{w[Mn]w(FeO)} = \frac{5 \times 100}{0.2 \times 20} = 125$$

反应开始时，渣内不存在 MnO，即 $c_{(Mn^{2+})} = 0$，$Q = 0$；第（4）步将大为加速，第（1）（2）步速率虽有增加但不明显。最慢的步骤将落在第（1）（2）步上，尤其是第（2）步，即 Fe^{2+} 的传递将是主要障碍。

吹氧或加矿（氧化铁）：Fe^{2+} 的迁移将大大加速，在此情况下，第（1）步是限制性环节，Mn 的氧化速率可近似地以第（1）步的速率表示。

以第（1）步骤控速来计算：

$$N_{[Mn]} = A\frac{D_{[Mn]}}{\delta_{[Mn]}}(c_{[Mn]} - c_{[Mn]}^s) \tag{3-162}$$

$$w[Mn]^s \approx w[Mn]_{eq} \tag{3-163}$$

$$N_{[Mn]} = A\frac{D_{[Mn]}}{\delta_{[Mn]}}(c_{[Mn]} - c_{[Mn],eq}) \tag{3-164}$$

$$N_{[Mn]} = -V_{st}\frac{dc_{[Mn]}}{dt} \tag{3-165}$$

$$-\frac{dw[Mn]}{dt} = \frac{AD_{[Mn]}}{V_{st}\delta_{[Mn]}}(w[Mn] - w[Mn]_{eq}) \tag{3-166}$$

计算结果：

$$\ln\frac{w[Mn]_0 - w[Mn]_{eq}}{w[Mn] - w[Mn]_{eq}} = \frac{AD_{[Mn]}}{V_{st}\delta_{[Mn]}}t \tag{3-167}$$

Mn 去除掉 90% 时所需时间（令 $w[Mn]_{eq} \approx 0$）：

$$\lg\frac{100}{10} = \frac{AD_{[Mn]}}{2.303V_{st}\delta_{[Mn]}}t$$

$$V_{st} = 27 \times 10^3/7000\text{m}^3 = 3.87\text{m}^3$$

$$t = \frac{2.303 \times 3.87 \times 3 \times 10^{-5}}{15 \times 10^{-8}} = 1790\text{s} = 29.8\text{min}$$

3.3.3 几种模型理论

3.3.3.1 双膜传质理论

双膜传质理论是刘易斯（W. K. Lewis）和惠特曼（W. Whitman）于 1924 年提出的。

薄膜理论在两个流体相界面两侧的传质中应用。目前广泛用于研究冶金过程液-液间反应的动力学。

A　假设条件

(1) 在两个流动相（气体/液体、液体/液体）的相界面两侧，都有一个边界薄膜（气膜、液膜等），物质从一个相进入另一个相的传质过程的阻力集中在界面两侧膜内。

(2) 在界面上，物质的交换处于动态平衡。

(3) 在每相的区域内，被传输的组元的物质流密度（J），与该组元在液体内和界面处的浓度差（$c_1 - c_i$）或气体界面处及气体内分压差（$p_i - p_g$）成正比。

(4) 对流体 1/流体 2 组成的体系中，两个薄膜中流体是静止不动的，不受流体内流动状态的影响。各相中的传质被看作是独立进行的，互不影响。

B　数学表达式

若传质方向是由一个液相进入另一个气相，则各相传质的物质流的密度 J 可以表示为：

$$J_1 = k_1(c_i - c_i^*) \tag{3-168}$$

$$J_g = k_g(p_i - p_i^*) \tag{3-169}$$

式中　c_i^*——组元由液相进入气相时界面处的浓度；

　　　p_i^*——组元由液相进入气相后气体内分压。

式中气相和液相传质系数表示为：

$$k_g = \frac{D_g}{RT\delta_g}, \quad k_1 = \frac{D_1}{\delta_1} \tag{3-170}$$

3.3.3.2　溶质渗透理论

黑碧（R. Higbie）在研究流体间传质过程中提出了溶质渗透理论模型。

A　假设条件

(1) 流体 2 可看作由许多微元组成，相间的传质是由流体中的微元完成的。

(2) 每个微元内某组元的浓度为 c_b，由于自然流动或湍流，若某微元被带到界面与另一流体（流体 1）相接触，如流体 1 中某组元的浓度大于流体 2 相平衡的浓度则该组元从流体 1 向流体 2 微元中迁移。

(3) 微元在界面停留的时间很短，经 t_e 时间后，微元又进入流体 2 内，此时，微元内的浓度增加到 $c_b + \Delta c$。

(4) 由于微元在界面处的寿命很短，组元渗透到微元中的深度远小于微元的厚度，微观上该传质过程看作非稳态的一维半无限体扩散过程。

B　数学模型

以上微元可以看作是半无限体扩散过程。

初始条件为 $t = 0$，$x \geq 0$，$c = c_b$。

边界条件满足 $0 < t \leq t_e$，$x = 0$，$c = c_s$；$x = \infty$，$c = c_b$。

则菲克第二定律的特解为：

$$\frac{c - c_b}{c_s - c_b} = 1 - \mathrm{erf}\left(\frac{x}{2\sqrt{Dt}}\right) \tag{3-171}$$

或者：

$$c = c_{s} - (c_{s} - c_{b})\,\mathrm{erf}\!\left(\frac{x}{2\sqrt{Dt}}\right) \tag{3-172}$$

在 $x=0$ 处（即界面上），组元的扩散流密度表示为：

$$J = -D\left(\frac{\partial c}{\partial x}\right)_{x=0} = D(c_{s} - c_{b})\left[\frac{\partial}{\partial x}\left(\mathrm{erf}\frac{x}{2\sqrt{Dt}}\right)\right]_{x=0}$$

$$= D(c_{s} - c_{b})\frac{1}{\sqrt{\pi Dt}} = \sqrt{\frac{D}{\pi t}}(c_{s} - c_{b}) \tag{3-173}$$

在寿命 t_{e} 时间内的平均扩散流密度为：

$$\bar{J} = \frac{1}{t_{e}}\int_{0}^{t}\sqrt{\frac{D}{\pi t}}(c_{s} - c_{b})\,\mathrm{d}t = 2\sqrt{\frac{D}{\pi t_{e}}}(c_{s} - c_{b}) \tag{3-174}$$

根据传质系数的定义 $J = k_{d}(c_{s} - c_{b})$，得到黑碧的溶质渗透理论的传质系数公式为：

$$k_{d} = 2\sqrt{\frac{D}{\pi t_{e}}} \tag{3-175}$$

溶质渗透理论认为，流体 2 的各微元与流体 1 接触时间，即寿命 t_{e} 是一定的，t_{e} 即代表平均寿命；传质为非稳态。实际上流体 2 的各微元与流体 1 接触时间即寿命 t_{e} 是不相同的，在数学上服从一种统计分布。

3.3.3.3　溶质渗透理论

丹克沃茨（P. V. Danckwerts）认为，流体 2 的各微元与流体 1 接触时间 t_{e} 即寿命其实各不相同，是按零到无穷分布统计分布规律。其在溶质渗透理论的基础上考虑接触时间 t_{e} 的统计分布提出了表面更新理论。

A　假设条件

（1）流体 2 可看作由许多微元组成，相间的传质是由流体中的微元完成的。

（2）每个微元内某组元的浓度为 c_{b}，由于自然流动或湍流，若某微元被带到界面与另一流体（流体 1）相接触，如流体 1 中某组元的浓度大于流体 2 相平衡的浓度，则该组元从流体 1 向流体 2 微元中迁移。

（3）微元在界面停留的时间很短，经 t_{e} 时间后，微元又进入流体 2 内，此时，微元内的浓度增加到 $c_{b}+\Delta c$。

（4）由于微元在界面处的寿命很短，组元渗透到微元中的深度远小于微元的厚度，微观上该传质过程看作非稳态的一维半无限体扩散过程。

（5）流体 2 的各微元与流体 1 接触时间（即寿命）各不相同，按零到无穷分布，服从统计分布规律。

设 Φ 表示流体微元在界面上的停留时间分布函数，其单位为 s^{-1}，则 Φ 与微元停留时间的关系可用图 3-19 表示，且符合关系式。

$$\int_{0}^{\infty}\phi(t)\,\mathrm{d}t = 1 \tag{3-176}$$

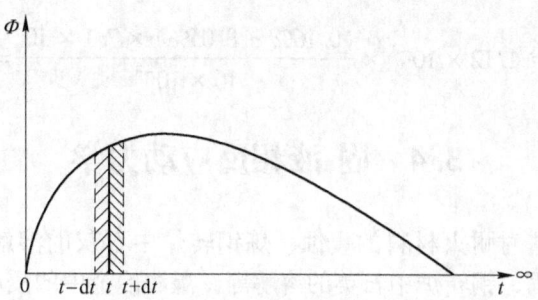

图 3-19 流体微元在界面上的停留时间分布函数

B 数学模型

经过统计学的推导，对于构成全部表面积所有各种寿命微元的总物质流密度为：

$$J = \sqrt{\frac{D}{t_e}}(c_s - c_b) = \sqrt{DS}(c_s - c_b) \tag{3-177}$$

式中，S 表示表面更新率，即单位时间内更新的表面积与界面上总表面积的比例，其单位是 s^{-1}。

根据传质系数的定义，得：

$$k_d = \sqrt{DS} \tag{3-178}$$

综上所述，对比三种理论可以看出，在双膜理论及有效扩散边界层理论中，传质系数 k_d 与 D 值呈正比；在溶质渗透及表面更新理论公式中，传质系数 k_d 与 $D^{1/2}$ 呈正比；从模型实验中归纳得到的相似准数关系式中传质系数 k_d 与 D^n 呈正比，指数 n 随流体的流动状态及周围环境的变化取不同数值，其取值范围在 $0.5 \sim 1.0$ 之间。

例 3-4 电炉氧化期脱碳反应产生 CO 气泡。钢液中 $w[O]_b = 0.05\%$，熔体表面和炉气接触处含氧达饱和 $w[O]_s = 0.16\%$，每秒每 $10cm^2$ 表面逸出一个气泡，气泡直径为 $4cm$。已知 $1600℃$ 时，$D_{[O]} = 1 \times 10^{-8} m^2/s$，钢液密度为 $7100kg/m^3$。求钢液中氧的传质系数及氧传递的扩散流密度。

解：钢液脱氧反应：

$$[C] + [O] \Longrightarrow CO(g)$$

每个气泡的截面积为：

$$\pi r^2 = 12.5cm^2$$

表面更新分数为：

$$S = \frac{\pi r^2}{A} = \frac{12.5}{10} = 1.25s^{-1}$$

传质系数为：

$$k_d = \sqrt{DS} = \sqrt{10^{-8} \times 1.25} = 1.12 \times 10^{-4} m/s$$

由量浓度与质量百分浓度之间的关系：

$$c_i = \frac{w(i)\rho}{M_i}$$

得到：

$$J = k_d(c_{[O]}^s - c_{[O]}^b) = 1.12 \times 10^{-4} \times \frac{(0.16\% - 0.05\%) \times 7.1 \times 10^3}{16 \times 10^{-3}} = 0.0548 \text{mol} / (\text{m}^2 \cdot \text{s})$$

3.4 固-液相反应动力学

火法冶金中，炉渣对耐火材料的侵蚀、炼钢转炉中石灰的溶解、废钢和铁合金的溶解、钢液和合金的凝固、铜转炉中石英的溶解等，湿法冶金中的浸出、沉淀和净化等都是冶金的重要固-液相反应。

3.4.1 固-液相反应的特点

固-液相反应主要包括形式、形态、过程变化三方面。

(1) 形式：液-固相共存（溶解与沉积、凝固与熔化）。

(2) 形态：界面变化，有无产物层。

(3) 过程变化：传质、传热和传动量。

3.4.2 抗熔渣侵蚀实验装置

抗熔渣侵蚀实验装置如图 3-20 所示，由气体入口、橡皮塞、持样杆、高温炉、样棒、熔渣、热电偶、耐火材料衬管、坩埚、气体出口组成。

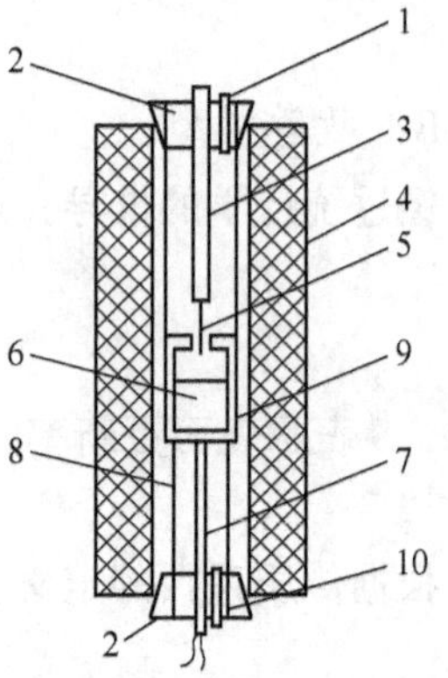

3.4.3 研究方法

图 3-20　抗熔渣侵蚀实验装置
1—气体入口；2—橡皮塞；3—持样杆；
4—高温炉；5—样棒；6—熔渣；
7—热电偶；8—耐火材料衬管；
9—坩埚；10—气体出口

研究方法包括静态实验和动态实验，进行静态实验时，先将耐火材料样棒在静止的熔渣中浸没一段时间，然后急冷，再用化学方法去除样棒外部的残渣和固体产物层，测量侵蚀后的样棒直径，在离子扩散控制的条件下会得到直径的缩小值 ΔR 与时间的平方根成正比，即符合抛物线方程：$\Delta R = Kt^{1/2}$。实际结果表明，若在液相中存在自然对流或强制对流，溶解会加速。进行动态实验时，将耐火材料的样棒与马达相连，带动样棒以一定的角速度旋转，在熔渣中形成强制对流，旋转速度加快，则样棒的侵蚀加速。一般说来，部分浸入熔渣的试棒在液体-气体界面处会更加强烈地溶解，这可以由界面处的液相表面张力作用引起自然对流，从而加速溶解过程来解释。动态实验还可以用耐火材料圆盘，在熔渣中侵蚀不同时间后测量圆盘厚度的减小。因此动态实验需考虑强制对流和对流传质条件：

$$J = -\frac{dn/dt}{A} = \frac{D(c_i - c_\infty)}{\delta(1 - c_i \overline{V})} \tag{3-179}$$

式中　c_i——固/液界面溶质浓度，mol/m^3；

　　　　c——在液相内溶质的浓度，mol/m^3；

　　　　δ——有效边界层厚度；

　　　　V——溶质的偏摩尔体积；

D——溶质穿过界面的有效扩散系数。

列维奇（B. G. Levich）通过实验归纳出旋转的圆盘上传质的边界层厚度为：

$$\delta = 1.611\left(\frac{D}{\nu}\right)^{1/3}\left(\frac{\nu}{\omega}\right)^{1/2} \tag{3-180}$$

式中　ω——角速度，rad/s；

　　　ν——动黏度系数。

圆盘到液体传质的物质流密度：

$$J = -\frac{\mathrm{d}n/\mathrm{d}t}{A} = 0.62D^{2/3}\nu^{-1/6}\omega^{1/2}\frac{c_i - c_\infty}{1 - c_i\overline{V}} \tag{3-181}$$

一些耐火材料在熔渣中溶解实验说明，耐火材料溶解速率与其样品转动的角速度的平方根成直线关系，在温度一定、熔渣组成一定的条件下，该直线斜率为定值。

3.4.4　氧化镁在熔渣中的溶解动力学

研究氧化镁在熔渣中的溶解动力学实验，需要 CaO-FeO-SiO$_2$-CaF$_2$ 熔渣，各组元为 23.5%、45.0%、23.5%和8.0%；样棒为 ϕ6mm；铁坩埚 ϕ2.5cm×5cm。

在1400℃下，将试样浸入熔渣，达到预定时间后将试样、熔渣及坩埚一起取出，放入水中淬冷。横向切割试样，观察断面，实验现象如图 3-21 所示。

如图 3-21 所示，溶解过程中，半径 R 逐渐减小，即半径变化 ΔR 逐渐增大；而固体产物层的厚度 Δx 不断增大。产物层是 FeO 和 MgO 形成的单一固溶体相（Mg$_{1-x}$Fe$_x$O），Mg 和 Fe 的浓度随到试棒表面的距离而变化。

ΔR、Δx 等与时间的关系和 Mg 与 Fe 在固溶体中的分布如图 3-22 所示。

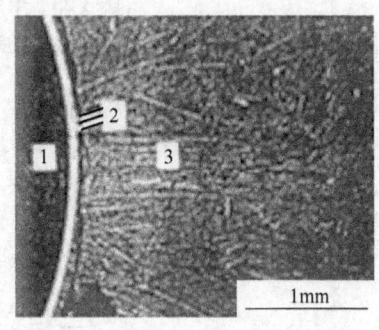

图 3-21　实验现象（浸入时间：1h）
1—未反应层；2—产物层；3—熔渣

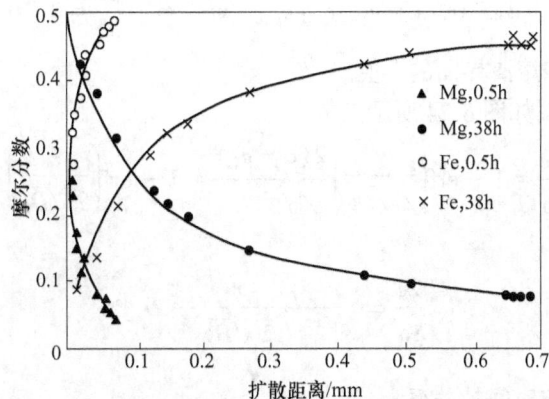

图 3-22　扩散距离与摩尔分数的关系

$$\Delta x = 0.0019t^{1/2} \pm 0.012$$

$$\Delta R = 0.0024t^{1/2} \pm 0.012$$

3.4.5　熔渣中 $c/c_{i,e}$ 与扩散距离的关系

熔渣中 $c/c_{i,e}$（i 表示固溶体与渣之间的某界面处；e 表示平衡状态）与扩散距离的关系如图 3-23 所示。

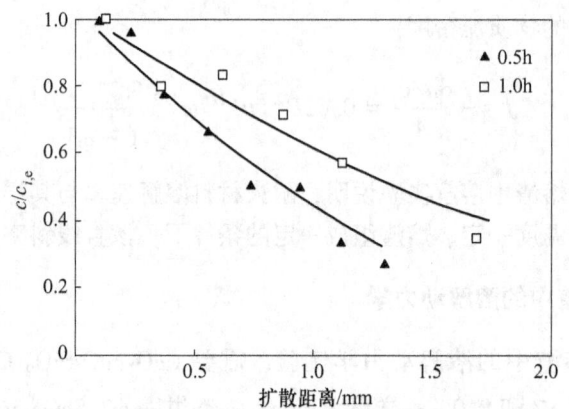

图 3-23　熔渣中 $c/c_{i,e}$ 与扩散距离的关系示意图

c—被测点上 MgO 浓度；$c_{i,e}$—固溶体和渣界面处熔渣中局部平衡浓度

求熔渣中 MgO 的扩散系数：

当熔渣中 MgO 含量低，质量分数在 0~3.5% 时，可以认为 MgO 在渣中扩散系数为常数，可近似地将固溶体和熔渣的界面看成不动的，则 MgO 在渣中的扩散可以看作在一维的半无限体系中的扩散。

菲克第二定律在一维半无限体系扩散中的解为：

$$\frac{c}{c_{i,e}} = \mathrm{erfc}\,\frac{x}{2\sqrt{Dt}} = 1 - \mathrm{erf}\left(\frac{x}{2\sqrt{Dt}}\right) \tag{3-182}$$

I. C. :　　　　　　　　$t = 0,\ x > m,\ c = 0$

B. C. :　　　　$t > 0,\ x = m,\ c = c_{i,e};\ x \to \infty,\ \dfrac{\partial c}{\partial x} = 0$

式中　m——固溶体和熔渣界面的 x 值。

误差函数间的关系如图 3-24 所示。

$$\frac{2c}{c_0} = 1 - \mathrm{erf}\left(\frac{x}{2\sqrt{Dt}}\right)\frac{2(c - c_1)}{c_0 - c_1} = 1 - \mathrm{erf}\left(\frac{x}{2\sqrt{Dt}}\right) \tag{3-183}$$

对应关系

$$\frac{2c}{c_0} \Leftrightarrow \frac{c}{c_{i,e}} \to \frac{x}{2\sqrt{Dt}} \to D \tag{3-184}$$

3.4.6　（$\Delta R - \Delta x$）与时间的关系

（$\Delta R - \Delta x$）表示固溶体在渣中的溶解比厚度。如图 3-25 所示，反应初期，（$\Delta R - \Delta x$）

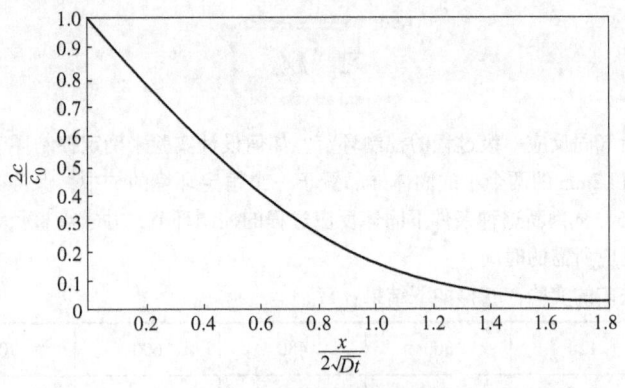

图 3-24　误差函数关系图

随时间增大，固溶体在渣中的溶解比厚度增加快；反应后期，（$\Delta R - \Delta x$）随时间而减小，表明固溶体在渣中的溶解比厚度增加要慢。说明在渣中 M 溶解过程是由生成固溶体及固溶体在渣中溶解的两个步骤混合控制。改变渣成分，如 CaF_2 含量等，可以得出熔渣的影响；进行搅拌，可以考察渣中的影响；改变温度，可以考察固溶体形成的影响。

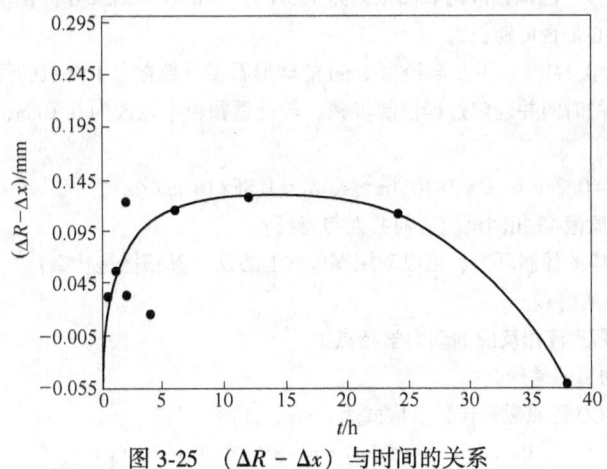

图 3-25　（$\Delta R - \Delta x$）与时间的关系

3.4.7　其他研究

威廉姆斯（P. Williams）等研究了白云石与硅酸铁熔体间在 1300℃ 温度下的相互作用。采用扫描电子显微镜观察侵蚀后急冷的样品，发现白云石和硅酸铁熔体反应形成 $Mg_{1-x}Fe_xO$ 固溶体及铁橄榄石（$2FeO \cdot SiO_2$），在熔体和固溶体界面附近有球状及镁橄榄石-铁橄榄石的结合体。认为白云石溶解过程包括两个控速步骤：一个是 MgO 向熔体的传输，另一个是 Mg^{2+} 穿过镁橄榄石-铁橄榄石区域的扩散。

工业耐火材料具有特殊性。耐火材料一般表面粗糙，气孔率较大，与熔渣作用时不存在规则的反应表面，熔体很容易穿透耐火材料中的气孔进入其内部。反应生成的高熔点固体产物可堵塞这些气孔，在一定程度上阻止进一步的溶解。

以上，仅讨论耐火材料受熔渣的化学侵蚀。除此之外，冶炼操作过程中也存在温度剧烈变化引起的热振动、熔体和气流运动的冲刷与冲击等方面的影响。

习 题

3-1 有哪些方法可判断气固反应一级过程的控制环节？如何设计实验来确定控制环节？

3-2 直径分别为 4mm 和 2mm 的两个小的固体样品置于一个恒定环境的炉中，保持 1h，它们的转化率分别为 0.58 和 0.875，试判断这种条件下固体反应过程的控制环节，并求算直径为 1mm 的同种固体粒子在此炉中完全反应所需的时间。

3-3 进行氢气还原赤铁矿的实验，获得如下结果：

还原时间 t/s	120	300	480	600	900	1200
还原 X	0.18	0.42	0.65	0.78	0.87	0.93

试根据未反应核模型，说明该实验条件下的过程控制环节。

3-4 液体中气泡的形成有几种途径？为什么冶金用耐火材料炉衬或炉底上的微孔尺寸在小于某一临界值（与深度有关）时，才能成为产生气泡核心的活性微孔？

3-5 假设钢液中由于碳氧反应和能量起伏生成了半径为 10^{-2} mm 的气泡核心，试计算该气泡核心长大所需要克服的附加压力（已知钢液的表面张力为 1.5N/m）。由计算结果分析在普通炼钢条件下，这种均相形成的气泡核心是否可能长大？

3-6 900℃ 和 1 大气压（0.1MPa）下，半径为 1mm 的球形石墨颗粒在含 10%氧的静止气体中燃烧。试计算完全燃烧所需要的时间并确定过程控制步骤。若石墨颗粒半径改为 0.1mm，其他条件不变时，结果有何变化？

已知该条件下，$k_r = 0.2$ m/s，$D = 2\times10^{-4}$ m²/s，$\rho_b = 1.88\times10^5$ mol/m³。

3-7 渣和金属反应与一般液-液相间反应有何共性与特征？

3-8 为确定渣和金属反应的控制环节，可以采用哪些实验方法？其根据是什么？

3-9 简述流体-固体反应的特点。

3-10 简述高温炉渣金属液-液相反应的动力学特点。

3-11 冶金宏观动力学的目的是什么？

3-12 850℃ 温度下，用 CO 还原磁铁矿，反应式为：

$$Fe_3O_4(s) + CO(g) \Longrightarrow 3FeO(s) + CO_2(g)$$

生成物 FeO 是致密的灰层，通过该层的扩散阻力不可忽视。试讨论如何利用实验数据求出固体产物层的扩散系数 D_s 和反应速率常数 k。

3-13 定量描述流体-固体之间未反应收缩核模型的传质和化学反应过程数学模型。

3-14 设熔池深度 0.5m，根据电化学直接定氧测头测定结果，中、高碳钢氧的过饱和值约为 0.015% ~ 0.025%，$T = 1873$K；$R = 8.314$J/(mol·K)；$D = 5\times10^{-9}$ m²/s；$g = 9.8$m/s²；$\rho = 7.2\times10^3$ kg/m³；$p_g = 1.013\times10^5$ Pa。计算气泡浮出钢水面时曲率半径。

3-15 27t 电炉炼钢过程中，求沸腾的条件下 Mn 的氧化速率。计算 Mn 被去掉 90%时所需的时间。设炉温为 1600℃，渣的成分为：$w(\text{FeO}) = 20\%$；$w(\text{MnO}) = 5\%$，而钢中 Mn 含量为 0.2%，钢的密度 $\rho_{st} = 7.0\times10^3$ kg/m³，渣的密度 $\rho_s = 3.5\times10^3$ kg/m³。渣钢界面积为 15m²，Mn、Mn²⁺、Fe、Fe²⁺ 的扩散系数 D 以及它们在钢渣界面扩散时边界层厚度 δ 已由实验求得，分别列于下表中。

步 骤	渣-钢界面积 A/m²	扩散系数 D/m²·s⁻¹	边界层厚度 δ/m
（1）Mn	15	10^{-8}	3.0×10^{-5}

续表

步 骤	渣-钢界面积 A/m^2	扩散系数 $D/m^2 \cdot s^{-1}$	边界层厚度 δ/m
(2) Mn^{2+}	15	10^{-10}	1.2×10^{-4}
(3) Fe	15	10^{-10}	1.2×10^{-4}
(4) Fe^{2+}	15	10^{-8}	3.0×10^{-5}

3-16 以电炉中碳氧反应为例，讨论 CO 在炼钢过程中的生成和长大。

3-17 已知钢液原始氢含量为 8×10^{-4}%，求在 1600℃将氢含量降至 4×10^{-4}%时，每吨钢水所需的吹氩量。

3-18 一种方铁矿（FeO）球体，直径为 2cm，用 H_2 流在 400℃时还原。如果 H_2 流的线速度为 50cm/s，试计算其传质系数。假设条件为该气体以氢气为主，$\mu(637K) = 1.53\times10^{-4}$g/(cm·s)，氢气与水蒸气的二元扩散系数为 3.46cm²/s，$\rho_{H_2}(637K) = 3.6\times10^{-5}$g/cm³。

参 考 文 献

[1] E. T. 特克道根. 高温工艺物理化学 [M]. 魏季和，傅杰，译. 北京：冶金工业出版社，1988.

[2] Byron Bird R, et al. Transport Phenomena [M]. John Wiley & Sons, Inc, 1960.

[3] Ranz W E, Marshall W R. J Chem Eng Prog, 1952 (48), 141, 173.

[4] Szekely J, Evans J W, Sohn H Y. Gas-Solid Reaction [M]. New York: Academic Press, 1976.

[5] Sohn H Y, Wadaworth M E, 等. 提取冶金速率过程 [M]. 郑蒂基，译. 北京：冶金工业出版社，1984.

[6] Richardson F D. Physical Chemistry of Melts in Metallurgy [M]. New York: Academic Press, 1974.

[7] 舍克里 J. 冶金中的流体流动现象 [M]. 彭一川，等译. 北京：冶金工业出版社，1985.

[8] 莫鼎成. 冶金动力学 [M]. 长沙：中南工业大学出版社，1987.

[9] Leibson I, et al. AIChEJ., 1956 (2): 296.

[10] 韩其勇. 冶金过程动力学 [M]. 北京：冶金工业出版社，1983.

[11] 肖兴国，谢蕴国. 冶金反应工程学基础 [M]. 北京：冶金工业出版社，1997.

4 反应器基础理论

凡是可以发生化学反应转化过程的容器和设施，均称为反应器。反应器理论研讨反应器内流动和混合对化学反应转化过程影响的共同性规律，最基本最普适的规律属于理想反应器理论，以及通过非理想反应器来描述某些特殊流动状态对转化过程的影响。在冶金中特别是火法冶金中，不连续的间歇式操作方法占有较大的比重，对于不连续操作的反应器，搅拌和混合的研究对于转化过程的效率有重要意义。

4.1 理想反应器

4.1.1 基本的反应器形式

理想反应器（ideal reactor）指反应器内的流动是理想流动的那类反应器。均相理想反应器可分为三种基本类型，即间歇反应器（batch reactor，BR）、平推流反应器（plug/piston flow reactor，PFR）、全混流反应器（continuously stirred tank reactor，CSTR）[1~3]，如图 4-1 所示。

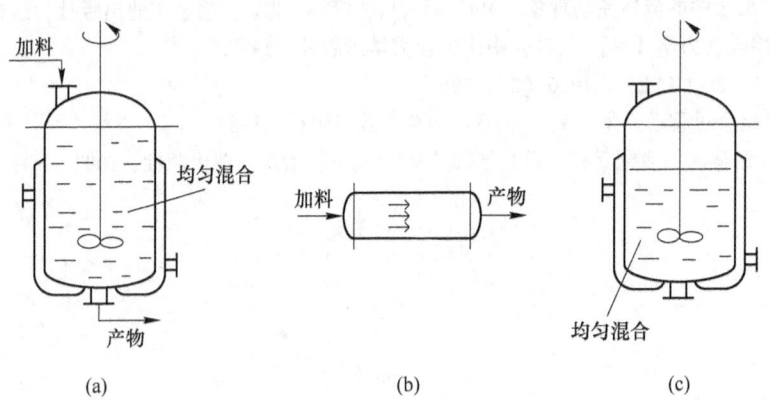

图 4-1　三种均相理想反应器
（a）间歇式全混槽；（b）活塞流反应器；（c）全混流反应器

间歇式反应器属于非连续流动系统，其特点为物料一次加入，一起放出，全部物料 t 相同，T、n 可以达到均匀一致，反应物料的温度和浓度等操作参数随时间而变，不随空间位置而变。间歇式反应器装置简单，操作方便、灵活，适应性强，应用广，但是设备利用率不高，劳动强度大，不易自动控制，产品质量不稳定。

平推流反应器又叫活塞流反应器，它和全混流反应器都是连续操作的流动系统。当操作进入稳定态，对于活塞流反应器，物质的浓度不是时间的函数，而是管长方向位置的函数，它是一个稳态过程，所有物料微元在反应器内停留的时间相同。对于全混流反应器，进入反应器的物料立即与原有物料混合均匀，浓度均匀一致，不是位置的函数，也不是时间的函数，它也是稳态过程。全混流反应器内反应物的浓度、温度及速度保持恒定不变，对自催化反应有利。

4.1.2 不同反应器中时间的概念

在反应速度已知的情况下，反应物在反应器中的停留时间决定着反应进行的程度。对间歇式操作，反应时间即物料在反应器中的停留时间，是可以测定的。但是对于连续操作的反应器，停留时间问题就比较复杂，为研究这些较复杂情况，作以下各项定义[1,4]：

（1）平均停留时间 $\bar{\tau}$（mean residence time），即物料流过反应器所需的时间：

$$\bar{\tau} = \frac{V_R}{v} \tag{4-1}$$

式中　V_R——反应器的有效容积；

　　　v——物料的体积流量。

（2）空间时间 τ（space time）。空间时间与反应器的有效容积和进料体积流量的关系表示如式（4-2）所示：

$$\tau = \frac{V_R}{v} \tag{4-2}$$

式中　V_R——反应器的有效容积；

　　　v——物料的进料体积流量。

（3）空间速度 S_V（space velocity）。空间速度 S_V 可表示为入口体积流量与反应器有效体积的比例，如式（4-3）所示：

$$S_V = \frac{1}{\tau} = \frac{v}{V_R} \tag{4-3}$$

式中　S_V——单位反应体积、单位反应时间内所处理的物料量；

　　　v——入口体积流量；

　　　V_R——反应器有效体积。

从 τ、S_V 的意义可知道，它们均表示连续反应器的生产能力。τ 小，S_V 大，生产能力大，两者均表示入口状态下反应器的生产能力，一般用于描述连续反应器中的气相反应。

（4）反应时间 t（reaction time）为反应持续的时间，指反应物料达到要求的转化率所需持续的时间，用于描述间歇反应。

4.1.3 连续操作反应器的流动特性

4.1.3.1 混合现象的分类

（1）流体粒子（微元）在空间顺序上的混合——空混。流体在反应器内流动，因某种原因而产生的流体粒子在反应器内相对位置发生变化，造成物料微元之间的混合，该混合称为空间混合，简称空混。空混越大，传质速度越快，传热越好，各位置的浓度、温度的差异就越小，从而导致反应器内浓度、温度更加均匀。

（2）流体粒子（微元）在时间顺序上的混合——返混。具有不同停留时间的粒子

（微元）的逆向混合，称为返混。所谓逆向，是指时间顺序上的颠倒，比如先进入反应器的物料粒子流出反应器的时间较为滞后，而后进入反应器的物料粒子却优先流出反应器。例如：连续流动的釜式反应器。在连续操作的反应器中，增大返混的程度，可显著降低反应物的浓度。一般来说，返混对反应来说是一个不利的因素，它影响反应器的生产能力。

返混对化学反应有一些不利的影响，总的来说，使产品的收率、质量降低。返混使反应物的浓度降低，使系统中的温度分布和浓度分布趋于平坦，对要求有较大温度差或浓度差的场合不利。返混对某些反应也是有利的，比如说自催化反应和复杂反应。

4.1.3.2　混合对象的年龄与寿命

年龄指物料在反应器中已经停留的时间。寿命指物料在反应器中总共停留的时间。相同年龄物料之间的混合为同龄混合，例如：间歇反应过程中搅拌引起的混合。

停留时间的分布（residence time distribution）：根据物料在反应器中的分布和停留的情况，可以将停留时间分为年龄与寿命。物料的年龄与寿命不同，但又有一定联系，其区别与联系见表4-1。

表4-1　停留时间的分布

项目	年　　龄	寿　　命
对象	反应器内的物料	反应器的出口物料
描述	从进入反应器的瞬间开始算年龄，到所考虑的瞬间为止，不同年龄的物料粒子混在一起，形成一定的分布	从进入反应器的瞬间开始算年龄，到所考虑的瞬间为止，反应器的出口物料中不同寿命的物料粒子混在一起，形成一定的分布
关系	两者存在一定的关系，可换算，一般通过实验测定寿命分布	

在连续反应器中，同时进入反应器的物料粒子，有的很快从出口流出，有的则经过很长时间才从出口流出，停留时间有长有短，形成一定的分布。理想反应器的特点以及各反应器的比较见表4-2和表4-3。

表4-2　理想反应器的特点

反应器类型	平推流	全混流	中间流
返混程度	不存在返混	返混程度最大	部分返混
特点	流体通过细长管道时，在与流动方向成垂直的截面上，各粒子的流速完全相同，就像活塞平推过去一样，粒子在轴向没有混合、扩散	物料一进入反应器就均匀分散在整个反应器内，物料在反应器内的停留时间有长有短，最为分散	非理想流动
实例	细长型的管式反应器，PFR	连续搅拌釜 CSTR	实际生产中连续操作的反应器

表4-3　理想反应器的比较

项目	间歇操作的搅拌釜 BSTR	连续操作管式反应器 PFR	连续操作搅拌釜 CSTR
投料	一次加料（起始）	连续加料（入口）	连续加料（入口）
年龄	年龄相同（某时）	年龄相同（某处）	年龄不同

项目	间歇操作的搅拌釜 BSTR	连续操作管式反应器 PFR	连续操作搅拌釜 CSTR
寿命	寿命相同（中止）	寿命相同（出口）	寿命不同（出口）
返混	全无返混	全无返混	返混极大

4.2 等温等容过程反应器容积

4.2.1 反应动力学基础

4.2.1.1 反应速率及其表达式

$$(\pm r_A) = \pm \frac{1}{V} \frac{dn_A}{d\tau} \tag{4-4}$$

式中　$\pm r_A$——均相反应的速率，+表示物质生成速率（A 为生成物），–表示物质消耗速率（A 为反应物）；

　　　V——反应体积；

　　　n_A——某时刻物质 A 的摩尔数；

　　　τ——时间[5~7]。

该式表示单位时间、单位体积反应物料中某一组分摩尔数的变化。

转化率：反应物转化掉的量占原始量的比率。

$$x_A = \frac{n_{A0} - n_A}{n_{A0}} \tag{4-5}$$

$$n_A = n_{A0}(1 - x_A) \tag{4-6}$$

$$- dn_A = n_A dx_A \tag{4-7}$$

式中　x_A——A 的转化率；

　　　n_{A0}——A 的初始摩尔数；

　　　n_A——某时刻 A 的摩尔数。

反应速率用转化率表示为：

$$- r_A = - \frac{1}{V} \frac{dn_A}{d\tau} = \frac{1}{V} \frac{n_{A0} dx_A}{d\tau} \tag{4-8}$$

反应速率方程式定量描述了反应速率与温度和浓度的关系，对于反应 $A \xrightarrow{k} R$，则有：

$$(- r_A) = k C_A^n \tag{4-9}$$

式中　k——速率常数；

　　　n——反应级数；

　　　C_A——某时刻 A 的浓度。

4.2.1.2 浓度对反应速率的影响

对于反应：$aA + bB \rightarrow sS$，当该反应为基元反应时，反应速率为：

$$r_A = kC_A^a C_B^b \tag{4-10}$$

当该反应为非基元反应时，反应速率为：

$$r_A = kC_A^{n_1} C_B^{n_2} \tag{4-11}$$

反应级数是速率对浓度敏感的标志，不可逆反应的反应物浓度越高，r 越大；n 越大，A 的浓度变化对 r 的影响越大；为改善高级数反应的转化率，工业上常采用使某种反应物过量的有效方法。

4.2.1.3 温度对反应速率的影响

$$k = A_0 e^{-E/RT} \tag{4-12}$$

式中 A_0——频率因子，其单位与 k 的单位相同；

  E——活化能，J/mol；

  R——气体常数，为 8.314J·kmol/K；

  T——热力学温度，K。

k 的单位与反应级数有关。对于一级反应，k 的单位是 s^{-1}；对于二级反应，是 $kmol^{-1} \cdot m^3/s$；对于零级反应，是 $kmol/(m^3 \cdot s)$。

4.2.1.4 转化率 (X)、收率 (Y) 与选择性 (S)

转化率 X 是针对反应物而言，等于某一反应物的转化量与该反应物的起始量的比值。如果反应物不只一种，针对不同反应物计算出来的转化率是不一样的。另外，关键组分为不过量、贵重的组分（相对而言）时，针对关键组分的计算可使转化率最大到 100%。

为了利于计算和比较转化率，对于连续反应器，进口处的状态为起始状态；对于间歇反应器，开始反应时的状态为起始状态；对于串联使用的反应器，进入第一个反应器的原料为起始状态。

如图 4-2 所示为甲醇合成流程简图，生产中采用循环操作，一部分未能转化的原料重新返回合成塔。由于存在未完全转化反应物的循环，故在计算全程转化率时，起始状态计算基准为新鲜原料进入反应系统到离开所达到的转化率。单程转化率是一次性从反应器进入到离开所达到的转化率。两者相比较，全程转化率必定大于单程转化率。

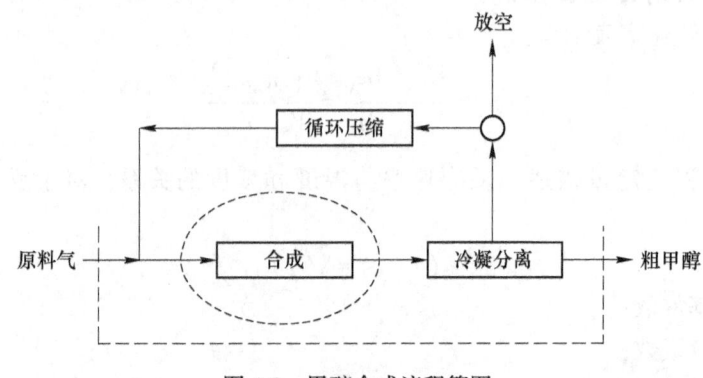

图 4-2 甲醇合成流程简图

例 4-1 对于反应 $4NH_3 + 5O_2 = 4NO + 6H_2O$，假定在 $t=0$ 时刻，NH_3 为 8mol，O_2 为 12mol。在 t_1 时刻，NH_3 和 O_2 分别为 4mol 和 7mol。在 t_2 时刻，NH_3 和 O_2 分别为 0mol 和 2mol，求 t_1 时刻和 t_2 时刻反应物的转化率。

解：

	$4NH_3$	$+5O_2$	$=4NO + 6H_2O$
$t=0$ 时刻	8	12	
t_1 时刻	4	7	$X_{NH_3} = (8-4)/8 = 50\%$，$X_{O_2} = (12-7)/12 = 14.7\%$
t_2 时刻	0	2	$X_{NH_3} = (8-0)/8 = 100\%$，$X_{O_2} = (12-2)/12 = 83.3\%$

收率等于反应产物的生产量与关键组分起始量之比，也等于生成反应产物所消耗的关键组分量与关键组分起始量之比。对于单一反应来说，收率与转化率相等；对于复杂反应来说，两者不等。收率也有单程和全程之分（循环物料系统）。转化率只能说明总的结果，而收率说明在转化的反应物生成目的产物的比例。

选择性为生成目的产物所消耗的关键组分量与已转化的关键组分量之比，对于同一产物来说，收率等于选择性与转化率的乘积。

例 4-2 甲苯（$M=92$）用浓硫酸磺化制备对甲苯磺酸，甲苯投料量为 184kg，反应产物中含对甲苯磺酸 258kg，未反应的甲苯 18.4kg，则甲苯的转化率为多少？对甲苯磺酸（$M=172$）的选择性为多少？收率为多少？

解： 转化率 $X = (184-18.4)/184 = 90\%$

选择性 $S = 0.75/0.9 = 83.3\%$

收率 $Y = 258/172 = 75\%$

反应器计算和设计过程中，首先，根据物料处理量及反应工艺要求，选择反应器类型，求出反应器有效容积；然后，根据反应特征及反应器体积，决定最优控制条件，使反应过程达到优化目标。具体步骤包括建立动力学方程和物料平衡计算。计算过程中关键组分的选取和控制体的选择十分重要。如果反应器内各处浓度均一，衡算的控制体选整个反应器，存在两个或两个以上相态，各点物料组成未必相同，选微元体积为控制体。另外，需要注意计算过程中反应器内温度和物质浓度均一才可取单位时间，否则需选用微元时间。

4.2.2 间歇釜式反应器

间歇釜式反应器具有分批装、卸的特点（周期性、非稳态性），适用于不同品种和规格的产品的生产，广泛用于医药、试剂、助剂等生产。整个操作时间等于反应时间与辅助时间之和（装+卸+清洗）。

（1）基本假设。操作前一次加入反应物，操作后一次取出产物，过程中既不加料也不出料，所有物质在反应器中的停留时间相同，反应器内物料是理想混合流状态[3]。

（2）等温操作的反应时间。对于反应 A+B→C，其中 A 为关键组分，对整个反应器做物料 A 的衡算。

（3）基础设计式。微元时间内组分 A 反应掉的摩尔数等于微元时间内组分 A 减少的摩尔数。

对于组分 A 做物质衡算，由于间歇釜式反应器内物质浓度均一，故考虑到操作过程中没有物质进出，可得：

$$-r_A V d\tau = -dn_A = n_{A0} dx_A$$

$$d\tau = \frac{n_{A0} dx_A}{-r_A V}$$

$$\tau = n_{A0} \int_0^{x_A} \frac{dx_A}{-r_A V}$$
(4-13)

$$\tau = \frac{n_{A0}}{V} \int_0^{x_A} \frac{dx_A}{-r_A} = C_{A0} \int_0^{x_A} \frac{dx_A}{-r_A}$$

$$C_A = C_{A0}(1 - x_A) \cdots dC_A = -C_{A0} dx_A$$

$$\tau = -\int_{C_{A0}}^{C_A} \frac{dC_A}{-r_A}$$

式中 r_A——单位体积反应物质 A 的反应速率，$mol/(cm^3 \cdot s)$；

V——反应体系体积；

n_{A0}——物质的摩尔数。

进一步计算可得到：

$$\tau = \frac{n_{A0}}{V} \int_0^{x_A} \frac{dx_A}{-r_A} = C_{A0} \int_0^{x_A} \frac{dx_A}{-r_A}$$
(4-14)

在恒容条件下可得：

$$\tau = -\int_{C_{A0}}^{C_A} \frac{dC_A}{-r_A}$$
(4-15)

由图 4-3 可以看出，只要 C_{A0} 相同，达到一定转化率所需要的时间只取决于反应速度，与处理量无关。即不论处理量多少，对同一反应，达到同样转化率，工业生产与实验室的反应时间是相等的。利用小试数据进行间歇釜的放大设计时，只要保证放大后的反应速度与小试时相同，就可以实现高倍数放大。由此可见，间歇釜的放大关键在于保证放大后的搅拌与传热效果。

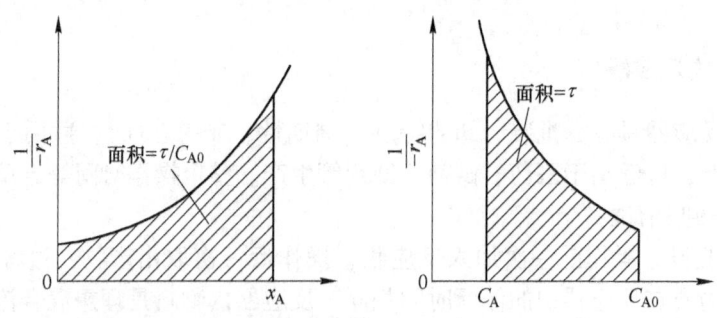

图 4-3   间歇釜式反应器数学模型图像

（4）常见反应级数速率公式：

一级反应：

$$-r_A = k C_A = k C_{A0}(1 - x_A)$$

$$\tau = C_{A0} \int_0^{x_A} \frac{dx_A}{k C_{A0}(1 - x_A)} = \frac{1}{k} \ln \frac{1}{1 - x_A}$$

二级反应：

$$- r_A = k C_A^2 = k C_{A0}^2 (1 - x_A)^2$$

$$\tau = C_{A0} \int_0^{x_A} \frac{dx_A}{k C_{A0}^2 (1 - x_A)^2} = \frac{1}{k} \frac{x_A}{C_{A0}(1 - x_A)}$$

零级反应：

$$- r_A = k$$

$$\tau = C_{A0} x_A / k \tag{4-16}$$

（5）反应器体积。一批操作总时间为 $\tau + \tau'$，其中 τ' 为辅助时间，对于反应 $A + B \rightarrow R$ 可得如下关系式：

$$v C_A x_A = W$$

$$v C_{A0} x_A = W v = W / C_{A0} x_A \tag{4-17}$$

$$V_R = v(\tau - \tau') = v\tau - v\tau' \tag{4-18}$$

式中 v——单位时间内处理的反应物料的体积；

$v\tau$——反应体积；

$v\tau'$——辅助体积。

由上述关系可以看出用间歇釜式反应器进行快速反应是不合理的。但是，由于液相反应的反应时间一般比较长，即 τ 为辅助时间 τ' 的几倍甚至几十倍，间歇釜式反应器在制药生产中获得广泛应用。

有效容积与总容积的比值称为装料系数。

$$\varphi = V_R / V_t \tag{4-19}$$

一般地，对于沸腾或易发泡液体物料：$\varphi = 0.4 \sim 0.6$，对于一般流体：$\varphi = 0.7 \sim 0.85$。

4.2.3 连续管式反应器（PFR）

进入微元体积组分 A 的摩尔数减去离开微元体积组分 A 的摩尔数等于微元体积内反应掉组分 A 的摩尔数，可用式（4-18）表示。图 4-4 所示为连续管式反应器模型微元分析图。

$$F_A - (F_A + dF_A) = - r_A dV_R \tag{4-20}$$

$$F_A = F_{A0}(1 - x_A)$$

$$dF_A = - F_{A0} dx_A; \quad F_{A0} dx_A = - r_A dV_R$$

$$V_R = 0, \ x_A = 0; \quad V_R = V_R, \ x_A = x_{Af}$$

$$\int_0^{V_R} \frac{dV_R}{F_{A0}} = \int_0^{x_{Af}} \frac{dx_A}{- r_A}$$

$$\frac{V_R}{F_{A0}} = \int_0^{x_{Af}} \frac{dx_A}{- r_A}$$

$$F_{A0} = v C_{A0}$$

$$\tau = \frac{V_R}{V} = C_{A0} \int_0^{x_{Af}} \frac{dx_A}{- r_A}$$

$$x_A = 1 - C_A/C_{A0}, \quad dx_A = - dC_A/C_{A0}$$

$$\tau = \frac{V_R}{v} = - \int_{C_{A0}}^{C_{Af}} \frac{dC_A}{-r_A} \qquad (4\text{-}21)$$

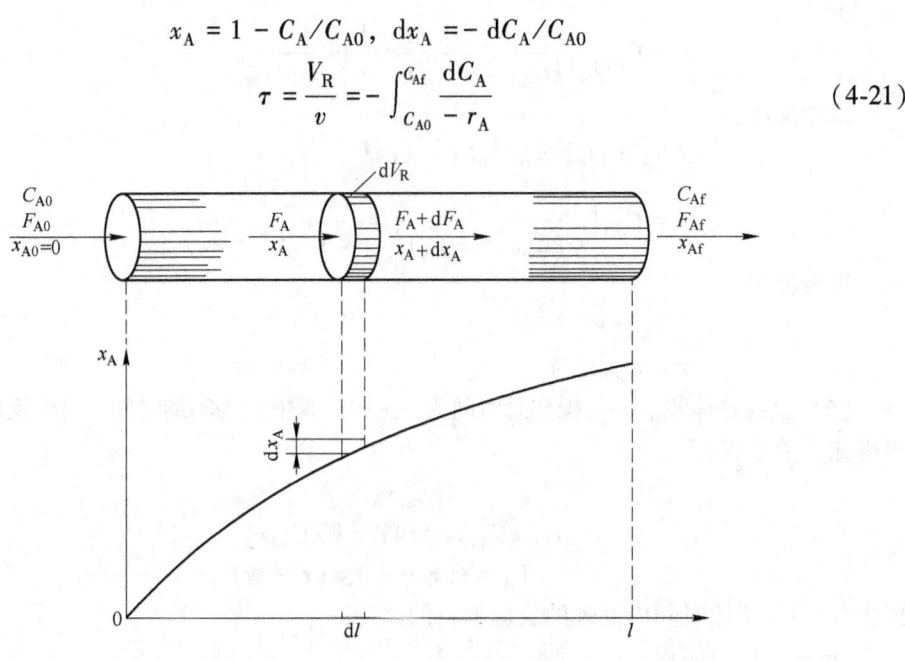

图 4-4 连续管式反应器模型微元分析图

由图 4-5 所示可知在等容过程中，对在相同的反应条件下的同一反应，达到同样的转化率，理想管式反应器中需要的停留时间与间歇釜中需要的反应时间是相同的。所以，可以用间歇反应器中的试验数据进行管式反应器的设计与放大[3,8]。

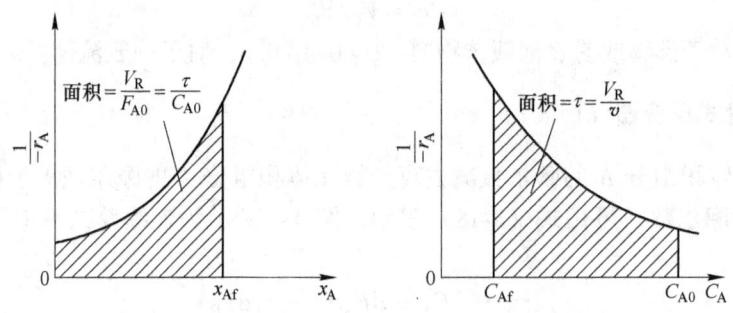

图 4-5 连续管式反应器数学模型图像

4.2.4 连续釜式反应器（CSTR）

连续釜式反应器的特点为反应器的参数不随时间变化：不存在时间自变量，也没有空间自变量；多用于液相反应，恒容操作；出口处的 C、T 等于反应器内的 C、T。反应器内 C、T 恒定，不随时间变化，也不随位置变化。当同时进行多个反应时，只要进出口组成和 Q_0 已知，就可以针对一个组分求出反应体积 V_r[2,7]。

4.2.4.1 基础设计式

进入反应器组分 A 的摩尔数减去离开反应器组分 A 的摩尔数等于反应器内反应掉组

分 A 的摩尔数:

$$\left.\begin{aligned}
F_{A0} - F_{Af} &= -r_A V_R = vC_{A0} - vC_{Af} \\
C_{Af} &= C_A \\
vC_{A0} - vC_A &= -r_A V_R \\
\tau = \frac{V_R}{v} &= \frac{C_{A0} - C_A}{-r_A} = \frac{C_{A0} x_A}{-r_A}
\end{aligned}\right\} \tag{4-22}$$

4.2.4.2 常见级数反应速率公式

一级反应:

$$\left.\begin{aligned}
-r_A &= kC_A = kC_{A0}(1 - x_A) \\
\tau = V_R/v &= \frac{x_A}{k(1 - x_A)}
\end{aligned}\right\} \tag{4-23}$$

二级反应:

$$\left.\begin{aligned}
-r_A &= kC_A^2 = kC_{A0}^2(1 - x_A)^2 \\
\tau = V_R/v &= \frac{x_A}{kC_{A0}(1 - x_A)^2}
\end{aligned}\right\} \tag{4-24}$$

零级反应:

$$\left.\begin{aligned}
-r_A &= k \\
\tau &= C_{A0} x_A/k
\end{aligned}\right\} \tag{4-25}$$

由连续釜式反应器反应速率公式可以看出,同一反应,达到同样的转化率和产率,连续釜式反应器需要的容积较连续管式反应器和间歇釜式反应器大得多,因为连续釜式反应器的返混程度最大,反应始终在最低浓度下进行,对此可采用多釜串联的方式改进。

4.2.4.3 多釜串联操作的浓度变化情况

由图 4-6 可见串联的釜数越多,反应时的浓度提高越多,反应速度越快,需要的反应时间或反应器容积就越小。

4.2.5 多釜串联反应器

单位时间内进入 i 釜的摩尔数减去单位时间内离开 i 釜的摩尔数等于单位时间内在 i 釜中反应掉的摩尔数,如式(4-26)~式(4-28)所示。图 4-7 所示为多釜串联示意图。

$$vC_{Ai-1} - vC_{Ai} = -r_{Ai} V_{Ri}$$

$$\tau_i = \frac{V_{Ri}}{v} = \frac{C_{Ai-1} - C_{Ai}}{-r_{Ai}} \tag{4-26}$$

$$\tau_i = \frac{V_{Ri}}{v} = \frac{C_{A0}(x_{Ai} - x_{Ai-1})}{-r_{Ai}}$$

$$-r_{Ai} = kC_{Ai} \tag{4-27}$$

$$\tau_i = \frac{V_{Ri}}{v} = \frac{C_{Ai-1} - C_{Ai}}{kC_{Ai}}$$

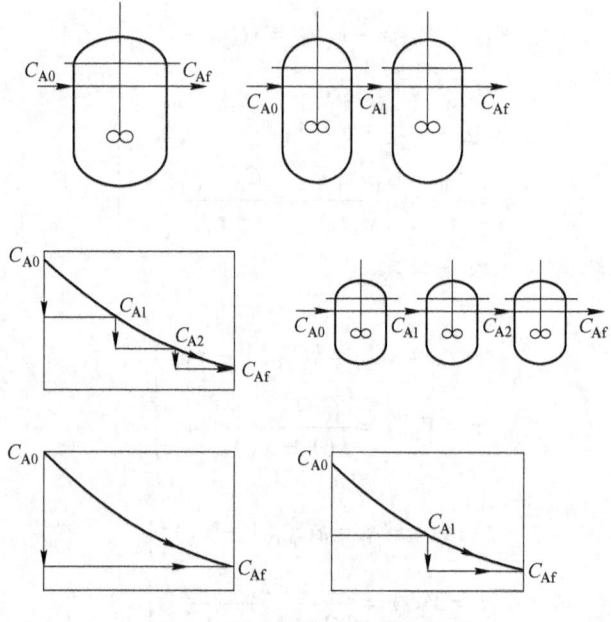

图 4-6　多釜串联浓度变化曲线

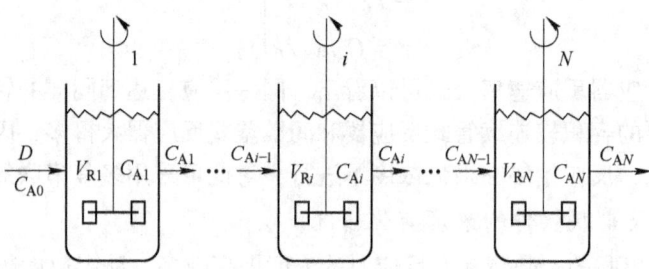

图 4-7　多釜串联示意图

$$kC_{Ai}\tau_i = C_{Ai-1} - C_{Ai} \qquad (4\text{-}28)$$

$$C_{Ai} = \frac{C_{Ai-1}}{1 + k\tau_i}$$

第一釜　　　　　　$C_{A1} = \dfrac{C_{A0}}{1 + k\tau_1}$　　或　　$\dfrac{C_{A1}}{C_{A0}} = \dfrac{1}{1 + k\tau_1}$

第二釜　　　　　　$C_{A2} = \dfrac{C_{A1}}{1 + k\tau_2}$　　或　　$\dfrac{C_{A2}}{C_{A1}} = \dfrac{1}{1 + k\tau_2}$

$\vdots$

第 N 釜　　　　　$C_{AN} = \dfrac{C_{AN-1}}{1 + k\tau_N}$　　或　　$\dfrac{C_{AN}}{C_{AN-1}} = \dfrac{1}{1 + k\tau_N}$

$$\frac{C_{A1}}{C_{A0}} \cdot \frac{C_{A2}}{C_{A1}} \cdot \frac{C_{A3}}{C_{A2}} \cdot \cdots \cdot \frac{C_{AN}}{C_{AN-1}} = \frac{1}{1 + k\tau_1} \cdot \frac{1}{1 + k\tau_2} \cdot \frac{1}{1 + k\tau_3} \cdot \cdots \cdot \frac{1}{1 + k\tau_N}$$

$$\tau_1 = \tau_2 = \tau_i = \tau_N = \tau$$

$$C_{AN} = \frac{C_{A0}}{(1 + k\tau)^N}$$

$$x_{AN} = \frac{C_{A0} - C_{AN}}{C_{A0}} = 1 - \frac{C_{AN}}{C_{A0}} \qquad (4\text{-}29)$$

$$x_{AN} = 1 - \frac{1}{(1 + k\tau)^N}$$

例 4-3 应用串联全混釜式反应器进行一级不可逆反应，假设各釜的容积和操作温度相同，已知在该温度下的速率常数为 $K = 0.92 \mathrm{h}^{-1}$，原料进料速率 $V_0 = 10\mathrm{m}^3/\mathrm{h}$，要求最终转化率为 0.90，试计算当串联釜数 N 分别为 1、2、3、4、5、10、50 和 100 时反应器的总体积，如果采用间歇操作，不考虑辅助生产时间条件下的体积是多少？

解：应用多釜串联计算式：

$$C_{AN} = \frac{C_{A0}}{(1 + k\tau)^N}$$

$$x_{AN} = 1 - \frac{1}{(1 + k\tau)^N}$$

$$\tau = \frac{1}{k}\left[\left(\frac{1}{1 - x_{A0}}\right)^{1/N} - 1\right]$$

可得各 N 值下的总体积。

对间歇操作，其结果见表 4-4。

表 4-4 间歇操作结果

N（个数）	1	2	3	4	5	10
V/m^3	97.8	47.0	37.6	33.8	31.8	28.1

$$\tau = C_{A0}\int_0^{x_A} \frac{\mathrm{d}x_A}{kC_{A0}(1 - x_A)} = \frac{1}{k}\ln\frac{1}{1 - x_A} = 2.503\mathrm{h}$$

$$V = V_0\tau = 2.503 \times 10 = 25.03\mathrm{m}^3$$

由计算结果可知串联的釜数 N 越多，所需反应器的体积越小，当 $N>50$ 时已接近 BSTR 所需体积；在 $N<5$ 时，增加反应器数对降低反应器的总体积效果显著；当 $N>5$ 时，增加串联釜数的效果不明显，且 N 越大，效果越小。

4.2.6 反应器选择的一般原则

选择反应器类型的主要着眼点是：单位反应器体积的生产能力或称容积效率；目的产物的产率或反应的选择性；同时应考虑反应的特性，生产的规模、可控性和操作的灵活性等因素。总的来说，就是用同样数量的原料能生产出最多的产品，而且反应器容积要小。

简单反应器选择的一般原则可归纳如下[4]：对零级反应，选用单个连续釜和管式反应器需要的容积相同，而间歇釜因为有辅助时间和装料系数，需要的容积较大。反应级数越高，转化率越高，单个连续釜需要的容积越大，可采用管式反应器。若反应热效应很大，为了方便控制温度，可采用间歇釜或多釜串联反应器。液相反应，反应慢，要求转化率高时，采用间歇反应釜；气相或液相反应，反应快时采用管式反应器。液相反应，自催化反应和反应级数低、要求转化率不高时，可采用单个连续操作的搅拌釜。

对于复杂反应来说，选择的依据是提高目的产物的收率，同时改善反应的选择性。对于一个平行反应如图 4-8 所示，其反应速率可表示为：

$$\frac{r_{A-L}}{r_{A-M}} = e^{\frac{E_2 - E_1}{RT}} C_A^{n_1 - n_2} \tag{4-30}$$

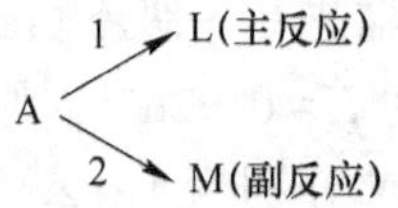

$$A \begin{array}{c} \overset{1}{\nearrow} L(主反应) \\ \underset{2}{\searrow} M(副反应) \end{array}$$

图 4-8 平行反应示意图

根据式（4-30）可得温度对反应速率的影响规律，若 $E_1 > E_2$，则在较高温度下进行；若 $E_1 < E_2$，则在较低温度下进行；若 $E_1 = E_2$，温度变化对选择性无影响。换而言之，提高温度对活化能高的反应有利，降低温度对活化能低的反应有利。另外，可以得出浓度对反应速率的影响规律，若 $n_1 > n_2$，较高反应物浓度对主反应有利；若 $n_1 < n_2$，较低反应物浓度对主反应有利；若 $n_1 = n_2$，反应物浓度对选择性无影响。因此，对平推流反应器，低的单程转化率，用浓度高的原料利于提高反应速率；对于全混流反应器，加入稀释剂利于反应后物料的循环。

对于不可逆的连串反应且以反应的中间物为目的产物时，返混总是对选择性不利。

例 4-4 自催化反应 $A + R \rightarrow R + R$ 的反应速度为 $-r_A = -\dfrac{dC_A}{d\tau} = kC_A C_R$，$k = 1.512 \, m^3/(kmol \cdot h)$，进料流量为 $1 \, m^3/h$，进料中反应物的浓度 $C_{A0} = 0.99 \, kmol/m^3$，$C_{R0} = 0.01 \, kmol/m^3$，要求 A 的最终浓度降为 $0.01 \, kmol/m^3$，求：（1）反应速度最大时的浓度 C_{Amax}；（2）采用单个全混釜需要的容积；（3）采用管式反应器需要的容积；（4）采用全混釜与管式反应器串联需要的容积。图 4-9 为例题 4-4 反应器数学模型图像。

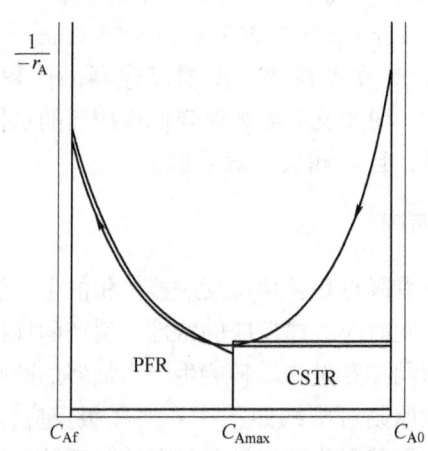

图 4-9 例题 4-4 反应器数学模型图像

解:(1)求C_{Amax}。因为$-r_A = kC_AC_R = kC_A[C_{R0} + (C_{A0} - C_A)]$,而反应速度最大的条件是$d(-r_A)/dC_A = 0$,由此得:

$$C_{Amax} = (C_{A0} + C_{R0})/2 = (0.99 + 0.01)/2 = 0.5kmol/m^3$$

(2)求全混釜的容积可得:

$$V_R = \frac{v(C_{A0} - C_A)}{kC_A(C_{R0} + C_{A0} - C_A)} = \frac{1 \times (0.99 - 0.01)}{1.512 \times 0.01 \times (1 - 0.01)} = 65.5m^3$$

(3)求管式反应器容积可得:

$$V_R = -v\int_{C_{A0}}^{C_{Af}} \frac{dC_A}{-r_A} = -\frac{1}{k}\int_{C_{A0}}^{C_{Af}} \frac{dC_A}{C_A(1 - C_A)} = 6.08m^3$$

(4)求两种反应器串联需要的容积。为了使反应器的总容积最小,全混釜中的浓度应为$C_{Amax} = 0.5kmol/m^3$,所以全混釜容积为

$$V_{R1} = \frac{v(C_{A0} - C_{Amax})}{kC_{Amax}(1 - C_{Amax})} = \frac{1 \times (0.99 - 0.5)}{1.512 \times 0.5 \times (1 - 0.5)} = 1.30m^3$$

管式反应器容积为

$$V_{R2} = \frac{1}{k}\ln\frac{C_{A0}}{1 - C_{A0}} \times \frac{1 - C_{Amax}}{C_{Amax}} = \frac{1}{1.512}\ln\frac{0.99}{1 - 0.99} \times \frac{1 - 0.5}{0.5} = 3.04m^3$$

总容积为

$$V_R = V_{R1} + V_{R2} = 1.30 + 3.04 = 4.34m^3$$

例4-5 复杂反应 $A \xrightarrow{k_1} R \xrightarrow{k_2} S$, $A \xrightarrow{k_3} S$, $n_1 = 2$, $n_2 = 1$, $n_3 = 0$, $E_1 = 25$, $E_2 = 45$, $E_3 = 15$, 如何选择反应器及操作条件,使有利于目的产物R的生成。

解:因为$n_1 > n_2$,$n_1 > n_3$,$r_A = k_1C_A^2 + k_3$,$r_R = k_1C_A^2 - k_2C_R$,$r_S = k_2C_R + k_3$,所以采用平推流反应器提高C_{A0}的转化率。

因为$E_3 < E_1 < E_2$:

$$Y_R = \frac{r_R}{r_A} = \frac{k_1C_A^2 - k_2C_R}{k_1C_A^2 + k_3} = \frac{C_A^2 - \dfrac{A_2}{A_1}\exp\left(-\dfrac{E_2 - E_1}{RT}\right)C_R}{C_A^2 + \dfrac{A_3}{A_1}\exp\left(-\dfrac{E_3 - E_1}{RT}\right)}$$

所以先低温,后随着C_R值增加而升高温度。

4.3 机械搅拌反应器

对于连续操作的反应器,活塞流是理想的流动形式,因为活塞流返混极小,而返混会降低连续操作反应器反应效率。对于间歇操作的反应器或反应产物在操作结束后才放出的半间歇操作反应器,反应器内成分和温度均匀以提高反应速度和效率,器内流动以理想混合流为最佳,此时液体的混合均匀时间最短。在实践中,要实现器内液体瞬间混合均匀是不可能的,只能采取工艺措施尽可能地缩短混合均匀时间。用各种方式加强液体搅拌,是达到此目的的唯一途径。另外,对于非均相反应体系和金属液浇注凝固过程,搅拌也具有重要意义。

衡量反应器内液体搅拌混合程度的一个极重要、最直观的参数称为混合均匀时间（τ_m），简称混合时间，它对液体成分和温度的均匀、提高反应速度、金属液中夹杂物的排除等有重要影响。不同类型的反应器采用的搅拌方式不同，混合时间也不同。以炼钢用的氧气吹炼转炉为例，顶吹时 τ_m 约为 90~120s，底吹时约为 10~20s，而顶底复吹时约为 20~50s[5]。

在金属液浇注，特别是钢的连铸过程中，对钢液的搅拌有利于凝固传热和铸坯质量的提高。总言之，搅拌是冶金工作者极为重视的研究领域。

4.3.1　机械搅拌

机械搅拌是通过浸入到液体中的旋转的搅拌器（桨）来实现液体的循环流动、混合均匀，加快反应速度，提高反应效率。在化学工业中，机械搅拌对槽式（釜）反应器至关重要。在火法冶金中，铁水预脱硫的 KR 法就是应用机械搅拌的例子。由于搅拌器在熔融金属中旋转，所以它需用特殊的耐火材料制成，以承受高温和液体金属的冲刷。与化工中应用的搅拌器相比，火法冶金应用的桨叶形式较简单且转速也较慢。在湿法冶金中，机械搅拌是广为应用且效果很好的方法。例如拜耳（Karl Josef Bayer）法生产氧化铝中的关键工序——晶种分解，就是在不断搅拌的反应槽中进行的，机械搅拌是常用的方法。酸浸电极法炼铜工艺中浸出液的萃取和反萃取也是连续流体体系机械搅拌槽型反应器的例子。湿法冶金中的机械搅拌与化工中没有大的区别。另外，冶金中经常用到的搅拌方式有气体搅拌和电磁搅拌，气体搅拌广泛应用于火法冶金过程，尤其是金属液的二次精炼；电磁搅拌最初用于大容量电炉熔池和大钢锭的浇注过程，而后，连续铸钢和炉外精炼技术的发展大大推动了电磁搅拌技术的发展和应用[9,10]。

机械搅拌的分类常以搅拌器（桨）的类型来划分，不同黏度范围的液体选用不同的桨型[4]。

4.3.2　机械搅拌器结构及其分类

机械搅拌反应器适用于各种物性（如黏度、密度）和各种操作条件（温度、压力）的反应过程，应用于合成塑料、合成纤维、合成橡胶、医药、农药、化肥、染料、涂料、食品、冶金、废水处理等行业。

4.3.2.1　机械搅拌器的结构

（1）封头（分为椭圆形、锥形和平盖，椭圆形封头应用最广）。

（2）各种接管，满足进料、出料、排气等要求。

（3）加热、冷却装置：设置外夹套或内盘管。

（4）上封头焊有凸缘法兰，用于搅拌容器与机架的连接。

（5）传感器，测量反应物的温度、压力、成分及其他参数。

（6）支座，小型用悬挂式支座，大型用裙式支座或支承式支座。

（7）装料系数（对容积而言），通常取 0.6~0.85；有泡沫或呈沸腾状态取 0.6~0.7；平稳时取 0.8~0.85。

4.3.2.2　机械搅拌器的分类

按流体流动形态分为轴向流搅拌器，径向流搅拌器，混合流搅拌器；按结构分为平叶、折叶、螺旋面叶；按搅拌用途分为低黏流体用搅拌器、高黏流体用搅拌器。低黏流体搅拌器有推进式、长薄叶螺旋桨、桨式、开启涡轮式、圆盘涡轮式、布鲁马金式、板框桨式、三叶后弯式等；高黏流体用搅拌器有锚式、框式、锯齿圆盘式、螺旋桨式、螺带式（单螺带、双螺带）、螺旋—螺带式等。

桨式、推进式、涡轮式和锚式搅拌器在搅拌反应设备中应用最为广泛，据统计约占搅拌器总数的75%～80%。

4.3.3 几种常见的搅拌器

4.3.3.1 桨式搅拌器

桨式搅拌器结构最简单，叶片用扁钢制成，焊接或用螺栓固定在轮毂上，叶片数是2片、3片或4片，叶片形式可分为平直叶式和折叶式两种，如图4-10所示即为一种桨式搅拌器。桨式搅拌器主要应用于液-液系中用于防止分离，使罐的温度均一；固-液系中多用于防止固体沉降。折叶式搅拌器也用于高黏流体搅拌，促进流体的上下交换，代替价格高的螺带式叶轮，能获得良好的效果。桨式搅拌器的转速一般为20～100r/min，最高黏度为20Pa·s，其常用参数见表4-5。

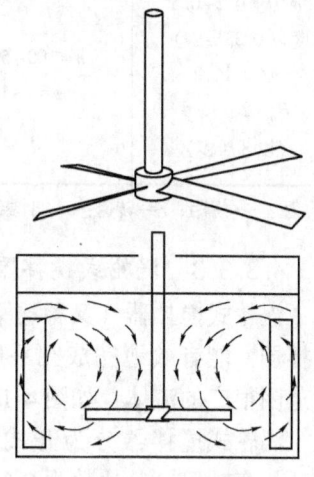

图4-10 桨式搅拌器

表4-5 桨式搅拌器常用参数

常用尺寸	常用运转条件	常用介质黏度范围	流动状态	备 注
$d/D = 0.35 \sim 0.8$ $b/d = 0.1 \sim 0.25$ $B_n = 2$	$n = 1 \sim 100$r/min $v = 1.0 \sim 5.0$m/s	小于2Pa·s	低转速时水平环向流为主；转速高时为径向流；有挡板时为上下循环流	当$d/D = 0.9$以上，并设置多层桨叶时，可用于高黏度液体的低速搅拌。在层流区操作，适用的介质黏度可达100Pa·s，$v = 1.0 \sim 3.0$m/s
折叶式 $\theta = 45°, 60°$			折叶式有轴向、径向和环向分流作用	

注：n—转速；v—叶端线速度；B_n—叶片数；d—搅拌器直径；D—容器内径；θ—折叶角。

4.3.3.2 推进式搅拌器

推进式搅拌器（又称船用推进器）常用于低黏流体中。标准推进式搅拌器有三瓣叶片，其螺距与桨直径d相等，如图4-11所示为一种推进式搅拌器。它直径较小，$d/D = 1/4 \sim 1/3$，叶端速度一般为7～10m/s，最高达15m/s。搅拌时流体由桨叶上方吸入，下方以圆筒状螺旋形排出，流体至容器底再沿壁面返至桨叶上方，形成轴向流动。其特点是搅拌时流体的湍流程度不高、循环量大、结构简单、制造方便。主要应用于黏度低、流量大的场合，用较小的搅拌功率能获得较好的搅拌效果；用于液-液系混合，使温度均匀，在低浓度固-液系中防止淤泥沉降等。推进式搅拌器的常用参数见表4-6。

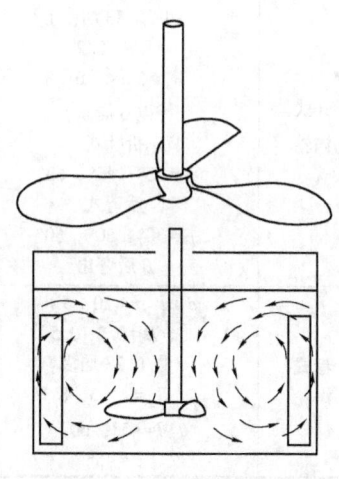

图4-11 推进式搅拌器

表 4-6 推进式搅拌器常用参数

常用尺寸	常用运转条件	常用介质黏度范围	流动状态	备 注
$d/D = 0.2 \sim 0.5$ （以 0.33 居多） $p/d = 1, 2$ $B_n = 2, 3, 4$ （以 3 居多）	$n = 100 \sim 500 r/min$ $v = 3 \sim 15 m/s$	小于 2Pa·s	轴流型，循环速率高，剪切力小。采用挡板或导流筒则轴向循环更强	最高转速可达 450r/min，最高叶端线速度可达 25m/s。转速在 500r/min 以下，适用介质黏度可达 50Pa·s

注：p—螺距；n—转速；v—叶端线速度；B_n—叶片数；d—搅拌器直径；D—容器内径；θ—折叶角。

4.3.3.3 涡轮式搅拌器

涡轮式搅拌器（又称透平式叶轮），是应用较广的一种搅拌器，能有效地完成几乎所有的搅拌操作，并能处理黏度范围很广的流体，如图 4-12 所示。

涡轮式搅拌器分为开式和盘式两种，开式有平直叶、斜叶、弯叶等，叶片数为 2 叶和 4 叶；盘式有圆盘平直叶、圆盘斜叶、圆盘弯叶等，叶片数常为 6 叶。平直叶剪切作用较大，属剪切型搅拌器，弯叶叶片朝着流动方向弯曲，可降低功率消耗，适用于含有易碎固体颗粒的流体搅拌；涡轮式搅拌器有较大的剪切力，可使流体微团分散得很细，适用于低黏度到中等黏度流体的混合、液-液分散、液-固悬浮，以及促进良好的传热、传质和化学反应。涡轮式搅拌器常用参数见表 4-7。

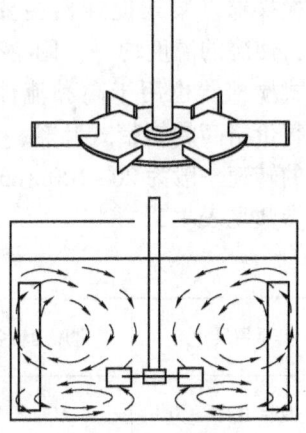

图 4-12 涡轮式搅拌器

表 4-7 涡轮式搅拌器常用参数

形式	常用尺寸	常用运转条件	常用介质黏度范围	备 注
开式涡轮	$d/D = 0.2 \sim 0.5$ （以 0.33 居多） $b/d = 0.2$ $B_n = 3, 4, 6, 8$ （以 6 居多） 折叶式 $\theta = 30°, 45°, 60°$ 后弯式 $\beta = 30°, 50°, 60°$ β 后弯角	$n = 10 \sim 300 r/min$ $v = 4 \sim 10 m/s$ 折叶式 $v = 2 \sim 6 m/s$	小于 50Pa·s，折叶和后弯叶小于 10Pa·s	最高转速可达 600r/min，圆盘上下液体的混合不如开式涡轮
盘式涡轮	$d : l : b = 20 : 5 : 4$ $d/D = 0.2 \sim 0.5$ （以 0.33 居多） $B_n = 4, 6, 8$ $\theta = 45°, 60°$ $\beta = 45°$			

注：n—转速；v—叶端线速度；B_n—叶片数；d—搅拌器直径；D—容器内径；θ—折叶角。

4.3.3.4 锚式搅拌器

锚式搅拌器结构简单，如图4-13所示，适用于黏度在100Pa·s以下的流体搅拌，当流体黏度在10~100Pa·s时，可在锚式桨中间加一横桨叶，即为框式搅拌器，以增加容器中部的混合。

锚式或框式桨叶的混合效果并不理想，只适用于对混合要求不太高的场合。由于锚式搅拌器在容器壁附近流速比其他搅拌器大，能得到大的表面传热系数，故常用于传热、晶析操作。常用于搅拌高浓度淤浆和沉降性淤浆。当搅拌黏度大于100Pa·s的流体时，应采用螺带式或螺杆式。锚式搅拌器常用参数见表4-8。

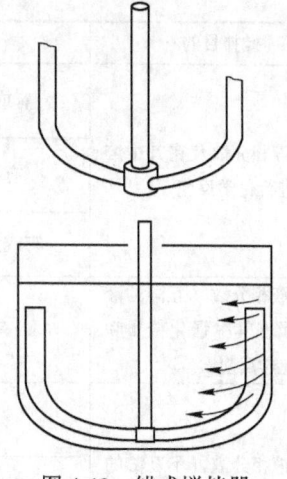

图4-13 锚式搅拌器

表4-8 锚式搅拌器常用参数

常用尺寸	常用运转条件	常用介质黏度范围	流动状态	备 注
$d/D = 0.9 \sim 0.98$ $b/D = 0.1$ $h/D = 0.48 \sim 1.0$	$n = 1 \sim 100$r/min $v = 1 \sim 5$m/s	小于100Pa·s	不同高度上的水平环向流	为了增大搅拌范围，可根据需要在桨叶上增加立叶和横梁

注：n—转速；v—叶端线速度；d—搅拌器直径；D—容器内径；θ—折叶角。

4.3.4 搅拌器的选用

搅拌器选型一般从三个方面考虑：搅拌目的、物料黏度和搅拌容器容积的大小。选用时除满足工艺要求外，还应考虑功耗低、操作费用省，以及制造、维护和检修方便等因素。上述的几种搅拌器中，推进式搅拌器适用于低黏度流体的混合，循环能力强，动力消耗小，可应用到很大容积的搅拌容器中；涡轮式搅拌器应用范围较广，各种搅拌操作都适用，但流体黏度不宜超过50Pa·s；桨式搅拌器结构简单，在小容积的流体混合中应用较广，对大容积的流体混合，循环能力不足。实际生产中，只考虑搅拌目的时，根据一般规律推荐的搅拌器形式如表4-9所示。

表4-9 搅拌目的与推荐的搅拌器形式

搅拌目的	挡板条件	推荐形式	流动状态
互溶液体的混合及在其中进行化学反应	无挡板	三叶折叶涡轮、六叶折叶开启涡轮、桨式、圆盘涡轮	湍流（低黏流体）
	有导流筒	三叶折叶涡轮、六叶折叶开启涡轮、推进式	
	有或无导流筒	桨式、螺杆式、框式、螺带式、锚式	层流（高黏流体）

搅拌目的	挡板条件	推荐形式	流动状态
固-液相分散及在其中溶解和进行化学反应	有或无挡板	桨式、六叶折叶开启式涡轮	湍流（低黏流体）
	有导流筒	三叶折叶涡轮、六叶折叶开启涡轮、推进式	
	有或无导流筒	螺带式、螺杆式、锚式	层流（高黏流体）
液-液相分散（互溶的液体）及在其中强化传质和进行化学反应	有挡板	三叶折叶涡轮、六叶折叶开启涡轮、桨式、圆盘涡轮式、推进式	湍流（低黏流体）
液-液相分散（不互溶的液体）及在其中强化传质和进行化学反应	有挡板	圆盘涡轮、六叶折叶开启涡轮	湍流（低黏流体）
	有反射物	三叶折叶涡轮	
	有导流筒	三叶折叶涡轮、六叶折叶开启涡轮、推进式	
	有或无导流筒	螺带式、螺杆式、锚式	层流（高黏流体）
气-液相分散及在其中强化传质和进行化学反应	有挡板	圆盘涡轮、闭式涡轮	湍流（低黏流体）
	有反射物	三叶折叶涡轮	
	有导流筒	三叶折叶涡轮、六叶折叶开启涡轮、推进式	
	有导流筒	螺杆式	层流（高黏流体）
	无导流筒	锚式、螺带式	

4.4　非理想流动反应器

　　本章前面几节讨论的反应器及其解析，仅限于反应器内只有两种理想流动的状态，即活塞流和全混流。这两种流动模式处理简单而且往往是最佳的形式。就流动状态而言，在活塞流反应器中，进入反应器的液体微元在反应器内停留相同的时间，而后流出反应器；在连续式混合槽中，液体各微元的停留时间按一定的规律分布。但是，实际反应器中的液体流动往往不同程度偏离上述的理想流动状态，反应器内流体会发生：（1）短路，即存在流动阻力特别小的局部区域；（2）死区，即不流动或流速极小的局部区域；（3）回流，即在某个区域内产生回旋流动；（4）反向流动和返混等现象。返混是指逆向混合，它与一般指的混合有不同含义。一般指的混合是对一切物料空间的混合，而返混专指不同停留时间的液体微元间的混合。从返混这个角度看，活塞流就是完全无返混的流动，而全混流是返混达到极大程度的流动。

　　上述这些现象，当反应器尺寸加大时尤为突出。由于这些现象的存在，进入反应器的液体各分子或液体微元在流入到流出这段过程中，实际经历的路程可以长短不一，从而它们在反应器内的停留时间也就不相同，就不会像全混流那样遵循一定的分布规律，即偏离了两种理想流动，带来了实际流动反应器与理想反应器效果的不同。这种实际情况下的流动称为非理想流动，相应的反应器称为非理想流动反应器，简称非理想反应器。

显然，对非理想反应器的停留时间分布及其对实际反应效果的影响的研究十分重要。

4.4.1 停留时间分布

严格来说，如果要精确地知道反应器内发生的过程，则必须知道反应器内所有微元的速度分布。然而，由于问题的复杂性有时办不到这一点。从工程角度看，事实上也不必知道那么详细，只需要宏观地了解流动的特性即可。假设反应物以稳态流经反应器，虽然流量稳定在一定值，但是由于是非理想流动，所以液体各微元在反应器内的停留时间不一样，即对整个流体而言，就存在一个停留时间分布问题。

4.4.1.1 停留时间分布函数

凡是分布总是可以用某种函数加以数学描述。对停留时间分布可以用停留时间分布函数来描述，常用的分布函数有 E 函数、F 函数和 I 函数。

4.4.1.2 停留时间分布函数 E

它是表征反应器出口处物料在反应器内停留时间分布的函数之一，称为停留时间分布密度函数，或者出口寿命分布密度函数，通常就称为停留时间分布函数，以 E 表示。E 是时间的函数，故记作 $E(t)$。由于时间是连续的，流体流动也是连续的，所以 $E(t)$ 是一个连续函数。$E(t)$ 的定义是：同时进入反应器的 N 个流体质点中，停留时间介于 t 与 $t + dt$ 间的质点所占分率为：

$$\frac{\mathrm{d}N}{N} = \int_{t_1}^{t_2} E(t)\,\mathrm{d}t \tag{4-31}$$

显然，同一时刻进入反应器的流体，随着时间的无限延长，总是要全部流出反应器的，用数学式表示，即：

$$\int_0^\infty E(t)\,\mathrm{d}t = 1 \tag{4-32}$$

式（4-32）称为分布函数的归一化条件。图 4-14 所示为典型的 $E(t)$ 曲线。

从图 4-14 可见，停留时间很长和很短的部分都很少，大部分液体微元停留时间在中等长的范围内。还可以看出，停留时间（或寿命）低于 t 的流体所占分率为 $\int_0^t E(t)\,\mathrm{d}t$（阴影部分）；高于 t 的流体所占分率为 $\int_t^\infty E(t)\,\mathrm{d}t$，而寿命在 t 到 $t + dt$ 间的流体所占分率为 $\int_t^{t+\mathrm{d}t} E(t)\,\mathrm{d}t$。$E(t)$ 曲线以下包围的面积 A，即为流体分率的总和，等于 1。

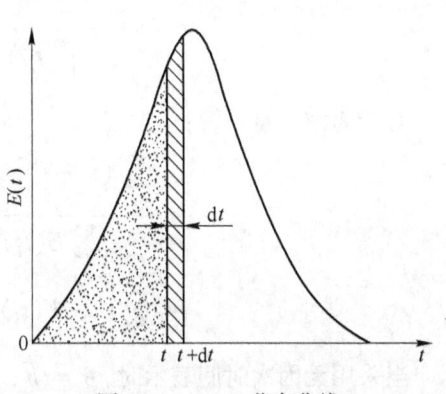

图 4-14 $E(t)$ 分布曲线

4.4.1.3 累计停留时间分布函数 F

其定义是出口流中，在反应器内停留时间小于 t 的流体部分所占的分率：

$$F(t) = \int_0^t E(t)\,\mathrm{d}t \qquad (4\text{-}33)$$

同理，有：

$$F(\infty) = \int_0^\infty E(t)\,\mathrm{d}t = 1 \qquad (4\text{-}34)$$

4.4.2 停留时间分布的数字特征

研究不同流型的停留时间分布，通常是比较它们的统计特征值。常用的特征值有两个，即数学期望和方差。数学期望：代表均值（统计量的平均值），这里是平均停留时间；方差：代表统计量的分散程度，这里是停留时间对均值的偏离程度。

4.4.2.1 数学期望的数学定义

对于连续变量系统，其数学期望定义为：

$$\bar{t} = \frac{\displaystyle\int_0^\infty tE(t)\,\mathrm{d}t}{\displaystyle\int_0^\infty E(t)\,\mathrm{d}t} = \int_0^\infty tE(t)\,\mathrm{d}t \qquad (4\text{-}35)$$

对于离散变量系统，只能测得各时间间隔 Δt_i 所对应的分布函数值，则数学期望定义为：

$$\bar{t} = \frac{\displaystyle\sum_i t_i E(t_i)\Delta t_i}{\displaystyle\sum_i E(t_i)\Delta t_i} \qquad (4\text{-}36)$$

4.4.2.2 分布的方差 σ^2

各个物料质点停留时间 t 与平均停留时间的差的平方的加权平均值。

对于连续变量系统：

$$\sigma^2 = \frac{\displaystyle\int_0^\infty (t-\bar{t})^2 E(t)\,\mathrm{d}t}{\displaystyle\int_0^\infty E(t)\,\mathrm{d}t} = \int_0^\infty t^2 E(t)\,\mathrm{d}t - \bar{t}^2 \qquad (4\text{-}37)$$

对于离散变量系统：

$$\sigma^2 = \frac{\displaystyle\sum_i (t_i-\bar{t})^2 E(t_i)\Delta t_i}{\displaystyle\sum_i E(t_i)\Delta t_i} = \frac{\displaystyle\sum_i t_i^2 E(t_i)\Delta t_i}{\displaystyle\sum_i E(t_i)\Delta t_i} - \bar{t}^2$$

$$= \sum_i t_i^2 - E(t_i)\Delta t_i - \bar{t}^2 \qquad (4\text{-}38)$$

当采用无因次时间表示时，$\theta = t/\bar{t}$，$\mathrm{d}\theta = \mathrm{d}t/\bar{t}$，则对于连续变量系统：

$$\sigma^2(\theta) = \int_0^\infty (\theta-1)^2 E(\theta)\,\mathrm{d}\theta$$

$$= \int_0^\infty \theta^2 E(\theta)\,\mathrm{d}\theta - 1 \qquad (4\text{-}39)$$

对于离散变量系统：

$$\sigma^2(\theta) = \sum_i \theta_i^2 E(\theta) \Delta \theta_i - 1 \tag{4-40}$$

比较式（4-37）~式（4-40）有：

$$\sigma^2 = \bar{t}^2 \sigma^2(\theta) \tag{4-41}$$

方差 σ^2 是表示分布曲线展开宽度特征的定量尺度，其因次是 [时间]^2。方差越大，曲线分布越宽，显得越"胖"；方差越小，曲线分布越窄，显得越"瘦"。当需要对分布曲线作更细的描述时，还可以使用对平均值的三次矩（歪度）和四次矩（尖度）。一个分布曲线的均值和方差确定了，该分布也就确定了。

当流体流过一个分若干段的反应器时，或者流过由若干同截面反应器构成的串联反应器时，其输入分布的均值为 $\bar{t}_{\rm in}$，方差为 $\sigma^2_{\rm in}$，输出分布的均值为 $\bar{t}_{\rm out}$，方差为 $\sigma^2_{\rm out}$。反应器各段（或串联反应器中各反应器）的分布均值为 $\bar{t}_{\rm a}$，$\bar{t}_{\rm b}$，$\bar{t}_{\rm c}$，…，方差为 $\sigma^2_{\rm a}$，$\sigma^2_{\rm b}$，$\sigma^2_{\rm c}$，…，则根据均值和方差的加合性，有

$$\bar{t}_{\rm out} = \bar{t}_{\rm in} + \bar{t}_{\rm a} + \bar{t}_{\rm b} + \bar{t}_{\rm c} + \cdots \tag{4-42}$$

$$\sigma^2_{\rm out} = \sigma^2_{\rm in} + \sigma^2_{\rm a} + \sigma^2_{\rm b} + \sigma^2_{\rm c} + \cdots \tag{4-43}$$

4.4.2.3 RTD 曲线的测定与绘制

在工程上一般采用"刺激-响应"实验法。该方法是刺激某一系统，观察该系统如何响应这一刺激信号，从而得到 RTD 曲线，即用一定的方法将示踪剂加到反应器进口，然后在反应器出口物料中检验示踪剂信号，从而获得示踪剂在反应器中停留时间分布的实验数据。

实验中所用示踪剂有如下要求：第一，示踪剂不应与主流体发生反应。第二，除了显著区别于主流体的某一可检测性质外，示踪剂应和主流体尽可能具有相同的物理性质，且两者易于溶为一体。第三，示踪剂浓度很低时也能够检测。第四，用于多相系统检测的示踪剂不发生相间的转移，示踪剂本身应具有或易于转变为电信号或光信号的特点。对于液体来说，常用电解质（如 KCl 等）或染料作示踪剂，用电导值或比色测定。对气体进行研究时，常用氩、氦、氢作示踪剂，用热导值测定。

测定 RTD 常用方法有两种：一种是脉冲法，另一种是阶跃法。

脉冲法就是使物料以稳定的流量 v 通过体积为 $V_{\rm R}$ 的反应器，然后在某个瞬间 $t = 0$ 时，用极短的时间间隔 Δt_0 向物料中注入浓度为 C_0 的示踪剂，并保持混合物的流量仍为 v，同时在出口处测定示踪剂浓度 C 随时间 t 的变化。图 4-15 所示为脉冲法图解示意图。

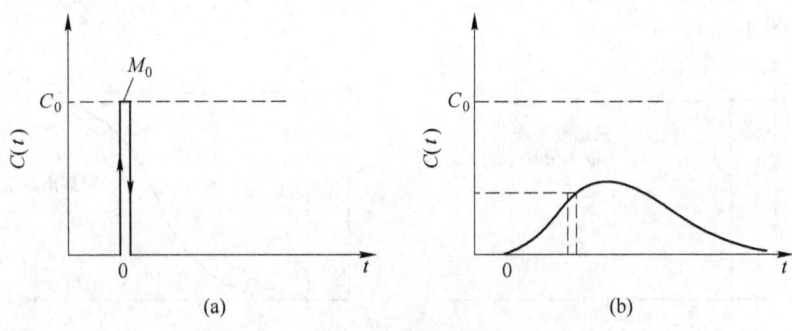

图 4-15 脉冲法图解示意图

（a）脉冲注入；（b）出口响应

设 Δt_0 时间内注入示踪剂的总量为 $M(\text{mol})$，出口处浓度随时间变化为 $C(t)$，在示踪剂注入后 $t \sim t+\mathrm{d}t$ 时间间隔内，出口处流出的示踪剂量占总示踪剂量的分率：

$$\left(\frac{\mathrm{d}N}{N}\right)_{\text{示踪剂}} = \frac{vC(t)\,\mathrm{d}t}{M} \tag{4-44}$$

若在注入示踪剂的同时，流入反应器的物料量为 N，在注入示踪剂后的 $t \sim t+\mathrm{d}t$ 时间间隔内，流出物料量为 $\mathrm{d}N$，则在此时间间隔内，流出的物料占进料的分率为：

$$\left(\frac{\mathrm{d}N}{N}\right)_{\text{物料}} = E(t)\,\mathrm{d}t \tag{4-45}$$

示踪剂的停留时间分布就是物料质点的停留时间分布。

$$\left(\frac{\mathrm{d}N}{N}\right)_{\text{示踪剂}} = \left(\frac{\mathrm{d}N}{N}\right)_{\text{物料}} \tag{4-46}$$

$$\frac{vC(t)\,\mathrm{d}t}{M} = E(t)\,\mathrm{d}t \tag{4-47}$$

即

$$E(t) = \frac{v}{M}C(t) \tag{4-48}$$

式中 v——物料的体积流量，$\mathrm{m^3/s}$；

M——注入的示踪剂总量，g；

C——出口物料中的示踪剂浓度，$\mathrm{g/m^3}$。

只要测得 v，M 和 $C(t)$，即可得物料质点的分布密度。由于 $M = vC_0\Delta t_0$，其中 C_0 及 Δt_0 难以准确测量，故示踪剂的总量可用出口所有物料的加和表示：

$$M = \int_0^\infty vC(t)\,\mathrm{d}t = v\int_0^\infty C(t)\,\mathrm{d}t \tag{4-49}$$

所以得到：

$$E(t) = \frac{v}{M}C(t) = \frac{C(t)}{\displaystyle\int_0^\infty C(t)\,\mathrm{d}t} \tag{4-50}$$

因此，利用脉冲法可以很方便地测出停留时间分布密度。

阶跃法就是使物料以稳定的流量 v 通过体积为 V_R 的反应器，然后在某个瞬间 $t=0$ 时将其切换为浓度为 C_0 的示踪剂，并保持流量不变，同时开始测定出口处示踪剂浓度随时间的变化（图 4-16）。

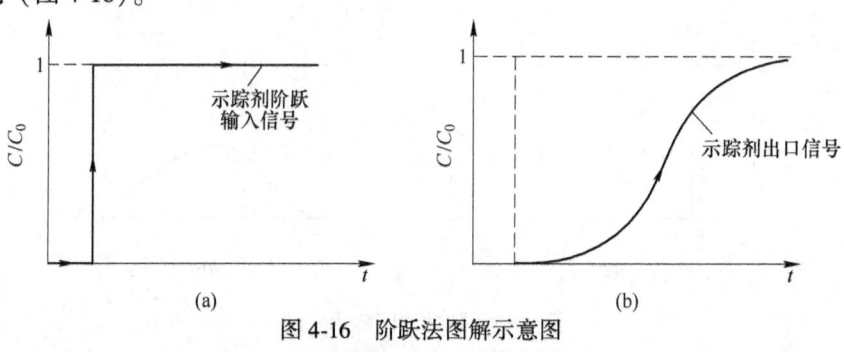

图 4-16 阶跃法图解示意图

（a）阶跃注入；（b）出口响应

设在切换后的 τ 秒后，出口流体中寿命小于 τ 的物料（即流体 II）所占的分率为 $F(\tau)$，则寿命大于 τ 的物料（即流体 I）所占的分率为 $1 - F(\tau)$，于是有：

$$\text{流体 II} \times F(\tau) + \text{流体 I} \times [1 - F(\tau)] = \text{出口流体}$$

因为示踪剂的停留时间分布与物料相同，所以对示踪剂有：

$$vC_0 F(\tau) + v \times 0 \times [1 - F(\tau)] = vC(\tau) \tag{4-51}$$

$$C_0 F(\tau) = C(\tau) \tag{4-52}$$

$$F(\tau) = C(\tau)/C_0 \tag{4-53}$$

因此，用此法可直接方便地测定实际反应器的停留时间分布函数。

脉冲法和阶跃法两种 RTD 曲线测定方法存在如下区别：示踪剂加入方法上，脉冲法是在原有的流股中加入示踪剂，不改变原流股流量；阶跃法是将原有流股换成流量与其相同的示踪剂流股。脉冲法可以直接测得停留时间分布 E 函数，阶跃法可以直接测得停留时间分布 F 函数。

例 4-6 某反应器内发生一级不可逆反应，为等温恒容反应，速率式为 $r_A = kC_A$，$k = 0.307\text{min}^{-1}$，对反应器进行刺激-响应实验，得到出口流中示踪剂的浓度见表 4-10。

表 4-10 示踪剂浓度

时间/min	0	5	10	15	20	25	30	35
示踪剂浓度/g·L^{-1}	0	3	5	5	4	2	1	0

求该反应器内停留时间分布函数 E 和反应转化率，并与相同体积活塞流反应器作对比。

解：$E(t) = \dfrac{C(t)}{\displaystyle\int_0^\infty C(t)\,\mathrm{d}t}$，经离散化可以得到：

$$E(t) = \frac{C(t)}{\displaystyle\sum_{t=0}^{35} C(t)\Delta t}$$

$$\sum C(t)\Delta t = 3 \times 5 + 5 \times 5 + 5 \times 5 + 4 \times 5 + 2 \times 5 + 1 \times 5 = 100\text{g} \cdot \text{min/L}$$

得到停留时间分布函数 E 函数随时间的变化值见表 4-11。

表 4-11 停留时间分布函数 E 函数随时间的变化

t/min	0	5	10	15	20	25	30	35
E/min^{-1}	0	0.03	0.05	0.05	0.04	0.02	0.01	0

$\bar{t} = \dfrac{\displaystyle\int_0^{+\infty} tC(t)\,\mathrm{d}t}{\displaystyle\int_0^{+\infty} C(t)\,\mathrm{d}t}$，经离散化可以得到：

$$\bar{t} = \frac{\displaystyle\sum_{t=0}^{35} tC(t)\Delta t}{\displaystyle\sum_{t=0}^{35} C(t)\Delta t}$$

$$\sum tC(t)\Delta t = 5 \times 3 \times 5 + 10 \times 5 \times 5 + \cdots + 30 \times 1 \times 5 = 500 \text{g} \cdot \text{min}^2/\text{L}$$

$$\bar{t} = \frac{\sum tC(t)\Delta t}{\sum C(t)\Delta t} = 15\text{min}$$

恒容反应　　　　　　　　　　　$\bar{t} = \tau = 15\text{min}$

若为活塞流反应器：$\tau = 15\text{min}$，反应器内为一级不可逆反应，则：

由 $\tau = \frac{1}{k}\ln\frac{1}{1-X_A}$ 求得：

$$X_A = 1 - e^{-k\tau} = 1 - e^{-0.307 \times 15} = 0.99$$

对于该非理想反应器：

$$X_A = 1 - \frac{C_A}{C_0} = 1 - \sum_{t=0}^{35} e^{-kt}E(t)\Delta t = 0.9531$$

非理想液动，由于停留时间存在分布，所以，转化率由 0.99 下降到 0.95。

例 4-7　反应器内处于稳态，且一级不可逆反应，$r_A = k \times C_A$，$k = 0.307\text{min}^{-1}$。加入示踪剂脉冲后测得的 C 曲线见表 4-12。

表 4-12　C 曲线

时间/min	0	5	10	15	20	25	30	35
浓度/g·L^{-1}	0	3	5	5	4	2	1	0

求反应器的 $\frac{D_Z}{uL}$ 及转化率。

解：由 C 曲线可求得 σ^2，根据平均停留时间可以算出 σ_θ^2。由 σ_θ^2 可以算出 $\frac{D_Z}{uL}$，然后查图求出转化率。由定义，

$$\sigma^2 = \frac{\int_0^\infty t^2 C \mathrm{d}t}{\int_0^\infty C \mathrm{d}t} - \bar{t}^2$$

经离散化后：

$$\sigma^2 = \frac{\sum_{t=0}^{35} t^2 C\Delta t}{\sum_{t=0}^{35} C\Delta t} - \bar{t}^2 = \frac{5450}{20} - 15^2 = 47.5\text{min}^2$$

$$\sigma_\theta^2 = \frac{\sigma^2}{\bar{t}^2} = \frac{47.5}{15^2} = 0.211$$

由于示踪剂的加入是脉冲加入，所以，采用闭式边界条件，即将 σ_θ^2 的值代入下式：

$$\sigma_\theta^2 = 2\left(\frac{D_Z}{uL}\right) - 2\left(\frac{D_Z}{uL}\right)^2 \left(1 - e^{-\frac{uL}{D_Z}}\right)$$

由迭代法，可以求得：

$$\frac{D_Z}{uL} = 0.120$$

由求出的 $\frac{D_Z}{uL}$，$k\tau = 0.307 \times 15 = 4.6$，且是一级反应，根据此时扩散模型的解析式，可以求出：

$$\frac{C_A}{C_{A0}} = 0.035$$

$$X_A = 0.965$$

例 4-8 用多釜串联模型的方法求解例题 4-7 的问题。

解：由例题 4-7 可知：$\sigma_\theta^2 = 0.211$，$k = 0.307$，$\bar{t} = 15$。故可以求出串联级数 n。

$$n = \frac{1}{\sigma_\theta^2} = 4.70$$

$$\frac{C_A}{C_{A0}} = \frac{1}{\left(1 + \dfrac{kt}{n}\right)^n} = 0.04$$

$$X_A = 0.96$$

把一个非理想反应器看作由若干个全混流反应器构成，并非真有若干个反应器，所以 n 不一定是整数。

4.4.2.4 RTD 曲线的应用

A 利用分布曲线分析流体流动状态

人们关心的一个问题是，如何探测和诊断流动反应器中的一些不正常流动现象并采取措施消除这些现象。诸如：死区的存在相当于反应器的容积减小，实际生产能力降低；沟流的存在使一部分反应物只停留很短的时间就流出了反应器，从而降低了反应物的转化率；强烈的内循环浪费了反应器的体积，若内循环区的反应物浓度高，则转化率低，整体上也影响反应的效果。从停留时间分布曲线的形状就可以直观诊断出反应器内这些不正常的流动情况。图 4-17 所示为用 E 分布诊断流况。

B 利用分布函数预测反应的速率

化学动力学中描述反应速率的微分方程表明时间 t 到 $t+dt$ 反应物浓度（或产物浓度）的变化。若假定 $t=0\sim t$，$C_A = C_{A0} \sim C_A$，一般说，化学反应速度方程可解。例如对任意一个动力学速度方程：

$$\frac{-dC_A}{dt} = kC_A^n \tag{4-54}$$

在 $t = 0 \sim t$，$C_A = C_{A0} \sim C_A$ 下积分，可得：

$$\int_{C_{A0}}^{C_A} \frac{dC_A}{C_A^n} = \int_0^t k\,dt \tag{4-55}$$

由式（4-55）求得 C_A 后，再根据转化率 X_A 的定义式可得到 X_A 与时间的函数关系。例如对一级不可逆反应，积分结果可得到：

$$X_A = 1 - e^{-kt} \quad 或 \quad \frac{C_A}{C_{A0}} = e^{-kt} \tag{4-56}$$

可见，只要动力学微分方程可知，则化学反应的转化率可以由该微分方程在反应时间区间积分求出。但要注意，用上述方法求得的结果并没有考虑到液体各微元在反应器中的停留时间可能存在着一个分布问题。显然，停留时间不同的微元的反应时间不同，转化率也不同。下面按流体混合的"细节"，分两种极端的情况来讨论。

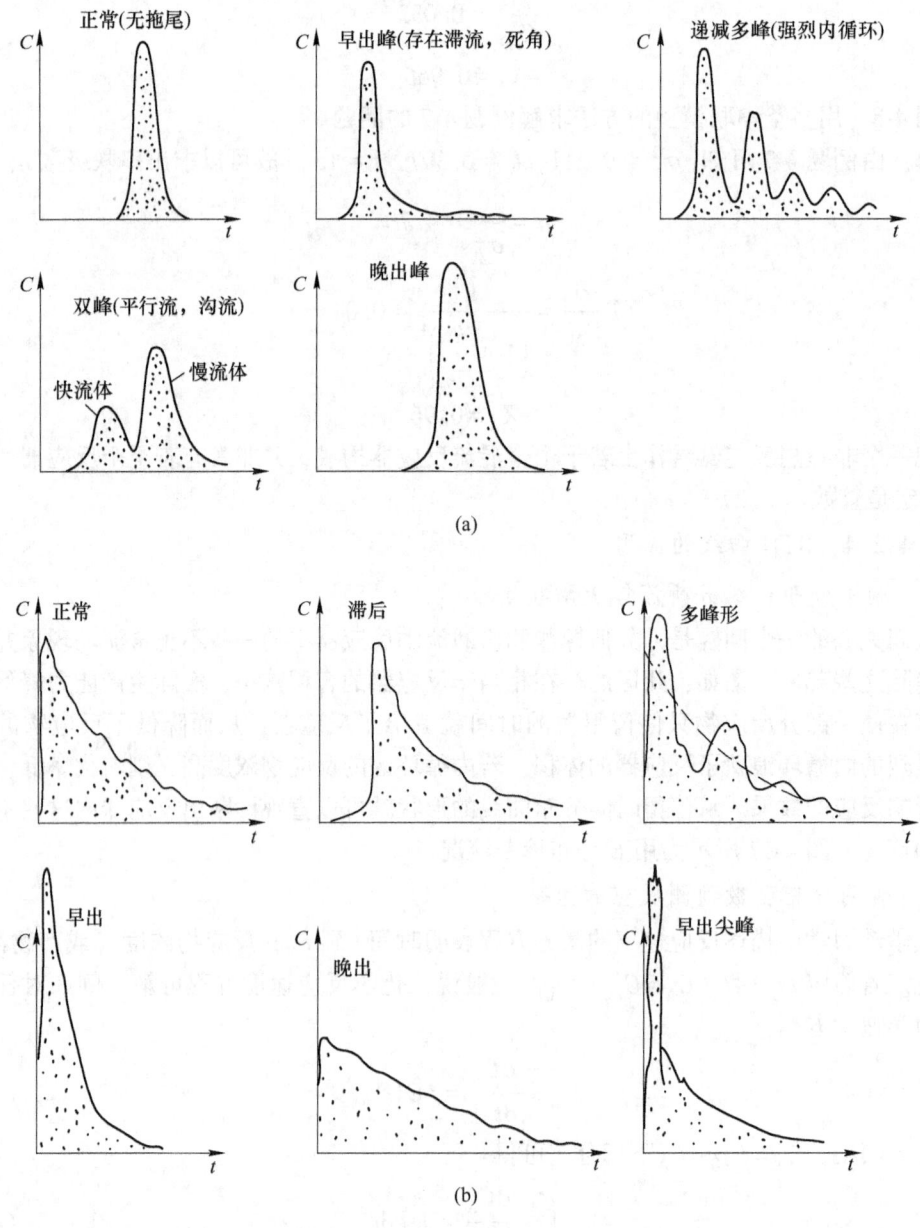

图 4-17　停留时间分布曲线的诊断

（a）平推流可能出现的 RTD；（b）全混流可能出现的 RTD

（1）微观流体。微观流体指微观混合状态的流体，混合达到分子级混合，分子都独立运动而不相属。例如气体、非黏稠液体。微观流体又称非凝聚流体或非凝絮流体。

（2）宏观流体。宏观流体指宏观混合态流体，又称凝聚流体或絮流体。在宏观流体中，所有分子以微元（或微团）状态存在。每一微元内部成分是相对均匀的，但微元与微元之间完全不混合。这样就可以把每个微元看作一个微元体。

小的间歇全混槽，其转化率可用间歇全混槽的公式：

$$X_A = \begin{cases} kt/C_{A0}, & n = 0 \\ 1 - e^{-kt}, & n = 1 \\ C_{A0}kt/(1 + C_{A0}kt), & n = 2 \end{cases} \tag{4-57}$$

每个小间歇全混槽的反应时间 t，就是相应微元在反应器中的停留时间，应服从 $E(t)$ 分布。因此，反应器出口流中物质的转化率是各微元转化率的统计平均值：

$$\overline{X}_A = \frac{\sum X_A(t)\Delta N}{N} = \sum X_A(t)\frac{\Delta N}{N} \tag{4-58}$$

或

$$\overline{X}_A = \int_0^\infty X_A(t)\frac{\mathrm{d}N}{N} = \int_0^\infty X_A(t)E(t)\mathrm{d}t \tag{4-59}$$

微观混合的效应原则上是重要的，但对黏度不大或"稀"的流体和不太敏感的反应，宏观混合的影响比微观混合的影响大，所以对处于微观流体与宏观流体中间状态的流体，仍可用式（4-58）来估计转化率。从式（4-58）可见，平均转化率受 $X_A(t)$ 和 $E(t)$ 的影响，前者取决于化学动力学方程，而后者就是停留时间分布函数。

表 4-13 列出理想流动反应器中两种流体转化率的计算结果：

$$e_i(\alpha) \equiv \int_0^\infty \frac{e^{-t}}{t}\mathrm{d}t (\text{指数积分}) \tag{4-60}$$

表 4-13　理想流动反应器中微观流体和宏观流体的转化率

反应级数	活塞流	连续式全混槽	
	微观及宏观流体	微观流体	宏观流体
0	$kt/C_{A0} \leq 1$ $C_A/C_{A0} = 1 - (kt/C_{A0})$ $kt/C_{A0} \geq 1$ $C_A/C_{A0} = 0$	$kt/C_{A0} \leq 1$ $C_A/C_{A0} = 1 - (kt/C_{A0})$ $kt/C_{A0} \geq 1$ $C_A/C_{A0} = 0$	$C_A/C_{A0} = 1 - \dfrac{kt}{C_{A0}}[1 - \exp(-C_{A0}/kt)]$
1/2	$kt/C_{A0}^2 = 2(1 - \sqrt{1 - X_A})$	$\dfrac{kt}{C_{A0}^{1/2}} = \dfrac{1}{\sqrt{1 - X_A}}$	$X_A = \dfrac{kt}{C_{A0}^{1/2}} - \dfrac{1}{2}\dfrac{k^2t^2}{C_{A0}} + \dfrac{1}{2}\dfrac{k^2t^2}{C_{A0}} \cdot$ $\exp(-2C_{A0}^{1/2}/kt)$ $0 \leq kt/C_{A0}^{1/2} \leq 2$
1	$C_A/C_{A0} = e^{-kt}$	$C_A/C_{A0} = \dfrac{1}{1 + kt}$	$C_A/C_{A0} = 1/(1 + kt)$

续表 4-13

反应级数	活塞流 微观及宏观流体	连续式全混槽	
		微观流体	宏观流体
2	$\dfrac{C_A}{C_{A0}} = \dfrac{1}{1+kC_{A0}t}$	$C_A/C_{A0} = \dfrac{-1+\sqrt{1+4kC_{A0}t}}{2kC_{A0}t}$	$\dfrac{C_A}{C_{A0}} = \alpha e^{\alpha} e_i(\alpha)$ $\alpha \equiv \dfrac{1}{kC_{A0}t}$ $e_i(\alpha) = \displaystyle\int_0^{\infty} \dfrac{e^{-t}}{t}\,dt$
n	$C_A/C_{A0} = [1+(n-1)\cdot$ $C_{A0}^{n-1}kt]^{1/(1-n)}$	$\left(\dfrac{C_A}{C_{A0}}\right)C_{A0}^{n-1}kt + \dfrac{C_A}{C_{A0}} - 1 = 0$	$C_A/C_{A0} = \dfrac{1}{t}\displaystyle\int_0^{\infty}[1+(n-1)\cdot$ $C_{A0}^{n-1}kt]^{\frac{1}{1-n}} \cdot e^{t\sqrt{t}}\,dt$

从表 4-13 可以看出：

（1）对于活塞流反应器的任何级数的反应，微观流体和宏观流体的反应效果是一样的，也就是说，流体凝聚与否对反应效果没有影响。

（2）对于连续全混槽中进行的一级反应，微观流体和宏观流体反应效果也是一样的，流体凝聚与否对反应效果也没有影响。在本节中应用 RTD 得出的结果和未考虑 RTD、仅从物质衡算得到的结果是一样的，都是 $\dfrac{C_A}{C_{A0}} = \dfrac{1}{1+kt}$。这是因为，一级反应是线性反应的缘故。

（3）对连续全混槽，除一级反应以外的任何级数的反应，都是非线性反应，微观流体和宏观流体的反应效果是不一样的。也就是说，流体凝聚与否对反应效果有影响，应用 RTD 得出的结果和不考虑 RTD 仅从物质衡算得到的结果是不一样的。以二级反应为例，由表 4-13 得：

$$\frac{C_A}{C_{A0}} = \alpha e^{\alpha} \int_0^{\infty} \frac{e^{-t}}{t}\,dt \tag{4-61}$$

在前面章节中，从物质衡算并未考虑 RTD 可得到：

$$\frac{C_A}{C_{A0}} = \frac{-1+\sqrt{1+4ktC_{A0}}}{2C_{A0}kt} \tag{4-62}$$

可见两种近似方法的结果完全不一样。

例 4-9　某反应器 $V_R = 1\mathrm{m}^3$，流量 $v = 1\mathrm{m}^3/\mathrm{min}$，脉冲注入 M_0 克示踪剂，测得出口流中的示踪剂浓度随时间的变化为 $C(t) = 30e^{-\tau/4}$，如图 4-18 所示。试判断流动情况。

解：因为
$$M_0 = v\int_0^{\infty} C(t)\,dt$$

所以
$$\frac{M_0}{v} = \int_0^{\infty} C(t)\,dt = \int_0^{\infty} 30e^{-t/40}\,dt = 1200$$

$$E(t) = \frac{v}{M_0}C(t) = \frac{1}{1200} \times 30e^{-t/40} = \frac{1}{40}e^{-t/40}$$

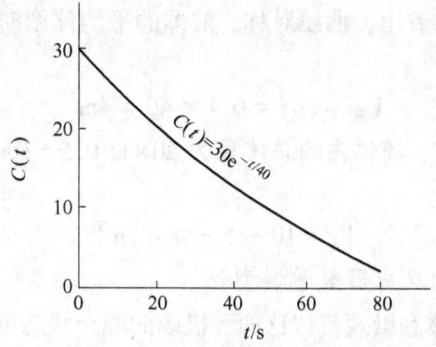

图 4-18　出口流中的示踪剂浓度随时间的变化

由全混釜的 $E(t) = (1/t) e^{-t/t_M}$，可知 $t_M = 40s = 2/3min$，而 $V_R/v = 1/1 = 1min$，可见反应器内有死角存在。

令死角体积为 V_d，则有 $(V_R - V_d)/v = 2/3$，得出 $V_d = 1/3m^3$。

例 4-10　某气液反应塔，高 20m，截面积 $1m^2$。内装填料的空隙率为 0.5。气、液流量分别为 $0.53m/s$ 和 $0.1m^3/s$。在气、液入口脉冲注入示踪剂，测得出口流中的示踪剂浓度变化如图 4-19 所示，试分析流动情况。

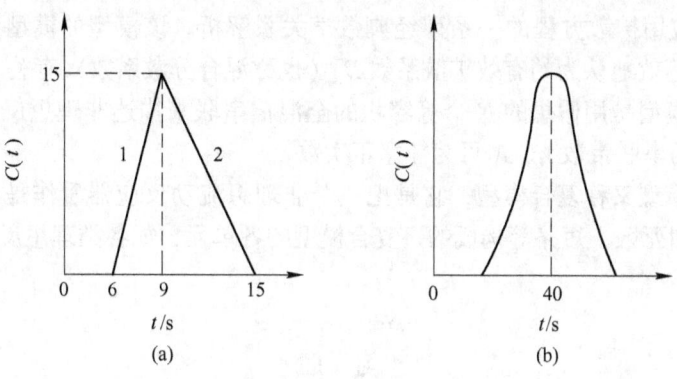

图 4-19　出口流中的示踪剂浓度变化

解：由图 4-19 可知直线 1 与 2 的方程式分别为：

$$C = 5(t - 6)，6 < t < 9$$
$$C = -2.5(t - 15)，9 < t < 15$$

所以平均停留时间为：

$$\bar{t} = \frac{\int_6^9 t[5(t - 6)]dt + \int_9^{15} t[-2.5(t - 15)]dt}{\dfrac{15 \times 3}{2} + \dfrac{15 \times 6}{2}} = \frac{180 + 195}{67.5}$$

可得平均停留时间为 10s。

塔内流动气体所占容积为：

$$V_气 = v_气\bar{t} = 0.5 × 10 = 5m^3$$

再由图 4-19（b）可以看出，曲线对称，液体的平均停留时间 $\bar{t}=40s$；所以塔内流动液体所占的体积为：

$$V_液 = v_液\bar{t} = 0.1 × 40 = 4m^3$$

因为填料空隙率为 0.5，流体占的总体积为 20×1×0.5 = 10m³，所以静止流体所占体积即死区为：

$$V_d = 10 - 5 - 4 = 1m^3$$

4.4.2.5 非理想流动反应器数学模型

在之前讨论了宏观流体和微观流体这两种极端的混合状态可以由其停留时间分布或衡算的方法计算反应的转化率。但是，实际的非理想流动，其混合状态往往处于两种极端的中间状态，很难清楚描述其混合"细节"，因此无法求解。在工程技术上常采用模型法来解决这一问题，即构造或选择一个能描述实际非理想流动的模型，来导出表征该非理想流动反应器有关变量间函数关系的数学表达，并引入所谓模型参数来衡量其与理想流动的偏差。正如对溶液热力学的研究方法一样，为了研究实际溶液，引入了活度这一概念，它既解决了实际溶液的计算问题，而且活度也是表征实际溶液与理想溶液偏差的量度。已发表的非理想流动反应器数学模型有许多种，但是常用的是三种，即扩散模型、槽列模型和组合模型。

（1）扩散模型是一种基于伴有轴向扩散的活塞流模型。这种模型形式上类似扩散方程，所以可以应用扩散方程的一系列经典数学关系解析。该模型的模型参数是贝克来数（Pe），它与被等效地认为的有效扩散系数 D_e（也称混合分散系数）有关。

（2）槽列模型是用假想的 N 个等容积的全混槽串联来描述非理想反应器的模型，模型参数是虚拟的串联带数 N，N 可为任意正实数。

（3）组合模型又称复合模型，它是把一个非理想流动反应器看作是由若干不同类型的理想反应器和死区、短路等构成的。复合模型的各单元，如各类理想反应器，其数学模型是已知的。

习　题

4-1 在实际冶金过程的均相反应中，通常使用的反应器有（　　）、（　　）、（　　）和（　　）等四种基本型式。

4-2 一级反应的混合早晚对反应结果（　　）影响；二级反应的混合早晚对反应结果（　　）影响。

4-3 反应级数是速率对（　　）敏感的标志，不可逆反应的反应物浓度越（　　），r 越（　　）；n 越（　　），A 的浓度变化对 r 的影响越（　　）。

4-4 机械搅拌器的结构有（　　）、（　　）、（　　）、（　　）、（　　）、（　　）等。

4-5 收率等于（　　）与（　　）之比，也等于（　　）与（　　）之比。

4-6 请描述宏观动力学的定义。

4-7 试叙述活塞流反应器的空时与停留时间的关系。

4-8 试简述什么是空混。

4-9 试简述反应器理论。

4-10 冶金中的搅拌方式有哪几种，并简要说明。

4-11　简述间歇操作的搅拌釜的优缺点。

4-12　简述连续釜式反应器的特点。

4-13　简述活塞流反应器的特点。

4-14　试述反应器中三传过程的各种物理量的衡算通式。

4-15　试描述反应器类型的选择原则。

4-16　表述间歇流反应器中均相反应的反应速率随时间的变化的数学模型。

4-17　某一级反应，速度常数为 $1.0min^{-1}$，欲使转化率达到90%，试按以下条件比较采用间歇反应釜与连续反应釜所需容积的大小（两者单位时间的产量相同）。（1）忽略辅助时间；（2）每批操作的辅助时间为5min；（3）每批操作的辅助时间为10min。

4-18　某二级液相反应 A+B →C，已知 $C_{A0}=C_{B0}$，在间歇反应器中达到 $x=0.99$，需反应的时间为10min，若在全混流反应器中进行，需多少时间？

4-19　化学反应 A+B $\xrightarrow{\text{催化剂 D}}$ C 在全混流反应器中进行，反应温度为20℃，液料的体积流量为 $V_0=0.5m^3/h$，$C_{A0}=96.5mol/m^3$，$C_{B0}=184mol/m^3$，催化剂的浓度 $C_D=6.63mol/m^3$。实验测得该反应的速度方程为：$r_A=kC_AC_D$，式中 $k=1.15\times10^{-3}m^3/(mol\cdot ks)$。若要求 A 的转化率为40%，试求反应器的体积。

4-20　已知全混流反应器，体积为 $0.2m^3$，溶液体积流率为 $0.01m^3/s$，其中反应物 A 的初始浓度为 $0.01kmol/m^3$，反应为 $r_A=kC_A$，$k=0.05s^{-1}$，求 A 的去除率。

4-21　已知活塞流反应器体积为 $0.2m^3$，溶液体积溶液为 $0.01m^3/s$，其中反应物 A 的初始浓度为 $0.01kmol/m^3$，反应速率式为 $r_A=kC_A$，$k=0.05s^{-1}$，求 A 的去除率。

4-22　在一闭式容器中进行停留时间分布的脉冲实验，测得数据如下：

t/min	0	2	4	6	8	10	12	14	16
$C_A/kg\cdot m^{-3}$	0	6.5	12.5	12.5	10	5	2.5	1.0	0

求：（1）$E(t)$、$\bar{t}$、σ_θ^2，并判断该反应器中流体的流动更接近于哪种理想反应器；（2）在该容器内进行一级不可逆反应 $-r_A=kC_A$，$k=0.15min^{-1}$，用多釜串联模型求出口转化率；（3）试用离析流模型求出口转化率；（4）若采用全混流与平推流模型，则出口转化率是多少？

4-23　实验室研究铝土矿用纯氢氧化钠液浸出制取氧化铝，240℃其反应为：$Al(OH)+NaOH \Longrightarrow NaAlO_2 + H_2O$，为简化计算，反应前期不考虑逆反应，此时 $r_{NaOH}=k'C_{NaOH}$，实验室用钢弹式高压釜进行间歇操作，已知 $k'=0.04min^{-1}$，试求20min时反应转化率为多少？

4-24　铝土矿用碱液高压浸出制成铝酸钠液浸出温度240℃，浸出压力为3039750Pa（30atm）；高压浸出用7釜串联，各釜完全混合。矿浆流量为 $80m^3/h$，高压釜内径1.6m，高13m，有效容积系数为0.9，要求最后一釜出口转化率为75%。（1）试求当作不可逆一级反应处理时的反应速率常数 k；（2）为达到相同转化率，采用活塞流反应器时停留时间为多少？（3）若将温度提高到300℃，$h=0.035min^{-1}$，用活塞流反应器要达到转化率为75%时，问需多少时间？（4）管内流率为0.3m/s时，问需多长的管道？

4-25　试描述求解反应器的最佳性能指针和操作条件时必须考虑的内容。

4-26　对于间歇反应器，发生一级不可逆反应，是等温恒容反应，$r_A=kC_A$，$k=0.04min^{-1}$，试求20min时的转化率。

4-27　某一级反应，速度常数为 $2.0min^{-1}$，欲使转化率达到95%，试按以下条件比较采用间歇反应釜与连续反应釜所需容积的大小（两者单位时间的产量相同）。（1）忽略辅助时间；（2）每批操作的辅助时间为5min；（3）每批操作的辅助时间为10min。

4-28　某一级反应，速度常数为 $1.8min^{-1}$，欲使转化率达到90%，试按以下条件比较采用间歇反应釜与连续反应釜所需容积的大小（两者单位时间的产量相同）。（1）忽略辅助时间；（2）每批操作的辅助时间为 5min；（3）每批操作的辅助时间为 10min。

4-29　假设不可逆等温化学反应 $J{\rightarrow}2P$ 中的物系体积随转化率线性增加，当反应体系中加入 50% 的惰性气体后，试计算该体系的膨胀率；并分析、比较其对反应器中的空时和停留时间的影响。

参 考 文 献

［1］曲英，刘今 . 冶金反应工程学导论［M］. 北京：高等教育出版社，1998.

［2］严济慈 .《化工冶金》杂志《纪念叶渚沛所长逝世十周年专刊》序言［J］. 中国科技史料，1982（3）：1~8.

［3］刘今 . 冶金反应工程学入门讲座（一）［J］. 湖南有色金属，1985（2）：48~52.

［4］鞭严 . 冶金反应工程学讲座［J］. 过程工程学报，1980（3）：144~231.

［5］曲英，蔡志鹏，李士琦 . 冶金反应工程学在我国的发展［J］. 化工冶金，1988（3）：76~80.

［6］森山昭，程雪琴 . 冶金反应工程学入门［J］. 化工冶金，1979（1）：74~103.

5 流化床反应器

5.1 流化床反应器概述

流化床反应器是一种利用气体或液体通过颗粒状固体层使固体颗粒处于悬浮运动状态，并进行气固相反应过程或液固相反应过程的反应器。在用于气固系统时，又称沸腾床反应器。流化床反应器在现代工业中的早期应用为 20 世纪 20 年代出现的粉煤气化的温克勒炉；而现代流化反应技术的开拓，是以 20 世纪 40 年代石油催化裂化为代表的。目前，流化床反应器已在化工、石油、冶金、核工业等部门得到广泛应用。

5.1.1 流化床反应器的类型

流化床反应器有两种主要形式：（1）有固体物料连续进料和出料装置，用于固相加工过程或催化剂迅速失活的流体相加工过程。例如催化裂化过程，催化剂在几分钟内即显著失活，须用上述装置不断予以分离后进行再生。（2）无固体物料连续进料和出料装置，用于固体颗粒性状在相当长时间（如半年或一年）内不发生明显变化的反应过程。

按固体颗粒是否在系统内循环可分为单器流化床和双器流化床。单器流化床又叫做非循环操作的流化床，单器流化床在工业上应用最为广泛，多用于催化剂使用寿命较长的气固相催化反应过程，如乙烯氧氯化反应器、萘氧化反应器和乙烯氧化反应器等。双器流化床又叫做循环操作的流化床，多用于催化剂寿命较短，容易再生的气固相催化反应过程，如石油炼制工业中的催化裂化装置。在这类双器流化床中，催化剂在反应器（筒式或提升管式）和再生器间的循环是靠控制两器的密度差形成压差实现的。因为两器间实现了催化剂的定量定向流动，所以同时完成了催化反应和再生烧焦的连续操作过程。

按照床层的外形分类，流化床可分为圆筒形和圆锥形流化床。（1）圆筒形流化床容器下部一般设有分布板，细颗粒状的固体物料装填在容器内，流体向上通过颗粒层，当流速足够大时，颗粒浮起，呈现流化状态。由于气固流化床内通常出现气泡相和乳化相，状似液体沸腾，因而流化床反应器亦称为沸腾床反应器。圆筒形流化床反应器结构简单、制造容易、设备容积利用率高。（2）圆锥形流化床反应器的结构比较复杂，制造比较困难，设备的利用率较低，但因其截面自下而上逐渐扩大，故也具有很多优点：1）适用于催化剂粒度分布较宽的体系由于床层底部速度大，较大颗粒也能流化，可防止分布板上的阻塞现象；上部速度低，可减少气流对细粒的带出，提高小颗粒催化剂的利用率，也减轻了气固分离设备的负荷，这对于在低速下操作的工艺过程可获得较好的流化质量。2）由于底部速度大，增强了分布板的作用。床层底部的速度大，增加了孔隙率，使反应不致过分集中在底部，并且加强了底部的传热过程，故可减少底部过热和烧结现象。3）适用于气体体积增大的反应过程。气泡在床层的上升过程中，随着静压的减少，体积相应增大。采用锥形床，选择一定的锥角，可适应这种气体体积增大的要求，使流化更趋平稳。

按照床层中是否设置内部构件分类，流化床可分为自由床和限制床。床层中设置内部构件的称为限制床，未设置内部构件的称为自由床。设置内部构件的目的在于增进气固接触，减少气体返混，改善气体停留时间分布，提高床层的稳定性，从而使高床层和高流速操作成为可能。许多流化床反应器都采用挡网、挡板等作为内部构件。对于反应速度快、延长接触时间不至于产生严重副反应或对于产品要求不严的催化反应过程，可采用自由床，如石油炼制工业的催化裂化反应器便是典型的一例。

按反应器内层数的多少流化床可分为单层和多层流化床。对气固相催化反应主要采用单层流化床。多层式流化床中，气流由下往上通过各段床层，流态化的固体颗粒沿溢流管从上往下依次流过各层分布板，如用于石灰石焙烧的多层式流化床的结构。

按是否催化反应器可分为气固相流化床催化反应器和气固相流化床非催化反应器两种。以一定的流动速度使固体催化剂颗粒呈悬浮湍动，并在催化剂作用下进行化学反应的设备是气固相流化床催化反应器，它是气固相催化反应常用的一种反应器。在气固相流化床非催化反应器中，原料直接与悬浮湍动的固体原料发生化学反应。

5.1.2　流化床反应器的特点

流化床反应器比较适用于下述过程：热效应很大的放热或吸热过程；要求有均一的催化剂温度和需要精确控制温度的反应；催化剂寿命比较短，操作较短时间就需更换（或活化）的反应；有爆炸危险的反应，某些能够比较安全地在高浓度下操作的氧化反应，可以提高生产能力，减少分离和精制的负担。

与固定床反应器相比，流化床反应器的优点包括：可以实现固体物料的连续输入和输出；流体和颗粒的运动使床层具有良好的传热性能，床层内部温度均匀，可在最佳温度点操作，而且易于控制，特别适用于强放热反应；颗粒比较细小、有效系数高，可减少催化剂用量；压降恒定，不易受异物堵塞；便于进行催化剂的连续再生和循环操作，适于催化剂失活速率高的过程的进行，石油馏分催化流化床裂化的迅速发展就是这一方面的典型例子。

由于流态化技术的固有特性以及流化过程影响因素的多样性，对于反应器来说，流化床又存在十分明显的局限性。第一，由于固体颗粒和气泡在连续流动过程中的剧烈循环和搅动，无论是气相还是固相的停留时间分布都较广，物料的流动更接近于理想混合流，返混较为严重，以致在床层轴向没有温度差及浓度差；加之气体可能呈大气泡状态通过床层，使气固接触不良，使反应的转化率降低，导致不适当的产品分布率，降低目的产物的收率。因此流化床通常达不到固定床的转化率。为了限制返混，常常采用多层流化床或在床内设置内部构件。反应器体积比固定床反应器大，并且结构复杂。对设备精度要求较高。第二，反应物以气泡形式通过床层，减少了气-固相之间的接触机会，降低了反应转化率。第三，由于固体催化剂在流动过程中的剧烈撞击和摩擦，使催化剂加速粉化，加上床层顶部气泡的爆裂和高速运动、大量细粒催化剂的带出，造成明显的催化剂流失。第四，床层内的复杂流体力学、传递现象，使流化过程处于非定常条件下，难以揭示其统一的规律，也难以脱离经验放大、经验操作。另外，催化剂颗粒间相互剧烈碰撞，会造成催化剂的损失和除尘困难。

5.2 流化床反应器基础

5.2.1 流化态定义和分类

当流动的液体或气体通过固体颗粒时，在适当的流速下，颗粒会被托起并做随机运动，运动的固体颗粒与流体组成的体系具有流体的某些特征，这种固体粒子像流体一样进行流动的现象称为固体的流态化。相应的床层称流化床。除重力作用外，一般是依靠气体或液体的流动来带动固体粒子运动。流体自下而上流过催化剂床层时，根据流体流速的不同，床层经历 3 个阶段。当流体流速很小时，固体颗粒在床层中固定不动，此时为固定床阶段；当气速进一步加大时，床层高度逐渐增加，固体颗粒悬浮在气体中并随气体运动而上下翻滚，此时为流化床阶段，称为流态化现象。流态化研究过程中临界流化速度和带出速度十分重要。

临界流化速度 u_{mf} 为开始流化的最小气速，表示刚刚能使粒子流化起来的气体空床流速，可通过测定空床层压降变化确定。

当流体速度更高时，固体颗粒就不能沉降下来，正常的流化状态被破坏，整个床层的粒子被气流带走，床层上界面消失，床层处于气流输送阶段。此时的速度称为带出速度 u_t，也称最大流化速度或终端速度，

临界流化速度 u_{mf} 和带出速度 u_t 值的大小是由粒子及流体的性质决定的。当操作速度 u_0 大于临界流化速度时，床层开始流态化。临界流化速度 u_{mf} 为流化速度的下限，而带出速度 u_t 为流化速度的上限。当操作速度大于最大粒子的带出速度 u_t 时，则流化床不存在。一般流化数 （u_0/u_{mf}） 在 1.5~10 之间，也有根据 $u_0/u_t = 0.1~0.4$ 来选取的。

如图 5-1 所示流态化可划分为六种形式，分别为固定式、临界流态化、散式流态化、聚式流态化、节涌流态化和气流输送形式等。

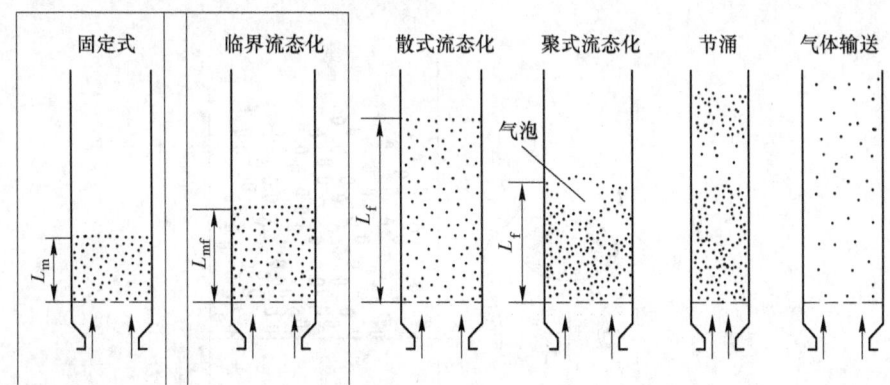

图 5-1 流态化的各种形式

（1）固定式。当流体向上流过颗粒床层时，如速度较低，则流体从粒间空隙通过时颗粒不动，这就是固定床。如流速渐增，则颗粒间空隙率开始增加，床层体积逐渐增大，成为膨胀床。

（2）临界流态化。当流速达到某一限值，床层刚刚能被流体拖动时，床内颗粒就开

始流化起来了，这时的流体空床线速称为临界（或最小）流化速度。

（3）散式流态化。对于液-固系统，流体与颗粒的密度相差不大，故临界流化速度一般很小；流速进一步提高时，床层膨胀均匀且波动很小，颗粒在床层内的分布也比较均匀，故称作散式流化床。

（4）聚式流态化。气-固系统与液-固系统不同，一般在气速超过临界气速后，就会出现气泡。气速愈高，气泡造成的扰动亦愈剧烈，会使床层波动频繁，这种形态的流化床称为聚式流化床或泡床。

（5）节涌流态化。如果床径很小而床高与床径比较大，气泡在上升过程中可能聚集并增大甚至达到占据整个床层截面的地步，将固体颗粒一节节地往上柱塞式地推动，直到某一位置崩落为止，这种情况叫做节涌。但在大床中，这种节涌现象通常是不会发生的。

（6）气流输送。当气速一旦超过了颗粒的带出速度（或称终端速度），粒子就会被气流带走成为气输床，只有不断补充新的颗粒进去，才能使床层保持一定的料面。

综上所述，可以看到从临界流态化开始一直到气流输送为止，反应器内装置的状况从气相为非连续相一直到气相转变成为连续相的整个区间都是属于流态化的范围，因此它的领域是很宽广的，问题也是很复杂的。

5.2.2　流化态原理

流化床反应器中为什么颗粒能够悬浮于流体中呢？这要从颗粒的沉降速度、流体的运动速度分析。

重力场中，颗粒处于流体介质中，颗粒与介质之间的相对速度 u_t（假设是层流状态，并规定重力的方向为正）与流体介质运动与否没有关系。如果流体介质静止，则颗粒垂直向下的运动速度就是 u_t。图 5-2 所示为流体介质中颗粒运动示意图。

$$u_t = \frac{d_p^2(\rho_p - \rho)g}{18\mu} \tag{5-1}$$

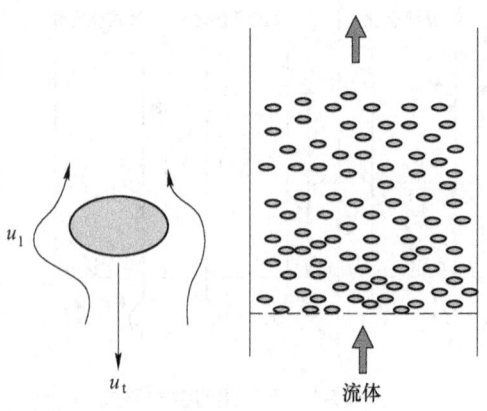

图 5-2　流体介质中颗粒运动示意图

5.2.2.1　固定床阶段

颗粒的直径一定，在流体介质中的沉降速度 u_t 一定。如果流体介质静止或者上升速

度为 u_1，则颗粒的绝对速度即表观速度 u_p 可用式（5-2）表示，以固定点为参照点，规定向上的方向为正，表观速度 $u_p < 0$，说明颗粒绝对速度方向向下，颗粒沉落而堆积在一起。

$$u_p = u_1 - u_t \qquad (5-2)$$

此时在 $u_0 < u_{mf}$ 时，流速较低，压降与气速成正比关系。床层内的颗粒处于静止状态。当流速增大，床层内流体的压力降增大到与静床压力 W/A_t（A_t 为床层截面积，$\Delta P = W/A_t$）相等。理论上粒子应开始流动起来了，但由于床层中原来挤紧着的粒子先要被松动开来，故需要稍大一点的压降。等到粒子一旦已经松动，压降又恢复到 W/A_t 之值，随后流速进一步增加，则 ΔP 不变。流化床压降 $\Delta P = W/A_t = L_{mf}(1 - \varepsilon_{mf})(\rho_p - \rho)g$。

5.2.2.2 流化床

床层截面上流体的体积流量与空隙率、流体流速三者的关系可用式（5-3）表示，由式（5-4）可以得出空床速度和流体实际流速的关系如式（5-5）所示。

$$q_V = lu = \varepsilon u_1 \qquad (5-3)$$

$$u = \frac{q_V}{\frac{\pi}{4}D^2} \qquad (5-4)$$

$$u_1 = \frac{u}{\varepsilon} \qquad (5-5)$$

式中　u_1——颗粒空隙中流体的实际流速；

　　　　u——空床速度；

　　　　q_V——单位床层截面上流体的体积流量；

　　　　ε——空隙率即等于横截面上空隙面积的分率。

随着上升流体流量的增大，u_1 增大，当达到 $u_1 = u_t$ 时，颗粒的表观速度 $u_p = 0$。当 u_1 稍微大于 u_t 时，颗粒便会上升，发生由固定床向流化床的转化。

保持固定床状态的最大空床气速 u_{max}，即 u_{max} 为维持固定床状态的最大表观气速，床层形态由固定床向流化床转换的临界条件为：

$$u_{1,max} = u_t \qquad (5-6)$$

$$u_{max} = u_{1,max}\varepsilon = u_t\varepsilon \qquad (5-7)$$

$$u_{1,max} = \frac{u_{max}}{\varepsilon_{\text{fixed-bed}}} \qquad (5-8)$$

此时起始流化速度 u_{mf} 等于 u_{max}。如果是均一的颗粒，其 u_t 可以计算出：

$$u_{mf} = u_t\varepsilon_{\text{fixed-bed}} \qquad (5-9)$$

需要特别指出的是，原则上流化床应有一个明显的上界面。在此界面之下的颗粒，$u_1 = u_t$。假设某个悬浮的颗粒由于某种原因离开了床层而进入界面以上的空间，在该空间中（$\varepsilon = 1.0$）该颗粒的表观速度 u 即为其真实速度 u_1，$u = u_1 < u_t$，故颗粒必然回落到界面上。当流体的空床流速 $u > u_{mf}$ 时，出现 $u_1 > u_t$，即 $u_p > 0$，则颗粒向上运动，同时引起床层空隙率的增加，床层内的颗粒将"浮起"，颗粒层将"膨胀"，床层空隙率进一步增加。由此可见，流化床存在的基础是大量颗粒的群居。群居的大量颗粒可以通过床层的膨胀调整空隙率，从而能够在一个相当宽的表观速度范围内悬浮于流体之中。这就是流化床之所以能够存在的物理基础。

5.2.2.3 颗粒输送阶段

如果流体（气体）流量继续增加，始终有 $u_1 > u_t$、$u_p > 0$，则颗粒被带出床外，此时，称为颗粒输送阶段。此时的流体表观速度 u 称为带出速度。在带出状态下床截面上的空隙率即认为是 1.0，此时 $u = u_1$。显然，带出速度 u 数值上等于 u_t。据此原理，可以实现固体颗粒的气力输送或液力输送。

5.2.3 流态化气泡

在气-固流化床中，当 $u_0 > u_{mf}$ 时，一部分气体以气泡形式通过床层，就好像气体成泡状通过液体层一样；另一部分气体以临界流化速率 u_{mf} 流经粒子之间的空隙。通常把气泡与气泡以外的密相床部分分别称作气泡相和乳相。其中低固体颗粒密度区域为气泡相，高固体颗粒密度区域为乳相。

气泡在上升途中，因聚并和膨胀而增大，同时不断与乳相间进行着质量的交换，所以气泡不仅是造成床层运动的动力，又是接受物质的储存库，它的行为自然就是影响反应结果的一个决定性因素。

单个气泡顶部呈球形，尾部内凹。在尾部由于压力比近旁稍低，导致一部分粒子被卷了进去，从而形成局部涡流即尾涡。在气泡上升途中，不断有一部分粒子离开这一区域，另一部分粒子又补充进去，这样，就把床层下部的粒子夹带上去，促进了整个床层粒子的循环和混合。所以气泡是床层运动的动力。气泡外形成一层不与乳相中流体相混合的区域。这一层为气泡云，在其中，气泡内的气体与固体颗粒获得了有效的接触，发生反应。气泡越大，气泡的上升速度越快，气泡云也就越薄，气泡云的作用也就减弱。

影响流态化气泡特征的因素有很多：床层高度增加，气泡增加；流态化速度增加，气泡增加；气泡间存在合并长大过程，同时大气泡可分裂为许多小气泡；流化床存在最大平衡气泡尺寸。

5.2.4 流体通过流化床的阻力

流体通过颗粒床层的阻力与流体表观流速（空床流速）之间的关系可由实验测得。图 5-3 所示是以空气通过砂粒堆积的床层测得的床层阻力与空床气速之间的关系。由图 5-3 可见，最初流体速度较小时，床层内固体颗粒静止不动，属固定床阶段，在此阶段，床层阻力与流体速度间的关系符合欧根方程；当流体速度达到最小流化速度后，床层处于流化

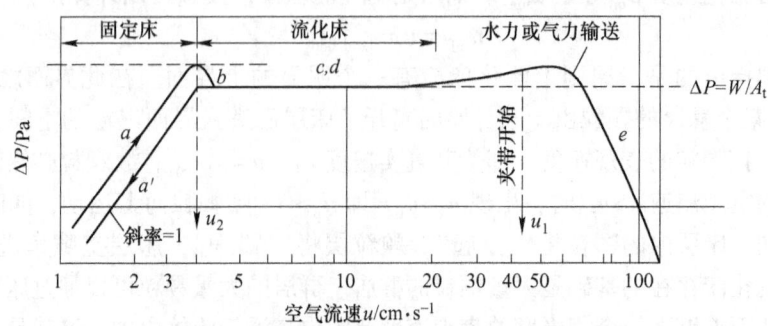

图 5-3 床层阻力与空床气速关系图

床阶段，在此阶段，床层阻力基本上保持恒定。

5.3　流化床的数学模型

5.3.1　流化床数学模型概述

流化床中液体、气体和固体的运动规律是流化床设计的基础。然而作为反应器来讲，最重要的是确定反应的转化率及选择性。近 20 年来，随着流化床中物理现象逐步被认识，科研人员进一步探讨了流化床反应器的数学模型问题，并取得了很大的发展。总的来说，流化床数学模型分为三类：两相模型、三相模型和四区模型。两相模型包括研究气相-乳相、上流相（气+固）-下流相（气+固）、气泡相-乳相。三相模型包括研究气泡相-上流相（气+固）-下流相（气+固）、气泡相-气泡云-乳相。四区模型是指研究气泡区-泡晕区-乳相上流区-乳相下流区。还可分为第一级模型、第二级模型和第三级模型。第一级模型就是各参数均为恒值，不随床高而变，与气泡状况无关；第二级模型是各参数均为恒值，不随床高而变，与气泡状况有关；第三级模型是各参数均与气泡大小有关，大小沿床高而变。

5.3.1.1　不考虑具体气泡的两相模型

如图 5-4 所示的研究体系是由 b（气泡），e（乳相）两相组成，在相间有气相交换。这类模型不考虑气泡的具体情况，物料平衡计算可通过分别计算乳相物质扩散和气泡得到。

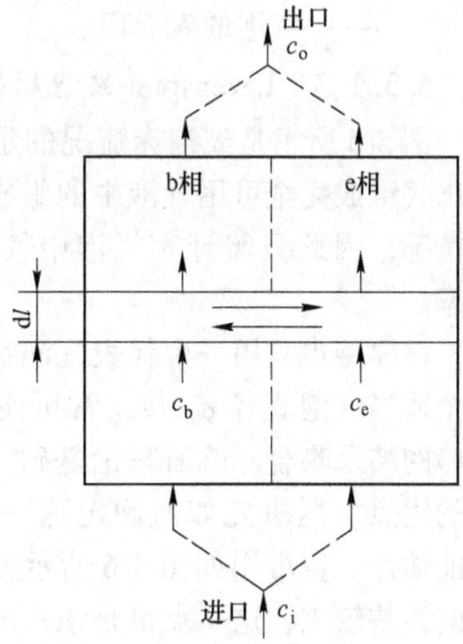

对于 e 相的扩散模型可由公式（5-10）计算得到：

$$\left(\frac{E_Z}{L_f u_e}\right)\frac{(dc_e)^2}{d\xi^2} - \frac{dc_e}{d\xi} + r\frac{L_f}{u_e} - N(c_b - c_e) = 0$$

$$(5\text{-}10)$$

式中　L_f——波相段高度。

对于 b 相可由平推流式计算，如公式（5-11）：

$$\frac{(dc_b)^2}{d\xi} - N\left(\frac{f}{1-f}\right)(c_e - c_b) = 0 \qquad (5\text{-}11)$$

图 5-4　两相模型示意图

式中，E_Z 为 e 相的混合扩散系数；u_e 为 e 相中气体的空床流速；f 为经过 e 相部分的气体所占的体积分率；$\xi = l/L_f$，为一无量纲参数；r 为反应速率；N 为床层中相间交换的气量与 e 相气量之比。

两相模型的边界条件可由公式（5-12）所得

$$\left.\begin{array}{ll}\xi = 0 & \dfrac{dc_e}{d\xi} = \left(\dfrac{L_f u_e}{E_Z}\right)(c_e - c_f) \\[2mm] & c_b = c_f(\text{进口浓度}) \\[2mm] \xi = 1 & \dfrac{dc_e}{d\xi} = 0\end{array}\right\} \qquad (5\text{-}12)$$

式（5-10）中的 r 是以 e 相体积为基础的反应物的生成速率，它是 c_e 的函数。将式（5-10）~式（5-12）用数值法联解可求得不同床高处的 c_b 及 c_e，而床层出口的气体浓度 c_0 为

$$c_0 = f(c_e)_{\xi=1} + (1-f)(c_b)_{\xi=1} \tag{5-13}$$

于是，得到反应速率的转化速度

$$X = 1 - \frac{c_0}{c_f} \tag{5-14}$$

5.3.1.2　气泡两相模型（Davidson Harrison 模型）

本模型的假设有：以 u_0 速度进入床层的气体中，一部分在乳相中以临界流化速度 u_{mf} 通过，其余部分（$u_0 - u_{mf}$）全部以气泡的形式通过；床层从流化前的高度 L_{mf} 增高到流化时的 L_f，完全是由于气泡的体积造成；气泡相为向上的平推式流动，其中无催化剂粒子，故不起反应，气泡大小均一；反应完全在乳相中进行，乳相流况可假设为全混流或平推流；气泡与乳相间的交换量 Q（体积/时间）为穿流量 q 与扩散之和：

$$Q = q + k_g S \tag{5-15}$$

式中　k_g——气泡与乳相间的传质系数；

　　　S——气泡的表面积。

5.3.1.3　Levenspiel 鼓泡床模型

图 5-5 所示是鼓泡床流况的示意图，该模型假定床顶出气组成完全可用气泡中的组成代表，而不计乳相中的情况，因此只需计算气泡中气体组成便可计算出转化率。

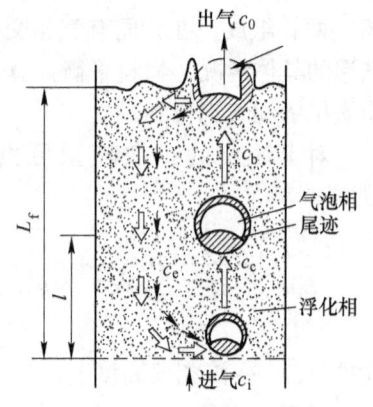

图 5-5　鼓泡床流况示意图

该模型也只用一个代表气泡直径为主要参数，选择一个适当气泡直径 d_b 值，常可使本模型得到的结果与实验的结果吻合。既有理论基础，又十分简明，为该模型的优点。但事先如何确定这一 d_b 却没有可靠方案，只能估计。也可用如图 5-6 所示方法的进行估算，但计算的误差较大，这一点也是该法的不足。另外，该模型对流化数不大或气泡直径大的情况误差也会较大。

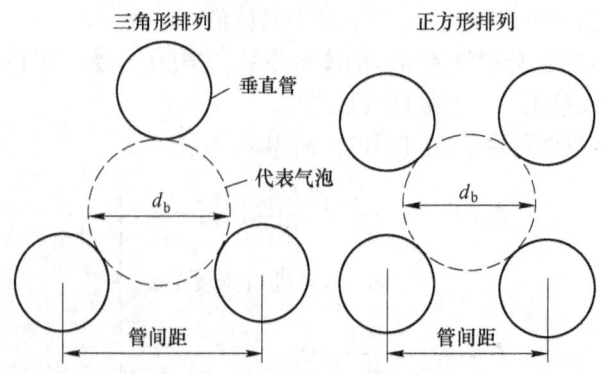

图 5-6　气泡直径的估算（有垂直管束）

5.3.2 流化床反应器模拟实例分析[1]

甲醇制烯烃（MTO）是由煤或天然气经甲醇生产乙烯、丙烯的新工艺[2~5]，是近年来国内煤化工领域的投资热点。新一代催化剂和反应器的开发及其相关的催化化学与化学工程研究已成为国内的研究热点。目前，工业化的 MTO 装置均采用单一流化床反应器，催化剂的停留时间分布宽，造成催化剂积炭量分布不均匀。不同积炭量的催化剂均进入再生器烧焦再生，催化剂消耗大，烧焦负荷高。为了使催化剂积炭分布均匀，应尽量使催化剂接近平推流，采用多级反应器串联操作可以实现这一目的。研究者在以往研究工业 DMTO 催化剂动力学的基础上，进一步采用流化床动态两相模型[6]和颗粒停留时间分布模型模拟 MTO 单级流化床反应器、二级串联及三级串联反应器。

5.3.2.1 MTO 动力学

实验条件范围：温度：450~490℃；空速：30~955g/(g·h)；进料水/甲醇摩尔比为 0、1、4，覆盖了可能的工业条件范围。MTO 反应可分为 3 个阶段：诱导期、活性稳定期及快速失活期[7]。当反应温度超过 450℃后没有明显的诱导期，因此可忽略。活性稳定期表现为乙烯选择性逐渐上升，丙烯选择性基本维持不变，而其他烯烃选择性逐渐下降。在快速失活期则表现出相反的趋势，乙烯和丙烯选择性快速下降，甲烷、C_4 和 C_{5+} 选择性有所上升，特别是甲烷上升速率更快[7]，所以催化剂积炭量并不是越高越好。对于 DMTO 催化剂，当积炭量小于 7.8%（质量分数）时为活性稳定期，高于该值后为快速失活期。因此，MTO 催化剂的失活动力学宜分两段考虑，当积炭量小于 7.8%时，失活函数为：

$$\varphi_i = \frac{A}{1 + B\exp[D(C_c - E)]}\exp(1 - \alpha_i C_c) \tag{5-16}$$

式中　A，B，D——常数，取值分别为 1、9、2；

　　　　E——催化剂特征值，对于 DMTO 催化剂，其值为 7.8。

当积炭量大于 7.8%时，对应的失活函数为：

$$\varphi_i = 0.1\exp(-\alpha_i \times 7.8) \times \frac{2}{1 + \exp[P(C_c - 7.8)]}\exp[-\beta_i(C_c - 7.8)] \tag{5-17}$$

式（5-17）中参数 P 用来表征在快速失活阶段的失活速率，P 值越大下降越快。MTO 反应每一组分的生成速率对甲醇均为一级关系，可表示为：

$$r_i = v_i k_i \theta_W \varphi_i c(\text{MeOH}) \tag{5-18}$$

式中　　　v_i——化学计量数；

　　　　　k_i——反应速率常数，L/(g·min)；

　$c(\text{MeOH})$——甲醇浓度，mol/L；

　　　　　θ_W——水浓度对反应速率的影响函数，对于主反应，θ_W 为：

$$\theta_W = \frac{1}{1 + K_W X_W} \tag{5-19}$$

而对于积炭生成反应，θ_W 为：

$$\theta_W = \frac{1}{1 + K_{Wd} X_W} \tag{5-20}$$

结合式（5-16）~式（5-20）可得每一组分的净生成速率：

$$R(\mathrm{CH_4}) = K_1 \frac{1}{1 + K_\mathrm{W} X_\mathrm{W}} \varphi_1 c(\mathrm{MeOH}) \tag{5-21}$$

$$R(\mathrm{C_2H_4}) = \frac{1}{2} K_2 \frac{1}{1 + K_\mathrm{W} X_\mathrm{W}} \varphi_2 c(\mathrm{MeOH}) \tag{5-22}$$

$$R(\mathrm{C_3H_6}) = \frac{1}{3} K_3 \frac{1}{1 + K_\mathrm{W} X_\mathrm{W}} \varphi_3 c(\mathrm{MeOH}) \tag{5-23}$$

$$R(\mathrm{C_3H_8}) = \frac{1}{3} K_4 \frac{1}{1 + K_\mathrm{W} X_\mathrm{W}} \varphi_4 c(\mathrm{MeOH}) \tag{5-24}$$

$$R(\mathrm{C_4}) = \frac{1}{4} K_5 \frac{1}{1 + K_\mathrm{W} X_\mathrm{W}} \varphi_5 c(\mathrm{MeOH}) \tag{5-25}$$

$$R(\mathrm{C_{5+}}) = \frac{1}{5} K_6 \frac{1}{1 + K_\mathrm{W} X_\mathrm{W}} \varphi_6 c(\mathrm{MeOH}) \tag{5-26}$$

$$R_\mathrm{coke} = \frac{1}{6} K_7 \frac{1}{1 + K_\mathrm{W} X_\mathrm{W}} \varphi_7 c(\mathrm{MeOH}) \tag{5-27}$$

总的甲醇消耗速率及水生成速率为：

$$R(\mathrm{MeOH}) = -\left(\sum_1^7 k_i \theta_\mathrm{W} \varphi_i \right) c(\mathrm{MeOH}) \tag{5-28}$$

$$R(\mathrm{H_2O}) = \left(\sum_1^7 k_i \theta_\mathrm{W} \varphi_i \right) c(\mathrm{MeOH}) \tag{5-29}$$

表 5-1 列出了 MTO 反应在参考温度 450℃时的速率常数、活化能及失活系数。图 5-7 所示为根据动力学计算获得的低碳烯烃选择性与反应温度及催化剂积炭量的关系。在活性稳定期，增加积炭量和升高反应温度均有利于提高低碳烯烃选择性；而在快速失活期积炭量升高，低碳烯烃选择性逐渐下降，且温度越高下降速率越快，因此在快速失活期宜采用较低的温度。随后将利用这一动力学规律来设计多级反应器的串联操作条件。

表 5-1　MTO 反应速率常数及失活常数

动力学常数/L·(g·min)$^{-1}$	k_i^0（在 450℃）	E/kJ·mol^{-1}	钝化系数		
			α_i	P	β_i
k_1	0.09	117.6	0.02	1	0.1
k_2	3.9	56.9	0.004	3	0.21
k_3	6.14	41.8	0.109	3	0.21
k_4	1.44	13.4	0.272	3	0.3
k_5	2.92	31.2	0.19	2	0.68
k_6	2	45.8	0.284	2	0.2
k_7	2.17	72.3	0.306	2	0.2
k_8	3.05	K_Wd	3.45	—	—

5.3.2.2　MTO 多级反应器模型

基于气泡相和乳化相的两相模型已广泛应用于流化床反应器中。通常该模型假设气泡相不含固体颗粒，乳化相处于最小流化状态；然而实验和理论计算均证实气泡相存在一定

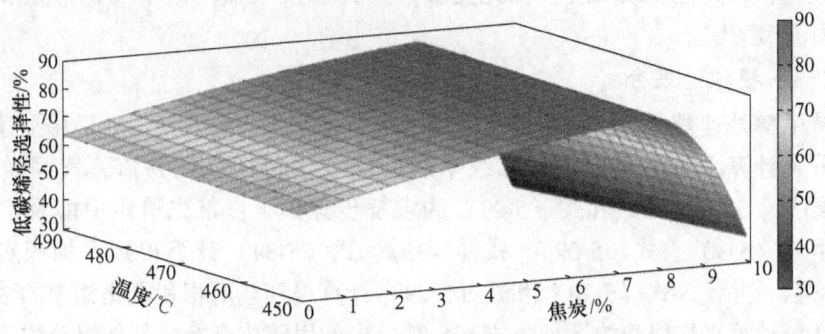

图 5-7 低碳烯烃选择性与温度及积碳量的关系

量的颗粒[8,9]，且气泡相内的反应不能忽略。据此，Mostoufi 等[10] 提出了动态两相模型，气泡相和乳化相的质量守恒方程分别用式（5-30）和式（5-31）表示：

$$\frac{dC_{i,b}}{dz} = \frac{R_{i,b}(1-\varepsilon_b)\rho_s - K_{be}(C_{i,b} - C_{i,e})}{u_b} \tag{5-30}$$

$$\frac{dC_{i,e}}{dz} = \frac{R_{i,e}(1-\varepsilon_e)\rho_s(1-\delta) + K_{be}(C_{i,b} - C_{i,e})}{u_b(1-\delta)} \tag{5-31}$$

式中的流化床参数可用相关的关联式计算[10]，模拟计算的难点在于恰当地估算催化剂颗粒的积炭量，进而估算反应速率。由于每一颗粒的积炭量与其停留时间有关，而颗粒在反应器内存在一定的停留时间分布，因此在反应器内也存在着颗粒的积炭量分布，总反应速率是所有不同停留时间颗粒上的反应速率统计值。本节采用郑康等[11] 提出的拉格朗日方法跟踪催化剂颗粒上的积炭量与甲醇反应，首先计算单个催化剂颗粒的积炭量与停留时间的关系，然后根据颗粒的停留时间分布计算反应器内的总反应速率与积炭量。单个催化剂颗粒上的积炭速率可表示为：

$$\frac{dC_e}{dt} = 100 Mw(CH_2) k_7 \theta_7 c(MeOH) \tag{5-32}$$

其中，$c(MeOH)$ 为反应器内的甲醇浓度平均值，则：

$$c(MeOH) = \frac{1}{H}\int_0^H \left\{ \frac{\delta(1-\varepsilon_b)}{1-\varepsilon} C(MeOH, b) + \frac{(1-\delta)(1-\varepsilon_e)}{1-\varepsilon} c(MeOH, e) \right\} dz \tag{5-33}$$

流化床中的催化剂颗粒近似处于全混状态，其停留时间分布为：

$$E(t) = \frac{1}{\tau} e^{-t/\tau} \tag{5-34}$$

结合式（5-32）、式（5-34）可以得到单一反应器内的平均积炭量及平均反应速率常数：

$$\overline{C}_c = \int_0^\infty C_c(t) E(t) dt \tag{5-35}$$

$$\overline{k}_i = \int_0^\infty k_i(C_c(t)) E(t) dt \tag{5-36}$$

若是二级串联反应器，第二个反应器内的平均积炭量和平均反应速率常数为停留时间分布的双重卷积，其他多级反应器依此类推，第 N 级反应器内的平均积炭量和平均速率由 N 重卷积确定[11]。

5.3.2.3 模拟结果分析

在保持甲醇处理量、催化剂总量及出口甲醇转化率相同的条件下，采用上述流化床反应器模型分别计算了单一反应器、二级串联反应器（包括气固并流、气固逆流）内的 MTO 反应结果。式（5-28）和式（5-29）的求解步骤如下：首先给定甲醇及水的初始平均浓度，由式（5-30）、式（5-32）、式（5-33）、式（5-34）计算得到平均积炭量及平均反应速率常数，并代入式（5-28）和式（5-29）计算得到气泡相和乳化相中的浓度，然后从式（5-31）计算平均甲醇浓度，将式（5-31）中的甲醇浓度换成其他组分浓度可用同一公式计算得到所有组分的平均浓度，最终得到反应体系中的水含量，将其与初始给定的甲醇与水的浓度值比较，若不相同则修正初始浓度值，反复迭代，直至求出的平均浓度与初始浓度值相同为止。图 5-8 所示为一级与二级串联流化床反应器操作模式。

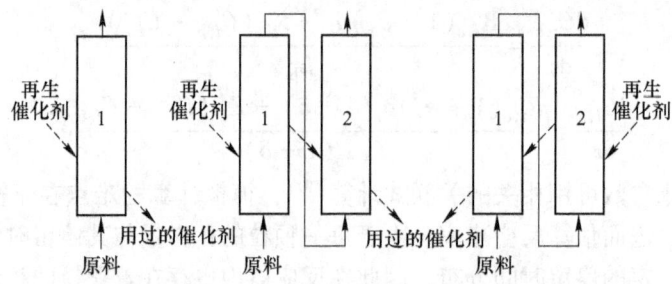

图 5-8　一级与二级串联流化床反应器操作模式

以甲醇进料量为 300t/a 的中试实验装置为例计算单一流化床反应器内的 MTO 反应，并以此结果作为与其他多级操作模式比较的基础。流化床反应器操作见表 5-2，反应器直径 0.26m，操作气速 0.6m/s，处于湍动流化状态。反应温度 480℃，催化剂藏量 10.4kg，初始进料含水量 20%（质量分数）。计算所得平均积炭量为 7.39%，积炭量分布标准偏差为 1.78%，积炭分布比较宽，有部分催化剂积炭量小于 6%，因此单一流化床反应器不能最大限度地发挥催化剂生产能力。通过改变催化剂在流化床内的平均停留时间，模拟了催化剂停留时间对 MTO 反应的影响，结果如图 5-9 所示。反应器内催化剂的平均积炭量与催化剂在反应器内的停留时间相关，停留时间越长，催化剂平均积炭量越大，积炭速率随停留时间增加而逐渐减小［图 5-9(a)］。当停留时间超过 45min 后，甲醇转化率开始下降。乙烯选择性随着催化剂停留时间增加而增加，其他产物选择性表现出与乙烯相反的趋势［图 5-9(b)］。针对单一流化床反应器，存在最佳的催化剂停留时间使低碳烯烃收率最大，在上述研究条件下，最佳停留时间为 45min，对应的低碳烯烃收率为 77.56%。

表 5-2　单一流化床反应器操作条件及模拟结果

操 作 条 件	数值	名称	选择性（质量分数）/%
温度/℃	480	CH_4	1.66
直径/m	0.26	C_2H_4	42.56

操 作 条 件	数值	名称	选择性（质量分数)/%
进口速度/m·s^{-1}	0.6	C_3H_6	35.76
催化剂质量/kg	10.4	C_3H_8	3.52
催化剂停留时间/min	45	C_4	10.9
进口质量流/kg·h^{-1}	51.95	C_5	5.6
进口甲醇流量/kg·h^{-1}	41.56	转化率	99.03
进口水含量/%	20	积炭量	7.39

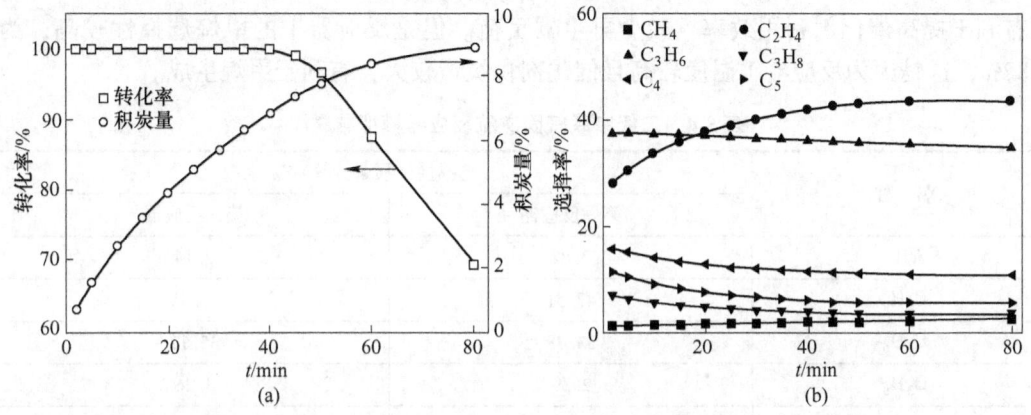

图 5-9 停留时间对甲醇转化率、催化剂积炭量及产物选择性的影响

  采用多级反应器串联操作可以减小催化剂返混，使催化剂停留时间分布变窄，进而使催化剂积炭量分布更均匀[12]。表 5-3 为二级气固并流反应器的操作条件及模拟结果。从表 5-3 可知，甲醇在第一级反应器中转化率即达到 93.86%，第二级反应器负荷较低，总的低碳烯烃选择性为 78.25%。相比一级反应器，采用二级气固并流串联反应器并不能显著提高 MTO 低碳烯烃的选择性。另外，催化剂平均积炭量也没有明显的提高。

表 5-3 二级串联气固并流反应器操作条件及模拟结果

操 作 条 件	数 值		名称	选择性（质量分数)/%	
	反应器 1	反应器 2		反应器 1	反应器 2
温度/℃	480	480	CH_4	1.62	1.63
直径/m	0.26	0.26	C_2H_4	42.28	42.43
进口速度/m·s^{-1}	0.6	——	C_3H_6	35.84	35.82
催化剂质量/kg	5.2	5.2	C_3H_8	3.58	3.54
催化剂停留时间/min	22.5	22.5	C_4	10.99	10.94
进口质量流/kg·h^{-1}	51.95	——	C_{5+}	5.68	5.63
进口甲醇流量/kg·h^{-1}	41.56	——	转化率	93.86	99.15
进口水含量/%	20		积炭量	7.23	7.56

气固逆流操作条件同表 5-3，不同的是催化剂从反应器 2 流向反应器 1。保持出口甲醇转化率为 99%，对应的反应器 1 及反应器 2 催化剂停留时间均延长为 28min，催化剂总停留时间达到 56min，大于气固串联操作，说明催化剂在气固逆流操作条件下发挥了更佳的性能。相比一级反应器，单位催化剂生产能力提高了 24.4%。表 5-4 为模型计算结果，反应器 2 出口的低碳烯烃选择性为 78.62%，比单一反应器提高了 0.3 个百分点。反应器 2 内的催化剂平均积炭量为 5.48%，实现了预积炭功能。当甲醇在反应器 1 内转化时乙烯及丙烯选择性分别达到 47.51% 和 33.78%，甲醇转化率为 47.78%，较高的乙烯和丙烯选择性提高了出口乙烯、丙烯选择性。反应器 1、反应器 2 的积炭量分布标准偏差分别为 0.74% 和 2.12%，反应器 1 内的催化剂平均积炭量为 8.81%，积炭概率密度分布图（图 5-10）表明，积炭分布更加均匀，反应器 1 中大部分催化剂积炭量处于 6%～10% 之间，这有利于提高催化剂利用效率，减少再生器负荷。但是反应器 1 的甲烷选择性较高，为 2.82%，这是因为反应器 1 温度较高且催化剂积炭量较大，有利于甲烷生成。

表 5-4　二级串联气固逆流反应器模拟结果

名　称	选择性（质量分数)/%	
	第一反应器	第二反应器
CH_4	2.82	2.14
C_2H_4	47.51	43.45
C_3H_6	33.78	35.17
C_3H_8	2.39	3.26
C_4	9.28	10.6
C_{5+}	4.19	5.37
转化率	47.78	99.79
积炭量	8.81	5.48

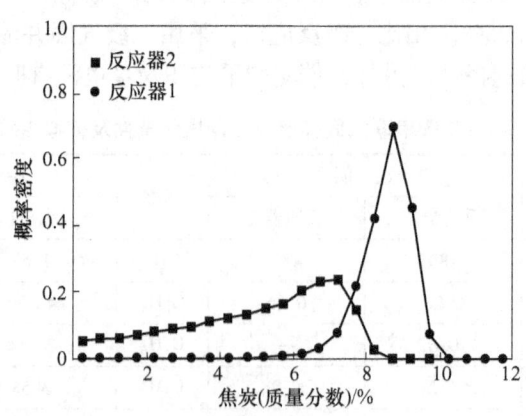

图 5-10　二级串联气固逆流反应器催化剂积炭量概率密度分布

从上述计算结果可知，气固逆流操作可以提高催化剂利用效率和低碳烯烃选择性，基于这一认识本节设计了图 5-11 所示的三级串联反应器操作模式。原料甲醇按照 2∶4∶4 的比例分成 3 股物料分别进入 3 个反应器中，其中反应器 2 与反应器 3 大小相同，且大于反应器 1。3 个反应器的温度分别为 450℃、480℃、490℃。温度越高积炭速率越大，因此反应器 3 温度略高，以充分发挥预积炭的功能。反应器 1 中催化剂积炭已很严重，通入少量甲醇以利用催化剂的残存催化活性，未反应完全的甲醇进入反应器 2 中进一步转化。在快速失活阶段温度高不利于提高低碳烯烃选择性，因此反应器 1 的温度不宜过高，450℃是较为合适的温度。表 5-5 为反应器操作条件及计算结果，总的催化剂停留时间为 59min，相比一级反应器，单位催化剂生产能力提高了 31.1%。反应器 1 温度较低，因此总的积炭量略小于气固逆流操作计算结果，为 8.67%；同时甲烷选择性降低到 1.45%，低碳烯烃选择性提高到 81.4%。低碳烯烃选择性在反应器 2 中进一步提高到 81.73%，反应器 3 中积炭量较低，低碳烯烃选择性降为 79.36%，但相比一级反应器，三级反应器总的低碳烯烃选择性提高了 1 个百分点。因此采用不同温度序列的三级串联反应器既提高了低碳烯烃选择性，同时又延长了总的催化剂停留时间，增加了催化剂的单程寿命，催化剂积炭分布也进一步变窄（图 5-12），反应器 1～反应器 3 的积炭量分布标准偏差分别为 0.43%、0.81% 和 2.14%。图 5-12 所示为三级串联反应器不同反应器内的催化剂概率密度分布，从图 5-12 可知反应器 1 中的催化剂积炭量处于 7%～10% 之间。

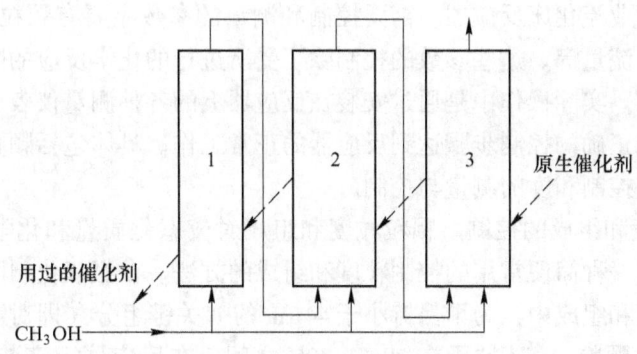

图 5-11　三级串联反应器操作模式

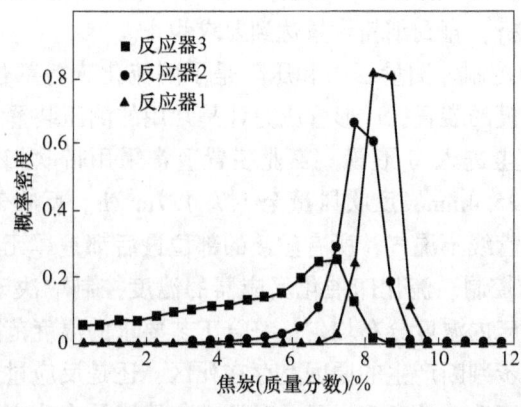

图 5-12　三级串联气固逆流反应器催化剂积炭量概率密度分布

表 5-5 三级串联反应器操作条件及模拟结果

操作条件	数 值			名称	选择性（质量分数）/%		
	反应器 1	反应器 2	反应器 3		反应器 1	反应器 2	反应器 3
温度/℃	480	480	490	CH_4	1.45	1.75	1.72
直径/m	0.12	0.26	0.26	C_2H_4	45.84	46.73	43.83
进口速度/m·s^{-1}	0.55	—	—	C_3H_6	35.56	35	35.53
催化剂质量/kg	3	4.4	3	C_3H_8	2.98	2.74	3.23
催化剂停留时间/min	17	25	17	C_4	10.16	9.66	10.5
进口质量流/kg·h^{-1}	10.39	—	—	C_{5+}	4.01	4.11	5.19
进口甲醇流量/kg·h^{-1}	8.31	—	—	转化率	87.14	92.13	99.12
进口水含量/%	20	20	20	积炭量	8.67	7.96	5.23

5.4 流化床反应器设计

5.4.1 参数的测量和控制

对于一般的工业流化床反应器。需要控制和测量的参数主要有颗粒粒度、颗粒组成、床层压力和温度、流量等。这些参数的控制除了受所进行的化学反应的限制外，还要受到流态化要求的影响。实际操作中是通过安装在反应器上的各种测量仪表了解流化床中的各项指标，以便采取正确的控制步骤达到反应器的正常工作。具体包括颗粒粒度和组成的控制、压力的测量与控制和度的测量与控制。

（1）颗粒粒度和组成的控制。颗粒粒度和组成对流态化质量和化学反应转化率有重要影响。下面介绍一种简便常用的控制粒度和组成的方法。在氨氧化制丙烯腈的反应器内采用的催化剂粒度和组成中，为了保持小于 44μm 的"关键组分（即对流态化质量起关键作用的较小粒度的颗粒。）"粒子在 20%～40%之间，在反应器上安装一个"造粉器"。当发现床层内小于 44μm 的粒子小于 12%时，就启动造粉器。造粉器实际上就是一个简单的气流喷枪，它是用压缩空气以大于 300m/s 的流速喷入床层，使黏结的催化剂粒子被粉碎，从而增加小于 44μm 粒子的含量。在造粉过程中，要不断从反应器中取出固体颗粒样品，进行粒度和含量分析，直到细粉含量达到要求为止。

（2）压力的测量与控制。测量压力和压降是了解流化床各部位是否正常工作较直观的方法。对于实验室规模的装置，U 形管压力计是常用的测压装置，通常压力计的插口需配置过滤器，以防止粉尘进入 U 形管。工业装置上常采用带吹扫气的金属管做测压管。测压管直径一般为 12～25.4mm，反吹风量至少为 1.7m³/h。反吹气体必须经过脱油、去湿方可应用。为了确保管线不漏气，所有丝接的部位最后都是焊死的，阀门不得漏气。

（3）温度的测量与控制。流化床催化反应器的温度控制取决于化学反应的最优反应温度的要求。一般要求床内温度分布均匀，符合工艺要求的温度范围。通过温度测量可以发现过高温度区，进一步判断产生的原因是存在死区，还是反应过于剧烈，或者是换热设备发生故障。通常对死区造成的高温，可及时调整气体流量来改变流化状态，从而消除死区；如果是因为反应过于激烈，可以通过调节反应物流量或配比加以改变。

5.4.2 工艺计算

流化床反应器工艺在计算过程中首先对流化床反应器进行选型，然后确定床高、床径和内部构件的计算，最后计算压力降。

流化床反应器的选型主要应根据工艺过程特点来考虑，包括化学反应特点、颗粒或催化剂的特性、对产品的要求，即生成规模。

5.4.2.1 临界流化速度的计算 u_{mf}

临界流化速度仅与流体和颗粒的物性有关，对于小颗粒 u_{mf} 可由式（5-37）计算得到，对于大颗粒可由式（5-38）计算得到

$$u_{mf} = \frac{d_p^2(\rho_p - \rho)}{1650\mu} \tag{5-37}$$

$$u_{mf} = \left[\frac{d_p(\rho_p - \rho)g}{24.5\rho}\right]^{1/2} \tag{5-38}$$

式中　d_p——颗粒的平均粒径；

ρ_p——颗粒密度，kg/m^3；

ρ——气体密度，kg/m^3；

μ——气体的黏度。

具体计算步骤为：假设颗粒的雷诺数 $Re<20$，然后将已知数据代入公式，得到 u_{mf} 值后进行雷诺数的校验，最后将 u_{mf} 代入弗鲁德准数公式中作为判断流化形式的依据。F_{rmf} <0.13为散式流化，F_{rmf}>0.13为聚式流化。

5.4.2.2 带出速度的计算 u_t

当雷诺数 Re_p 小于 0.4 时，带出速度可由式（5-39）计算得到：

$$u_t = \frac{d_p^2(\rho_p - \rho)g}{18\mu} \tag{5-39}$$

当雷诺数满足 0.4<Re_p<500 时，带出速度可由式（5-40）计算得到：

$$u_t = \left[\frac{4(\rho_p - \rho)^2 g^2}{225\rho\mu}\right]^{1/3} d_p \tag{5-40}$$

当雷诺数满足 Re_p>500 时，带出速度可由式（5-41）计算得到：

$$u_t = \left[\frac{3.14 d_p(\rho_p - \rho)g}{\rho}\right]^{1/2} \tag{5-41}$$

5.4.2.3 操作流速的计算 u_0

已知颗粒的临界流化速度 u_{mf} 和固体颗粒的带出速度 u_t，对于采用高流化速度，其流化数（流化数=气体表观速度/临界流化速度）可以选300~1000。然后根据公式计算得到操作流速 u_0 的值。其中 a 为流化数。

$$u_0 = u_{mf}a \tag{5-42}$$

对于某些流化床反应器，为防止副反应的进行，需要设计密相和稀相两段，因此需要对其直径进行核算。

5.4.2.4　流化床直径

流化床直径可通过式（5-43）和式（5-44）进行计算。

$$Q = \frac{1}{4}\pi D_R^2 u \times 3600 \times \frac{273}{T} \times \frac{p}{1.013 \times 10^5} \tag{5-43}$$

$$D_R = \sqrt{\frac{4 \times 1.013 \times 10^5 TQ}{273 \times 3600 \pi u p}} = \sqrt{\frac{4.132 TQ}{982800 \pi u p}} \tag{5-44}$$

式中　Q——气体的体积流量，m^3/h；

$\quad\quad D_R$——反应器的直径，m；

$\quad\quad u$——以 T、P 计算的气流表观流速，m/s；

$\quad\quad T$——反应器的绝对温度，K；

$\quad\quad p$——反应器的绝对压力，Pa。

5.4.2.5　流化床的床高

流化床的床高计算中包括临界流化床高 L_{mf} 的计算和流化床高 L_f 的计算，分别如式（5-45）和式（5-46）所示。

$$L_{mf} = \frac{4W_{F\tau}}{\pi D_R^2 \rho_P (1 - \varepsilon_{mf})} \tag{5-45}$$

式中　$W_{F\tau}$——物料质量。

$$L_f = RL_{mf} \tag{5-46}$$

5.4.2.6　流化床的压降

流化床的压降由式（5-47）计算：

$$\Delta p = L_{mf}(1 - \varepsilon_{mf})(\rho_p - \rho)g \tag{5-47}$$

式中　ε_{mf}——颗粒开始流化时的床层空隙率；

$\quad\quad \rho_p$——颗粒密度，kg/m^3；

$\quad\quad \rho$——流体密度，kg/m^3。

5.5　流化床反应器的应用

流化床技术是一种提高固体颗粒与液相、气相、气液相之间传质、传热过程的技术，其传统应用领域是冶金工业、化学工业和石油工业，主要目的是提高目标产物的产量，近年来在环保领域也得到了广泛的应用。

5.5.1　流化床在冶金行业的应用

5.5.1.1　有色冶金

有色冶金及其他行业许多生产需要焙烧过程，比如硫铁矿焙烧制取硫酸，炼铝工业中氢氧化铝经焙烧制取氧化铝，锌精矿、铜精矿、锡精矿和汞矿的焙烧等。焙烧过程实际上是一种气-固反应过程，流化床焙烧的固体物料是粉碎了的矿石，流化介质是空气，同时也是反应介质。在操作时，不断向流化床加入矿石颗粒，并排除矿渣，矿石的粒径一般是几毫米到十几毫米。焙烧炉之所以发展如此迅速，是因为较传统的回转窑具有显著的先进性，它热耗低、产品质量好、自动化水平高、占地面积小、设备较简单、环境污染轻[13]。

在国外氧化铝生产工艺中，应用流态化技术焙烧氢氧化铝已经取得很大进展，全世界年产氧化铝的60%都是采用此技术。人们在实践中积累了丰富经验，并取得了明显的经济效果，使得单位产品耗热大幅度下降，采用流化床焙烧工艺与传统的回转窑工艺相比，单位产品的热耗可以降低30%~40%。它是处理粉状物料最先进的一种工艺方法。目前世界上掌握流态化焙烧氢氧化铝技术的公司分别是丹麦FL史密斯公司、法国FCB公司、德国鲁奇公司、美国铝业公司和德国KHD公司，4家公司焙烧装置的共同点是均包括干燥预热、焙烧和冷却三个系统。用于焙烧系统的流化床主要有气态悬浮焙烧炉、循环流化焙烧炉、闪速焙烧炉[14]。气态悬浮焙烧与闪速焙烧工艺属于高温（1150~1260℃）稀相流化焙烧，流体中固铁颗粒的含量很低，流化孔隙度在97%以上，气流速度远远大于颗粒的自由沉降速度，气固接触好，传热速度快，气固间传热系数为浓相流化床的10倍以上。焙烧炉的炉体结构简单，炉底无气体分布板，所以整个工艺流程阻力损失小；炉底处气体入口速度较大（最小在10m/s以上）；助燃空气经预热到800℃后由炉底进入，物料在炉中停留时间延长。循环流化焙烧工艺如图5-13所示，它的特点是能够准确控制温度，在一定的循环量下，通过改变循环量的大小来控制床层的温度和调节焙烧时间，进而准确控制炉温和炉内压降；物料循环率在30~60倍左右；该工艺属于中温（1100℃）快速流化焙烧，物料细、操作速度高、床层浓度较大，因此床层中气固接触好，流化速度在3m/s以上，故传热快、耗热低；由于循环率大，氧化铝可以起到载热体作用，炉内各点温度均匀，物料在炉中停留时间一般在20~60min。

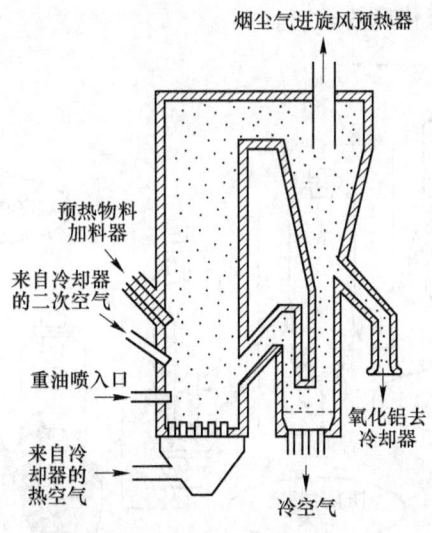

图5-13 循环流化焙烧炉

循环流化床焙烧工艺也存在一些缺点，由于焙烧炉内有气体分布板，同时床层浓度较大，故系统的阻力损失较大，一般在400kPa以上；通过分布板的空气大都来自流态化冷却器的预热空气，不但气量大，还有一定的温度，造成分布板的使用寿命较低；循环焙烧炉的炉体结构复杂；整个系统采用多台鼓风机，动力消耗大。流化床焙烧还包括有色行业使用的流化床煅烧和烧结。流化床煅烧和烧结过程是利用高温气体作为流化介质，通常在1000℃以上，使物料本身发生化学反应，而高温气体并不参加反应。采用流化床进行煅烧的有石灰石、白云石的煅烧；采用流化床进行烧结的有水泥烧结、氧化铝的烧结等。

5.5.1.2　黑色冶金

流化床在黑色冶金中主要用于铁矿粉的预热与还原。20世纪五六十年代，开始研究流态化直接还原技术，得到实际应用的典型的工艺有 FIOR-VAI 开发的 Finmet 工艺、VAI-POSCP[15] 合作开发的 Finex 工艺[16]、Outotec 开发的 Circofer 工艺[17] 等。

Finmet 工艺是奥钢联开发的以铁矿粉为原料，通过 4 级流化床生产 DRI 的工艺。该工艺以粒度小于 12mm 的铁矿粉为原料，铁矿粉在流化床干燥器中经过加热干燥，然后运动到流化床反应器顶部。由四级流化床反应器依次串联，逐级预热和还原矿粉原料，使用的还原气体是流化床炉顶煤气和天然气重整气体的混合气体。铁矿粉在重力作用下从较高的反应器流向较低的反应器，而气体则逆向流动。这种相对流动的多级系统与单一反应器相比，能够显著提高还原效率。在第一级即最高位置反应器温度最低，温度能够生产较高预还原度的 DRI 供熔融气化炉冶炼。现已获得工业化应用。Finex 工艺流化床示意图如图5-14 所示。Finex 工艺结合了多级紊流流化床工艺和 Corex 工艺，使用的铁矿粉粒度小于8mm，使用非炼焦煤在熔融还原炉中气化成 CO 等还原气体作为流化床铁矿粉的还原剂。流化床预还原段由 4 级流化床构成，依次在 R4、R3、R2、R1 中逐级还原，由 R1 出来的细粒 DRI 经过热压制成 HBI 后装入熔融气化炉冶炼成为铁水。一级预热流化床温度为450℃，二级、三级、四级温度依次为 700℃、750℃和 800℃。POSCO 把 Finex 工艺的多级流化床还原度控制在 75%~85%，甚至还可以更低，在铁矿粉中掺入 20%溶剂和焦炭粉，这样就有效地控制了流化床的黏结。

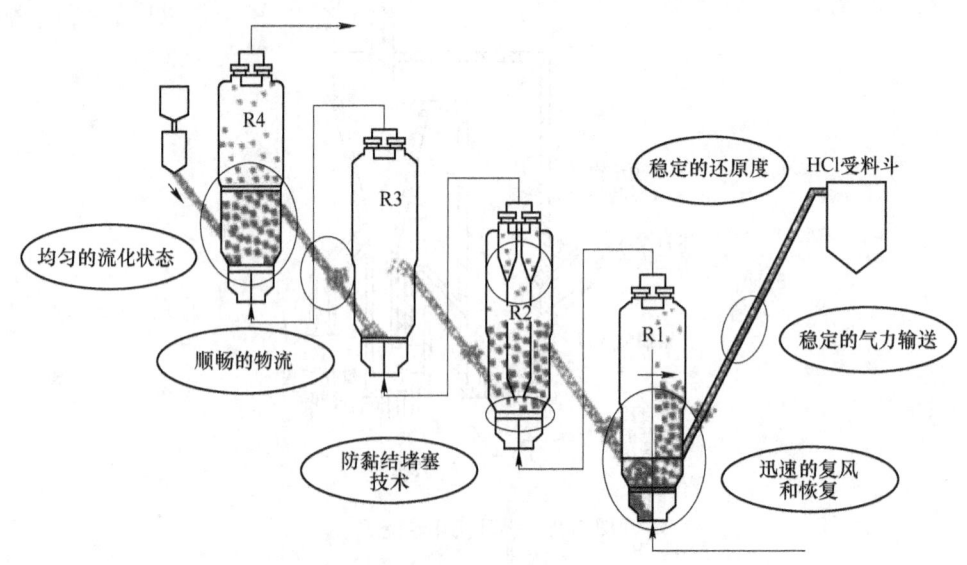

图 5-14　Finex 工艺多级流化床

Circofer 是用煤加热和还原铁矿粉的循环流化床技术，由鲁奇公司开发，如图 5-15 所示。采用循环流化床（CFB）和鼓泡流化床（FB）两级流化床的目的是为充分利用废气显热。煤直接装入气化器（又称热量发生器），在其中煤与纯氧发生燃烧反应，温度为1050℃，为后续的吸热还原反应提供需要的能量。未燃烧的煤和残炭送往 CFB 反应器进行铁矿石的预还原，反应温度大约为 950℃，金属化率可达到 70%~80%。预还原后的铁矿石再装入 FB 反应器进行终还原，利用循环过程气将金属化率进一步提高到 93% 以上。整个系统的压力为 5 个大气压（绝对压力），以缩小装置的尺寸和保持脱除 CO_2 所需的压力。过程气的余热在余热锅炉中被回收，再经过除尘和脱除 CO_2，其中气体主要含 CO 和 H_2，最后返回反应器作为流化和还原气体使用。Circofer 循环流化床直接使用铁矿粉和煤粉，产品为金属化率约为 85% 的 DRI，可使用的煤种广泛，可使用的矿粉包括赤铁矿和磁铁矿的所有矿种，能够接受粒度包括 -8mm 的粉矿和 -40μm 的精矿粉。由于加入了煤、炭等惰性成分，在矿粒表面沉积炭等措施控制了流化床的黏结，因此过程温度达到了950℃，一步就可以使金属化率到 85%。还原后的 DRI 温度为 600~800℃，可以直接加以利用。

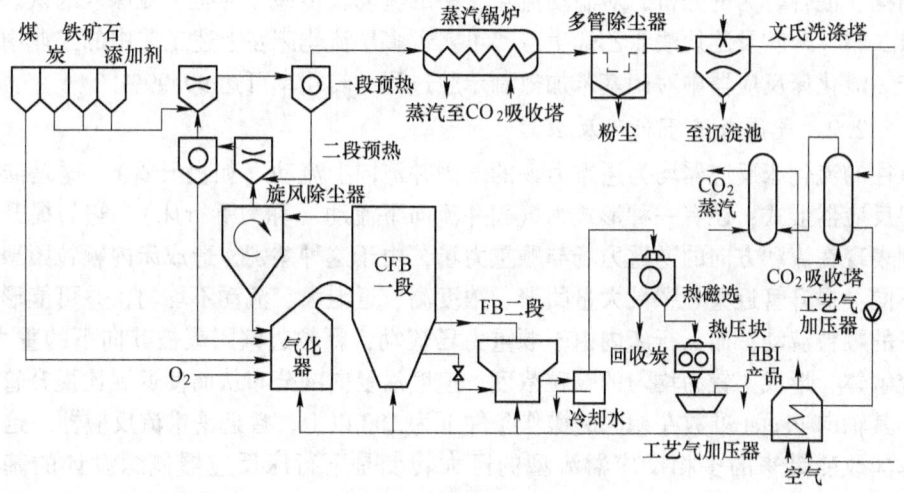

图 5-15　Circofer 流化厂

鉴于高炉目前在传统炼铁行业中占据统治地位，采用流化床技术生产高炉用低还原铁具有更大的经济效益和环境效益。瑞典 LKAB 公司通过在实验高炉上进行的试验证明在高炉炼铁工序中，通过加入低还原铁，可以大幅度的降低还原剂的消耗量和 CO_2 的排放量。数据显示，与加入 100% 的球团矿作为含铁原料相比，加入 100% 的 LRI 可以将焦比降低至 240kg/t 铁。相应地，可以降低 CO_2 排放量（690kg/t 铁）。可以显著提高高炉利用系数，铁料的金属化率每提高 10%，实验高炉利用系数可以升高 8%。因此通过流化床处理粉矿得到 LRI，然后作为炉料加入高炉的工艺流程应作为今后着力发展的新的技术领域[18]。

5.5.2　流化床在石油化工领域的应用[19]

5.5.2.1　多层构件湍动流化床反应器

气固湍动流化床反应器具有催化剂浓度高、处理能量大、床内传递行为好的特点，广泛应用于催化裂化、灵活焦化、煤燃烧、丙烯腈、乙炔法醋酸乙烯、氧氯化法制氯乙烯、苯胺等过程中。对于这些强放热及强吸热的湍动流化床反应器，床内传递行为同样会引起反应器效率极大的变化，对于有些强放热反应，由于会达到湍动床内传热极限，会在流化床中出现与固定床相近的热点温度，从而使一些对温度敏感的反应过程受到影响。为改善其性能，将构件湍动流化床、新型分布器、新型旋风分离器等多项技术应用于湍动流化床反应器中，以解决其中的传递问题及颗粒处理问题。相对于固定床，流化床中的颗粒对流传热会使其传热能力提高 3~6 个数量级，从而使床内温度、浓度均匀，但也造成了床内返混严重。对于化工过程中大量以中间产物为目的产物的过程会带来收率下降，而对于要求转化率高的过程则会使反应器的效率大幅度下降。解决该问题的方法是采用多层多段流化床，并实现段间的气固级间逆流、并流、顺流接触及级间变温、变压操作，从而使反应器的效率大大提高。这其中一个核心的学术问题是稀相的气固两相流通过浓相的两相流时的流动特征及气固分配问题。通过对流化床中流型转变、内构件对流动、传递的影响及床内相结构、混合行为的分析，对湍动流化床中的流动及传递行为有了更深入的认识，并结合间苯二腈、苯胺及乙炔法氯乙烯生产，可实现多层流化床在上述工艺中的工业中试及工业生产。流化床反应器中对硝基苯加氢制苯胺过程的转化率可达 99.99%。

5.5.2.2　气固并流下行床反应器

以往的流化床反应器均为逆重力场的气固并流向上流动（如提升管），这是催化裂化的主要反应器形式；还有一种形式为气固并流向下流动（称为下行床），它与提升管的首要差别表现在流动方向的逆重力场与顺重力场，由于这种差别，造成床内颗粒团聚行为的截然不同：提升管近壁处颗粒大量团聚、浓度高、返混大、流动不均匀，并可能形成沿边壁向下的颗粒流动；而下行床内由于顺重力场流动，颗粒边壁团聚被其向下的重力加速，使团聚解体，形成了较为均匀的颗粒浓度、速度沿径向的分布从而使返混比提升管大幅度减少，其轴向 Peclet 准数在相同的操作条件下为 100 以上，接近平推流反应器。这一由于流动方向改变带来的多相反应器流型的巨大转变是下行床反应器概念设计的基础。自1970 年以来，下行床反应器一直被学术界看好，称为下一代替代提升管的反应器。从下行床顺重力场概念出发，通过对下行床流动、混合、床层结构及热态实验和模拟的分析，最后到工业装置的运行进行了一系列冷热态实验、流体力学计算模拟及工业试验，表明下行床反应器具有优良的流体力学性能，非常适合于催化裂化或催化裂解过程。利用下行床反应器，能降低干气和焦炭收率，提高目标产品的选择性。为体现下行床反应器的优势，需要配套设计好反应器的出口、入口结构；同时，开发适用于下行床反应器的高活性催化剂也是加快下行床反应器推广应用的十分重要的一步。

5.5.3　流化床在水处理领域的应用

5.5.3.1　处理含磷废水回收磷

近年来，从污水中回收磷是污水处理领域的热点之一，目前磷元素主要以羟基磷酸钙晶体（HAP）和磷酸铵镁晶体（MAP）等两种形式回收，其中以 MAP 为主。MAP 俗称鸟粪石（化学式：$Mg(NH_4)PO_4 \cdot 6H_2O$），最早发现于污泥消化液管道内，由于该晶体的生成使得管道直径减小，严重影响了污水处理厂的处理效率。鸟粪石中包含的磷元素是导致水体富营养化的根源之一，而人类可以利用的磷资源却在日益枯竭，因此磷回收问题成为资源和环境专家亟需解决的重要课题。流化床反应器在磷回收中发挥着重要作用。Battistoni 等[20,21]自 20 世纪 90 年代中期便致力于采用流化床反应器从厌氧消化上清液中回收磷的研究，其最早的流化床反应器采用石英砂作为床层，经过 100min 处理便可达到很好的处理效果。后来有研究表明，脱除水体中的 CO_2 有利于 MAP 晶体的生成[22]，Battistoni 等便对工艺进行改进，首先将厌氧上清液和流化床反应器的部分回流液输送到气提塔中，利用鼓入的空气去除 CO_2 提高 pH，然后进入脱气塔除去水体中过饱和的空气，最后输入到流化床反应器中，具体结构如图 5-16 所示。Battistoni 等还开展了中试试验，在不添加任何化学药剂的前提下，磷回收率可达 53%~80%。Münch 等[23]在日本 Unitika Ltd 的 Phosnix 处理技术的基础上进行了改进，以 60% 的氢氧化镁浆作为诱晶材料，采用气体从反应器底部进入，以使污水和药剂充分混合，生成的 MAP 晶体处于流态化状态，当晶体长到一定粒径沉淀于底部时进行回收，PO_4^{3-}-P 回收率可达 94%。可见在反应器中为 MAP 结晶反应提供合适的晶种也可增加磷的回收率。Shimamura 等[24]利用前部分装置生成的 MAP 晶体作为流化床反应器的晶种，可减少镁盐的投加量。Corre 等[25]制作了两个同轴的不锈钢钢丝网放置在反应器的上部，钢丝网以 7.6g/（$m^2 \cdot h$）速度吸附 MAP 晶体；同没有安装钢丝网相比，溶液中悬浮物浓度从 302.2mg/L 降

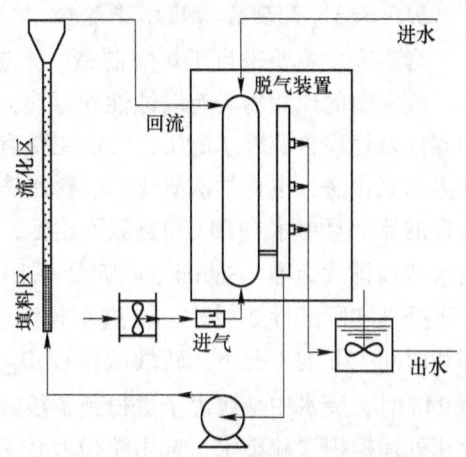

图 5-16　Battistoni 等研究的流化床反应器

至 12mg/L。该方法往往比较适用于污染物的化学沉淀去除。采用流化床工艺处理高磷浓度废水的关键在于使固液体系处于较好的流态化状态，合理地控制水流流速，以防止过大的摩擦力阻碍晶体的附着和生长；而处理低磷浓度废水时，在流化床中投加晶种可以降低磷酸铵镁所需的饱和度，缩短成核时间，提高处理效果。将流化床工艺投入到工程实践中是非常有意义的，回收所得的固体产物可作为缓释肥进行二次利用，是一种实际应用性较强的工艺技术[26]。

5.5.3.2　处理含氟废水回收氟

氟化物在玻璃、半导体、电镀、农药和化肥等领域有着广泛的应用，同时又是人体必需的微量元素，但是在其生产过程中却排放了大量的含氟废水，对人体及其周边环境造成了严重的危害和破坏。对于含氟废水，学者们研究了化学沉淀法、离子交换法、吸附法、反渗透法等几种处理方式，实际应用时往往选择多种工艺进行组合，但依然存在处理成本高、污泥产生量大等问题，而流化床结晶技术则可以很好地避免以上问题，并使得反应速度得到提升。Aldaco 等[27]在实验室进行了氟化钙结晶流化床的小试试验，着重分析了过饱和度指数（S）、流体速度以及晶种粒径和数量对处理效果的影响，并提出了 CaF_2 晶体生长模型。国内学者对该工艺也做了较多的研究。任锦霞[28]将砂滤器与流化床反应器作为一个操作系统，得出了该套设备适宜的工艺参数，控制出水浓度在 5mg/L 以下并可直接排放。李程文[29]采用流化床技术处理高浓度含氟废水，确定了处理 1000mg/L 废水的最佳工艺条件，研究了不同粒径河沙的流态化曲线，结果表明，最小流态化速度随着填料

粒径的增大而增加，但不随填料质量增加而变化。晶种在氟化钙结晶反应中也起到尤为重要的作用。Jansen 等[30]最早采用粒径为 0.1~0.3mm、无磁性的砂粒作为晶种；Aldaco 等[31]认为石英砂是一种"有毒"的杂质，降低了氟的回收率，因而选择投加方解石来诱导结晶，产物中 CaF_2 含量高达97%，而 SiO_2 含量不足1%；Yang[32]则是先将少量废水与充足的 Ca^{2+} 混合，采用由此产生的 CaF_2 作为晶种再与剩余污水混合反应，节省晶种的投加量。流化床结晶技术在处理含氟废水时减少了絮凝、沉淀等处理单元，并且无大量污泥产生，最重要的是该技术可以有效地去除和回收废水中的氟化物，得到高纯度的 CaF_2 晶体，减少氟化工中的原料消耗。

5.5.3.3 处理含硫废水去除硫

含硫废水主要来自于煤气制造、人造纤维、造纸、制革、合成氨、炼油和焦化等行业，废水中的硫化物具有腐蚀性和毒性，可对环境和人体健康造成极大的污染和危害。目前国内外处理含硫废水的工艺方法主要有中和法、氧化法、曝气法、汽提法、沉淀法、超临界水氧化法、电化学法氧化法、树脂法等。然而经过物化处理的含硫废水往往还残余一定量的硫，且出水 COD_{Cr} 和氨氮不达标，因此考虑采用与生化法结合的流化床工艺，以使出水达到排放标准。Sahinkaya 等[33]采用硫酸盐还原菌生物流化床在35℃、外加乙醇的条件下处理实际酸性矿排水，在进水硫浓度为 2.5g/L，COD_{Cr} 与硫酸盐比率为 0.85，水力停留时间12h 的工况下，硫酸盐和 COD_{Cr} 去除率可达90% 和80%；当水力停留时间延长至24h 时，废水中金属离子也得到了很好的去除。刘先树等[34]设计了内循环三相好氧流化床处理模拟含硫废水，选用粒径为 0.4~0.8mm 的活性炭颗粒作为载体，考察了不同硫化物容积负荷、曝气量、进水 pH、水力停留时间对反应器处理效果的影响，结果表明：进水硫浓度增加时会降低硫化物的去除率；增大曝气量则会增强反应器的去除能力；当废水其他影响因素都确定时，给定某个曝气量、停留时间、进水 pH 和硫化物浓度，反应器经过适当调整便可使硫化物去除率达到95%以上，有机物的去除率在25%左右。此外，韩文清等[35]研究了磁场稳态流化床（MSFB）处理高浓度含硫废水，将制备好的磁性聚苯乙烯多孔微球填充到厌氧磁性流化床中，然后接入驯化的硫酸盐还原菌，运行过程中着重考虑了温度和 pH 对 SO_4^{2-} 去除效果的影响，并且确定了降解的动力学方程。不同于处理含磷、含氟废水，处理含硫废水时流化床工艺多与生化方法相结合[36,37]，以减少化学药剂的投加量，降低处理成本，同时，在去除过程中可以很好地去除 COD_{Cr} 及氨氮，具有操作简单、易于管理的优点，因此是一种经济可行的处理技术。

5.5.3.4 水处理中几种流化床反应器

流化床结晶技术：流化床结晶技术（fluidized bed crystallizers）是将诱导结晶原理与流化床工艺相结合，在反应体系（主要指沉淀反应）中加入颗粒状固体填料，使结晶产物沉积在固体颗粒表面[38]。技术路线的核心是以反应器底部的固体颗粒作为晶种，废水以一定的流速从反应器底部进入，使晶种处于悬浮状态。反应器在设计时遵循的主要依据是反应动力学和水力条件两大因素[39]，既要使得反应液充分混合，又要考虑生成的晶体混合均匀且不被水流带出体系，大体上可以分为反应和沉淀两个过程。反应器的结构尺寸可根据处理水量及水力停留时间来确定。与传统的化学沉淀法相比，诱导结晶法通过投加粒状固体物质加速晶核的出现，使参加反应的离子在其表面富集，从而导致局部离子浓度升高至过饱和状态，所以结晶物质的溶解度和过饱和度是影响该类反应的重要因素；此外，晶种的粒度和投加量对于结晶过程和产品质量而言也是至关重要的影响因素。晶种选择的原则是：密度大、沉降性能好、诱导结晶反应能力强、无腐蚀性、与沉淀物附着性好、流化性好、性质稳定、无磁性、强度较高等；一些矿渣、石英砂、大理石渣等均可用作诱导晶种。

　　流化床生物反应器：20 世纪 30 年代有学者提出将活细胞固定在某种载体上，并使其在反应器中处于悬浮、膨胀状态，以该方法增加比表面积和微生物的浓度，达到处理废水的目的。20 世纪 60 年代末，该设想一直未能在废水生物处理中得到工程应用，直到 20 世纪 70 年代相关研究才取得了突破，并逐渐发展成为一种较成熟的污水处理技术。流化床生物反应器（fluidizedbed bioreactor，FBBR）是将流化床工艺与生物工程的生物膜技术相结合，以附着生长在颗粒载体上的微生物降解污水中的污染物，载体借助于向上流动的液体或者气体悬浮在流体之中，呈现出流态化状态，该技术拥有生物膜法和活性污泥法的优点。载体作为 FBBR 的介质，一方面可以为微生物提供附着的场所，提高微生物的浓度；另一方面也增大了微生物与污水的接触面积，使其能够更好地与营养物质和氧气接触，保证生物膜的正常生长。此外载体传质阻力小，能够切割、分散气泡，缩短水力停留时间，这些优点均使得生物流化床优于其他反应器，并在工程实践中得到广泛关注。目前生物流化床中应用的载体多为有机多孔性载体、无机多孔性载体和复合多孔性载体 3 类[40]。不同的载体类型也使得反应器具有不同的性能。随着对流化床生物反应器的深入研究和开发，反应器的形式也呈现多样化：根据循环方式的不同可分为外循环、内循环流化床；根据床层内的物相可以分为二相、三相流化床；根据微生物的属性又可分为好氧、厌氧流化床[41]。在工程实践中往往采用多种工艺手段相结合的方式，如厌氧-好氧流化床生物反应器、内循环好氧生物流化床、磁场厌氧生物流化床、脉冲厌氧生物流化床[42]等。

习　题

5-1　理想流化床的特点是什么？

5-2　气泡的作用是什么？

5-3　流态化技术的优缺点是什么？

5-4　什么是临界流化速度？

5-5　什么是散式流化床？

5-6　什么是聚式流态化？

5-7　流态化气泡特征是什么？

5-8　简述流态化数学模型的分类。

5-9　什么叫节涌？

5-10　什么是气流输送？

5-11　流化床反应器如何分类？

5-12　已知流化床反应器内催化剂颗粒粒径为 60μm，其密度为 1500kg/m³，气体密度为 0.54kg/m³，黏度为 2.43Pa·s，分别设计和计算流化床反应器内流体的最小流化速度、带出速度和流化床操作气速。

5-13　某流化床反应器的床高分为三个部分：反应段、扩大段，以及锥形段。已知催化剂的量为 6.7t，催化剂的装填密度为 750kg/m³，计算和设计流化床床高。

5-14 已知上述（习题 5-13）流化床反应器的操作温度为 450℃，操作压力为 0.12MPa，设计温度为 500℃，设计压力为 0.2MPa，由于温度较高，因此，选择 0Cr18Ni9 材料，该种材料在设计温度下的许用应力为 100MPa，流化床体采用双面对接焊，局部无损探伤，取流化床体焊接接头系数为 $\varphi = 0.85$，壁厚的附加量取 $c = 2mm$。试设计该流化床反应器壁厚。

5-15 试描述流化床反应器的形成过程。

<h1 style="text-align:center">参 考 文 献</h1>

[1] 李希，应磊，成有为，等. 甲醇制烯烃多级串联流化床反应器模拟 [J]. 化工学报，2015, 66 (8)：3041~3049.

[2] Zhu Jie, Cui Yu, Chen Yuanjun, et al. Recent researches on process from methanol to olefins [J]. CIESC Journal（化工学报），2010, 61 (7)：1674~1684.

[3] Yan Lixia, Jiang Yuntao, Jiang Binbo, et al. Methanol to propylene process using moving bed technology and itsengineering study [J]. CIESC Journal（化工学报），2014, 65 (1)：2~11.

[4] Keil F J. Methanol-to-hydrocarbons: process technology [J]. Micro. Meso. Mater. , 1999, 29 (1/2)：49~66.

[5] Stocker M. Methanol-to-hydrocarbons: Catalytic materials and their behavior [J]. Micropor Mesopor Mater, 1999, 29 (1/2)：3~48.

[6] Mostoufi N, Cui H P, Chaouki J. A comparison of two-and single-phase models for fluidized-bed reactors [J]. Ind Eng Chem Res , 2001, 40 (23)：5526~5532.

[7] Wei Y X, Yuan C Y, Li J Z, et al. Coke formation and carbon atom economy of methanol-to-olefin reaction [J]. Chem Sus Chem, 2012, 5 (5)：906~912.

[8] Cui H P, Mostoufi N, Chaouki J. Characterization of dynamic gas-solid distribution in fluidized beds [J]. Chem Eng J , 2000, 79 (2)：133~143.

[9] Gilbertson M, Yates J. The motion of particles near a bubble in a gas-fluidized bed [J]. J Fluid Mech, 1996, 323 : 377~385.

[10] Mostoufi N, Cui H P, Chaouki J. A comparison of two-and single-phase models for fluidized-bed reactors [J]. Ind Eng Chem Res, 2001, 40 (23)：5526~5532.

[11] Zheng Kang, Cheng Youwei, Li Xi. Simulation of fluidized bed reactor for methanol to olefins (MTO) process [J]. Journal of Chemical Engineering of Chinese Universities（高校化学工程学报），2012, 26 (1)：69~76.

[12] Bos A N R, Tromp P J J, Akse H N. Conversion of methanol to lower olefins. Kinetic modeling, reactor simulation, and selection [J]. Ind Eng Chem Res, 1995, 34 (11)：3808~3816.

[13] 冯文洁，白永民，樊俊钟. 流态化焙烧技术与国内发展情况 [J]. 山西冶金，2004 (2)：65~66.

[14] 卢全义. 国外氢氧化铝流态化焙烧装置 [J]. 轻金属，1985 (1)：7~15.

[15] Gerhard Deimek. FINMET 直接还原铁厂的生产情况 [J]. 钢铁，2000, 35 (12)：13~15.

[16] 胡俊鸦，周文涛，赵小燕. 铁矿粉还原用流化床类型及其应用 [J]. 世界钢铁，2009 (3)：2~4.

[17] Katharina Forster, Andreas Orth, Jean-Paul Nepper. Direct reduction of Iron Ore Fines Based on Circofer and Its Product Versatility [C]//3rd International Conference on Process Development in Iron and Steel-making, Lulei, Sweden, 2008：213~221.

[18] 毕学工，严渝锶. 流化床技术及其在高炉炼铁中应用前景分析 [J]. 鞍钢技术，2012 (1)：1~5, 34.

[19] 魏飞. 新型气固流化床反应器及其在石油化工过程中的应用 [C] // 中国化工学会石油化工专业委

员会. 中国化工学会 2008 年石油化工学术年会暨北京化工研究院建院 50 周年学术报告会论文集. 中国化工学会石油化工专业委员会, 2008: 2.

[20] Battistoni P, Angelis A D, Prisciandaro M, et al. Premoval from anaerobic supernatants by struvite crystallization: long term validation and process modeling [J]. Water Research, 2002, 36: 1927~1938.

[21] Battistoni P, Pavan P, Pnlsciandaro M, et al. Struvitecrystallization: a feasible and reliable way to fix phosphorus inanaerobic supernatants [J]. Water Research, 2000, 34: 3033~3041.

[22] Korchef A, Saidou H, Amor M B. Phosphate recovery through struvite precipitation by CO_2 removal: effect of magnesium, phosphate and ammonium concentration [J]. Journal of Hazardous Materials, 2011, 186: 602~613.

[23] Münch E V, Barr K. Controlled struvite crystallization for removing phosphorus from anaerobic digester sidestreams [J]. Water Research, 2001, 186: 602~613.

[24] Shimamura K, Ishikawa H, Tanaka T, et al. Use of a seeder reactor to manage crystal growth in the fluidized bed reactor for phosphorus recovery [J]. Water Environment Research, 2007, 79: 406~413.

[25] Corre K S L, Valsami-Jones E, Hobbs P, et al. Struvite crystallization and recovery using a stainless steel structure as a seed material [J]. Water Research, 2007, 41: 2449~2456.

[26] Lee C I, Yang W F, Hsieh C I. Removal of Cu(II) from aqueous solution in a fluidized-bed reactor [J]. Chemosphere, 2004, 57: 1173~1180.

[27] Aldaco R, Garea A, Irabien A. Calcium fiuoride recovery from fluoride wastewater in a fluidized bed reactor [J]. WaterResearch, 2007, 41: 810~818.

[28] 任锦霞. 高氟废水除氟试验研究 [D]. 西安: 西安建筑科技大学, 2005.

[29] 李程文. 流化床结晶法处理高浓度含氟废水 [D]. 长沙: 中南大学, 2011.

[30] Jansen C W. Process for the removal of fluoride from wastewater: US, 5106509 [P]. 1992-04-21.

[31] Aldaco R, Garea A, Irabien A. Modeling of particle growth: application to water treatment in a fluidized bed reactor [J]. Chemical Engineering Journal, 2007, 134: 66~71.

[32] Yang M. Precipitative removal of fluoride from electronics wastewater [J]. Environment Engineering, 2001, 127: 902~907.

[33] Sahinkaya E, Gunes F M, Ucar D, et al. Sulfidogenic fluidized bed treatment of real acid mine drainage water [J]. Bioresource Technology, 2011, 102 (2): 683~689.

[34] 刘先树, 丁桑岚, 刘敏. 内循环三相好氧流化床用于废水脱硫 [J]. 水处理技术, 2008 (12): 65~67.

[35] 韩文清, 张明斗, 邱广亮. 生物膜磁场流化床应用于硫酸盐废水脱硫处理研究 [J]. 内蒙古农业科技, 2009 (6): 57~59.

[36] 夏平安, 崔树荣, 胡志忠. 高氨氮、高含硫废水处理新工艺的研究 [J]. 给水排水, 2002 (3): 43~45.

[37] 刘长荣, 常建一. 含硫废水处理工艺设计探讨 [J]. 水工业市场, 2012 (5): 61~64.

[38] 姜科, 周康根, 李程文, 等. 流化床结晶技术处理含氟废水研究进展 [J]. 污染防治技术, 2010, 23 (3): 68~70.

[39] 林木兰, 游俊仁, 汪惠阳. 鸟粪石法回收废水中磷的反应器研究现状 [J]. 化学工程与装备, 2010 (8): 151~155.

[40] 罗雪梅, 丁桑岚. 流化床生物反应器载体的研究 [J]. 水处理技术, 2010 (7): 20~23.

[41] 张琳, 孙根行, 邹君臣, 等. 生物流化床的研究进展 [J]. 安徽农业科学, 2011 (16): 9806~9807.

[42] 脉冲厌氧流化床反应器 (PAFR 反应器) [J]. 中国环保产业, 2010 (10): 63.

6 冶金过程模拟

6.1 引　言

所谓数学模拟，就是用数学语言表述物理化学现象[1]。科学研究者对于数学模型问题并不陌生。然而，建立适用的数学模型并非易事。这是由于数学模型的建立反映了人们对现象的认识，因而并没有一般的固定法则可循，即使同一现象或过程，若观察的方法或角度不同，也可能得到不同的模型，这更增加了建立数学模型的复杂性。建立一个实际过程的数学模型，既要求对所描述现象的深刻理解，又需要有丰富的想象力和熟练的技巧，以便能用数学形式表示各个过程的特征和相互联系，使其统一在数学模型中。为了建立数学模型，首先要把冶金反应器内发生的复杂过程分解为物体流动、传热、传质和化学反应等基本单元过程，并正确选择描述这些单元过程现象的合适理论依据，建立相应的数学表达式。下面仅就此作简要总结和说明，读者可结合所涉及的章节，逐步加深体会[2]。

6.1.1　将冶金过程变为数学模型的必备知识

首先要根据冶金反应过程确定反应类型，从而假定条件；然后再根据冶金反应过程确定化学反应方程式；最后根据冶金流程选择、确定冶金反应装置（反应器）类型。

6.1.2　将冶金过程变为数学模型的步骤

对于同一现象和过程可能提出不同的模型，首先要根据假定条件确定数学模型的边界条件；由冶金反应化学方程式确定热量、质量平衡方程；然后根据冶金反应装置（反应器）的条件确定动力学方程、动量平衡方程；并且应用与反应器相同类型的质量、热量平衡方程表征研究对象的质量、热量与时间的变化关系；最后用边界条件、反应器几何条件、传输理论和数学方法等求解该过程。

6.2　寻求数学模型函数形式的几种方法

6.2.1　相似准数

应用相似原理建立模型进行实验，是工程技术中常用的经典方法。早在 20 世纪中，雷诺就曾用模型研究河口及河床的冲蚀问题，提出了雷诺准数的概念。现在，水利、航空、热工等领域均广泛应用了模型法。

相似概念首先来源于几何学。当 n 个三角形相似时，其对应边 a_1，a_2，a_3，$\cdots$，a_n；b_1，b_2，b_3，$\cdots$，b_n；c_1，c_2，c_3，$\cdots$，c_n 之间存在以下关系：

（1）$a_1/a_2 = b_1/b_2 = c_1/c_2$；$a_2/a_3 = b_2/b_3 = c_2/c_3$；……；$a_n/a_1 = b_n/b_1 = c_n/c_1$ （6-1）

（2）$a_1/b_1 = a_2/b_2 = a_3/b_3 = \cdots = a_n/b_n$ （6-2）

式（6-1）表示两个系统（模型和原型）之间的比例关系，可以为增减比，或称为相似倍数。一般说，模型和原型应保持几何相似，也就是模型和原型各个对应尺寸保持同一相似倍数，即：

$$L'/L = \lambda,\ A'/A = \lambda^2,\ V'/V = \lambda^3$$ （6-3）

式中　λ——比例系数。

模型和原型中各个相对应的物理量也各有其增减比，而且依据该物理量的因次，可以把它转换为有关基本量的增减比或为相似倍数式。

例如：

$$\rho'/\rho = \lambda_\rho = \lambda_m/\lambda_L^3;\ u'/u = \lambda_u = \lambda_L/\lambda_f$$ （6-4）

式中　λ_ρ——密度相似常数；

　　　λ_m——质量相似常数；

　　　λ_L——长度相似常数；

　　　λ_u——速度相似常数；

　　　λ_t——时间相似常数。

由此可以判断，无因次数的相似倍数式必等于1。例如，模型和原型流动相似时：

$$Re'/Re = \lambda_{Re} = \lambda_\rho \lambda_u \lambda_L/\lambda_\mu = 1$$ （6-5）

即流动相似的条件是 $Re' = Re$。

应用以上原理，可以推算模型和原型间相关量的放大倍数。

一般说，模型和原型各个几何尺寸均应保持相同的增减比。但在某些特殊情况下，几何相似有可能导致物理相似的破坏，例如河流水力模型如为了几何相似使水层很薄，这将导致表面张力的影响增大，甚至使流动特性失真。流体在颗粒中的运动也有类似情况。这时，为了保证物理相似，不得不牺牲几何相似，这种模型称为扭形模型。扭形模型就是和原型间在不同的方向有不同的增减比，例如 x 和 y 方向上的增减比为2，z 方向的增减比为1。

相似准数实质上是各个系统某些有关量的内在比。由式（6-2）可知，当两个系统相似时，对应的内在比相等。内在比不仅可以由几何尺寸构成，也可由相应的物理量构成。由物理量构成的内在比是表征系统物理特征的无因次准数。

例 6-1　在传热问题中，模型和原型均服从 Fourier 传热定律。求其相似条件。已知：

原型
$$\frac{\partial T}{\partial t} = \alpha \frac{\partial^2 T}{\partial x^2}$$

模型
$$\frac{\partial T'}{\partial t'} = \alpha' \frac{\partial^2 T'}{\partial x'^2}$$

两系统的增减比为：$\alpha'/\alpha = \lambda_\alpha$，$T'/T = \lambda_T$，$t'/t = \lambda_t$，$x'/x = \lambda_L$。

解：模型与原型相似时有：

$$\frac{\lambda_T \partial T}{\lambda_t \partial t} = \lambda_\alpha \alpha \frac{\lambda_T \partial^2 T}{\lambda_L^2 \partial x^2}$$

所以
$$\frac{\lambda_T}{\lambda_t} = \lambda_\alpha \frac{\lambda_T}{\lambda_L^2}$$

即
$$\frac{\lambda_\alpha \lambda_T}{\lambda_L^2} = 1$$

或写为
$$\frac{\alpha t}{x^2} = \frac{\alpha' t'}{x'^2}$$

$$\frac{\alpha t}{x} = Fo$$

亦即两系统的 Fourier 准数相等时，模型和原型具有相似的温度场。

可见，两系统物理相似的标准是表征其某一物理特征的内在比相等。例如著名的雷诺数是系统的惯性力和黏性力的比，它表征系统的黏滞流动。附录 II 给出了常用的准数及其代表的内在比关系。应该注意，在掌握相似准数的意义时，重要的是其物理含义，而不只是式子的形式。例如对流传热和传导传热的比 $q_h/q_\lambda = hL/\lambda$，在表示同一相内两种传热能力之比时，称为 Nusselt 准数；而在表示固相传导传热和固相外流体散热的相对大小时，称为 Biot 准数。虽然都是 q_h/q_λ，但两者的物理意义不同，准数名称也不同。

应用内在比方法还可导出新的相似准数。陈家祥在研究钢流吸气问题时，就以铸流拉裂力 $\rho g H^2$ 和铸流维持力 $\sqrt{\mu \sigma u_0}$ 之比作为表征铸流落下过程中表面扰动程度的准数 En。但是除非有特殊需要，应该尽量应用已有的准数，更不应制造实质和已有准数相同而在形式上有些区别的"新"准数。

6.2.2 相似准数的导出

由于对过程的物理特性了解程度有所不同，通常有两种确定相似准数的方法：因次分析法和方程式无因次化。当系统中某一现象不能用合适的方程来描述，但能确切知道与之有关的各个变量时，因次分析是一种确定相似准数的合适方法。

物理量由于其量度方法的区别，可以有不同的单位制。所有物理量之间存在着一定的关系，因此只要规定了几个基本单位，就可以通过各种物理公式推出其余的导出单位。我国采用国际单位制（SI）作为国家法定计量单位。在 SI 中共有 7 个基本单位，在研究反应器问题时很少涉及其中电学和光学方面的单位，经常使用的基本单位是长度（L）、质量（m）、时间（t）和温度（T）。长期以来在工程问题上还使用一种工程单位制，工程单位制把力（F）作为基本单位。在化工和冶金问题的研究中，热量（Q）是最经常使用的单位。为了因次分析的方便，也可以把 Q 作为基本单位看待。这样，$F = ma$ 可写为 m、L、t 的量纲，就构成一个包括 F、m、L、t、T、Q 六单位的因次分析系统。在使用 SI 制时，因次分析只要 m、L、t、T 四单位。在因次分析中，六单位系统比四单位系统更方便；而且过渡到完全使用 SI 制要有一个过程，再加上对过去的文献数据的阅读了解。

因次分析的基本规律是 π 定理，π 定理包括两方面的内容。

（1）每个因次一致的物理方程的解具有如下通式形式：

$$\varphi(\pi_1, \pi_2, \pi_3, \cdots) = 0 \tag{6-6}$$

π_1，π_2，π_3 等代表方程中的物理量和因次常数构成的一组无因次准数。由此可以推断，当物理方程为未知时，可用 π_1，π_2，π_3…等无因次准数群来求得各物理量间的函数关系。

（2）如果在方程中有 n 个独立物理量和因次常数，导出这些物理量的基本单位有 m 个，则无因次准数的数目为 $n-m$。

π 定理是 Buckingham 在 1914 年首先提出的，但 Buckingham 的表述方法有缺点，有可能使归纳出的无因次数数目减少。例如在 $F=ma$ 运动方程中，$n=3$，$m=3$，按 $n-m=3-3=0$，没有无因次数，但实际上有一个无因次数 F/ma。也就是说，$n-m$ 有时比实际存在的无因次数数目少。经分析，F 的因次可由 m 和 a 的因次构成，即 F 是不具有独立因次的物理量。1952 年 Eigenson 对 Buckingham 的表述作了修正，修正的 π 定理表述如下：有 n 个物理量，其中有 r 个物理量的因次互不相同，k 个物理量的因次是独立的，则可导出简单形式的无因次数最多为 $n-r$ 个，复杂形式的无因次数最少为 $(n-k)-(n-r)=r-k$ 个。两者相加，无因次数的总数为 $(n-r)-(r-k)=n-k$ 个。这个表述的数学证明是我国学者石炎福在 1963 年提出的。

由实验数据建立数学模型，关键的问题是如何确定变量间可能存在的函数形式。目前，确定数模的函数形式主要有三种方法。

6.2.2.1 实验理论

相似理论[3]是说明自然界和工程中各相似现象相似原理的学说。是研究自然现象中个性与共性，或特殊与一般的关系以及内部矛盾与外部条件之间的关系的理论。在结构模型试验研究中，只有模型和原型保持相似，才能由模型试验结果推算出原型结构的相应结果。准则数之间的函数形式：$Nu = f(Re, Pr) = aR_e^b P_r^c$。

准则数：几个参量综合而成无因次量，有一定的物理意义。表 6-1 列举了冶金过程模拟中涉及的几个主要准数。

表 6-1 主要相似准数

公　　式	符　号　说　明
雷诺准数 $Re = wl/\nu$	w—空气速度（m/s）；l—特性长度尺寸（m），如风管直径等；ν—气体黏度系数（m²/s）
傅鲁德准数 $Fr = gl/w^2$	g—重力加速度（m/s²）
阿基米德准数 $Ar = gl\Delta t/w^2$	Δt—研究对象与周围空气温度 t_g 的温差（℃）
葛拉晓夫准数 $Gr = gl^3\beta\Delta t/\nu^2$ 蒸发液体的葛拉晓夫准数 $Gr' = gl^3(\rho_g - \rho_1)/\nu^2\rho_1$	$\beta = t_m^{-1}$—空气体积膨胀系数（℃⁻¹）；t_m—物体表面与气体进行热交换的平均温度（℃）；Δt—物体表面与气体的温差（℃）；ρ_g，ρ_1—分别为周围空气和液体表面上蒸汽的密度（kg/m³）
普朗特准数 $Pr = \nu/\alpha = \nu c_p\rho/\lambda$ 扩散的普朗特常数 $Pr' = \lambda/D$	$\alpha = c_p\rho$—导温系数（m²/s）；λ—干空气导热系数（W/(m·℃)）；c_p—气体的定压比热（kJ/(kg·℃)）；$D = D_0(T/273)^m \times 101 \times 325/B$—分子扩散系数（m²/s）；$D_0$—在 $t=0$℃ 和大气压力 $B=101.325$kPa 下的分子扩散系数；$T=t+273$℃；m—指数
努谢尔特准数 $Nu = \alpha l/\lambda = c(GrPr)^n$ 扩散的努谢尔特准数 $Nu = \beta'l/D = c(Gr \cdot Pr')^n$	α—液体的放热系数（W/(m²·℃)）；n—在对流情况下的幂指数；$\beta' = G/F(q_1 - q_g)$—物质的蒸发速度（m/s）；F—蒸发面积（m²）；G—蒸发量（g/s）；q_1，q_g—分别为在蒸发表面上蒸汽的浓度和周围空气中的蒸汽浓度（g/m³）；c—取决于实验条件和气体对流状态的系数
贝克列准数 $Pe = PrRe = l/\alpha$	

6.2.2.2　（专业）经验确立函数模型

（1）常用 n 次多项式拟合实验数据，即：

$$\Phi(x) = a_0 + a_1 x_1 + a_2 x_2 + \cdots + a_n x_n \tag{6-7}$$

式（6-7）常用于工程热力学中，比热随热力学温度变化关系。

（2）多元问题。多元线性方程：

$$Y = a_0 + b_1 x_1 + b_2 x_2 + b_3 x_3 + \cdots + b_n x_n \tag{6-8}$$

（3）指数函数。常应用于放射性同位素测化石年代、概率中的指数分布、细菌的繁殖、原子弹的裂变、元素的衰减、化学反应速度、室内空气品质污染物含量。

（4）S 形曲线。主要用于描述动、植物的自然生长过程，又称生长曲线。

（5）对数函数。就是将乘法运算转换成加法运算，降低复杂度。比如，声压值、空气品质气味浓度的计算，还应用于 pH 值的计算。

（6）幂函数形式。解决冶金过程，其应用主要有传热准则数关联式、幂级数、腐蚀动力学等。

（7）双曲线函数。是拟合地基沉降、水泥土桩极限承载力曲线中常用的函数形式。

6.2.2.3　据实验曲线的形状确定函数形式

将实验数据标绘成曲线，与各种典型曲线对照，确定函数形式。该种方法不涉及太多理论知识，仅需要足够多的实验数据进行对比与参照，即将大量的实验数据进行整理，再参考典型的曲线，对比与典型曲线的相似性，再进行合理的修改，得到函数形式。

6.2.3　因次分析法

当讨论的现象找不出合适的方程描述，但是能确切知道所有可能进入方程的变量时，确定相似特征数的重要方法是因次分析法，也称为量纲分析法。因次分析法的基础是因次和谐原理，即任何一个描述物理现象的方程中，各项的因次必须是和谐的。用因次分析法确定特征数时，必须事先列出影响该现象的所有物理量以及带有因次的常量。若遗漏了某些量，特别是影响大的物理量，将导致特征数减少和重要特征数的遗漏，影响模拟试验的可靠性。

（1）因次分析 π 定理（白金汉定理）。首先确定影响某物理现象的特征数有多少个，然后再去求是哪些特征数。因次分析 π 定理指出："某现象有 n 个物理量描述（包括因次常数），组成这些物理量的基本因次（或量纲）有 m 个，则通过因次分析可以得到 $i = m - n$ 个特征数。"但是上述说法可能导致特征数减少，后来艾兰根对该定理作了修正："一个现象由 n 个物理量描述，其中 r 个物理量的因次是不同的，k 个物理量具有独立的因次，则有简单形式的无因次特征数最多为 $n - r$ 个，有复杂形势的无因次特征数最少为 $(n - k) - (n - r) = r - k$ 个，所以应有的无因次特征数总数为 $(n - r) + (r - k) = n - k$ 个。"

（2）用因次分析法求特征数。可分为两种方法，但实质上是一样的，只是计算技巧上有所差别。

1）瑞利指数法。这是一种代数运算方法。假设影响某一现象的物理量（包括因次常量）有 n 个，分别为 x_1, x_2, x_3, $\cdots$, x_n。则描述该现象的方程为：

$$\Phi(x_1,\ x_2,\ x_3,\ \cdots,\ x_n) = 0 \tag{6-9}$$

式（6-9）中，右边是无因次项。把 $x_i(i = 1, 2, 3, \cdots, n)$ 的因次全部列出，用因次来改写方程，可得：

$$x_1^\alpha x_2^\beta x_3^\gamma \cdots x_n^\omega = （基本因次）0 = \pi \tag{6-10}$$

把设定的各物理量的因次代入式（6-10），并按指数进行整理，就可以得到所求的特征数。

2）应用无量纲（因次）矩阵求特征数。用此法，在计算上不易产生错误。先列出有关物理量和因次常量，然后按基本因次列出无量纲矩阵，写出指数式，按无量纲矩阵标明数代入各指数，按基本因次整理后，以下处理方法同瑞利指数法。

3）直接分析因次得出特征数。对某些影响因素很少的现象，可以直接分析其因次，得出特征数。

6.3　建立 n 次多项式的数学模型

对于多项式 $\Phi(x) = a_0 + a_1 x + a_2 x_2 + \cdots + a_n x_n$，理论和经验证明，当次数增加时，通常可以达到与原函数的任意接近程度。如果有 $n+1$ 对实验数据 (x_i, Φ_i)，可以把数模选成 n 次多项式的形式。解 $n + 1$ 个 $y_i = \Phi(x_i)$ 方程组，即可求出 $n+1$ 个未知的系数 a_0，a_1，a_2，$\cdots a_n$ 之值。

6.3.1　n 次多项式项数的确定

用差分检验法决定多项式模型的项数，步骤：选取成等差数列的自变量数值 x_i；列出对应 x_i 的 y_i 值；一阶差分，二阶差分，三阶差分，……作出差分表（表 6-2）。

表 6-2　差分表

x_i	y_i	Δy_i	$\Delta^2 y_i$	$\Delta^3 y_i$	$\cdots$
x_0	y_0	Δy_0	$\Delta^2 y_1$	$\Delta^3 y_0$	$\cdots$
x_1	y_1	Δy_1	$\Delta^2 y_2$	$\Delta^3 y_1$	$\cdots$
x_2	y_2	Δy_2	$\Delta^2 y_3$	$\Delta^3 y_2$	$\cdots$
x_3	y_3	Δy_3	$\Delta^2 y_4$	$\vdots$	$\cdots$
x_4	y_4	Δy_4	$\vdots$		
x_5	y_5	$\vdots$			
$\vdots$	$\vdots$				

原则：当第 n 阶差分列内所有的数值接近相等时，就意味着用 n 次多项式来表示未知函数已足够准确。

例 6-2　试求水的热容 c 与温度 T 之间的数学模型。实测数据见表 6-3。

解：一阶差分 Δc 与二阶差分 $\Delta^2 c$ 都已算出，这里二阶差分已接近常数，故 c 与 T 的关系可以用二次多项式予以表达，即 $c = a_0 + a_1 T + a_2 T^2(t, T)$。

表6-3 热容差分表

T	c	Δc	$\Delta^2 c$
5	1.0029	−16	3
10	1.0013	−13	3
15	1.0000	−10	3
20	0.9990	−7	3
25	0.9983	−4	3
30	0.9979	−1	4
35	0.9978	+3	3
40	0.9981	6	3
45	0.9987	9	
50	0.9996		

注：表中以最后一位有效数字的数量级作为差分单位。

6.3.2 求二次多项式模型的系数

对于多项式 $c = a_0 + a_1 T + a_2 T_2$，利用牛顿差值公式，用两点插值，从直线方程点斜式出发，得到：

$$y(x) = y_0 + \frac{y_1 - y_0}{x_1 - x_0}(x - x_0) \tag{6-11}$$

或

$$y(x) = y_0 + \frac{\Delta y_0}{h}(x - x_0) \tag{6-12}$$

推广到具有 $n+1$ 个插值点的情况，可得：

$$y = y_0 + \frac{\Delta y_0}{h}(x - x_0) + \frac{\Delta^2 y_0}{2h^2}(x - x_0)(x - x_1) + \cdots + \frac{\Delta^n y_0}{n!\ h^n}(x - x_0)(x - x_1)\cdots(x - x_{n-1}) \tag{6-13}$$

可以看出，牛顿插值公式的优点是增加一个节点时，只要再增加一项就行了。

$$y_n(x) = b_0 + b_1(x - x_0) + b_2(x - x_0)(x - x_1) + \cdots + b_n(x - x_0)(x - x_1)\cdots(x - x_{n-1}) \tag{6-14}$$

对于上述多项式可展开成如下形式：

$$y = a_0 + a_1 x + a_2 x_2 + \cdots + a_n x_n \tag{6-15}$$

运用式（6-16）时，只需要确定 a_0、a_1、a_2 等系数值。

例如，二次多项式 $y = a_0 + a_1 x + a_2 x_2$，

$$y = y_0 + \frac{\Delta y_0}{h}(x - x_0) + \frac{\Delta^2 y_0}{2h^2}(x - x_0)(x - x_1) \tag{6-16}$$

$$y = y_0 - \frac{\Delta y_0}{h}x_0 + \frac{\Delta y_0}{h}x + \frac{\Delta^2 y_0}{2h^2}(x^2 - x_0 x - x_1 x + x_0 x_1) \tag{6-17}$$

$$a_0 = y_0 - \frac{\Delta y_0}{h}x_0 + \frac{\Delta^2 y_0}{2h^2}x_0 x_1$$

$$a_1 = \frac{\Delta y_0}{h} - \frac{\Delta^2 y_0}{2h^2}x_0 - \frac{\Delta^2 y_0}{2h^2}x_1 \quad (6\text{-}18)$$

$$a_2 = \frac{\Delta^2 y_0}{2h^2}$$

将 h、y_0、Δy_0、$\Delta^2 y_0$、x_0、x_1 值代入式（6-18）后，即可求得公式系数 a_0、a_1、a_2 值。

6.3.3 求三次多项式模型的系数

对于三次多项式 $y = a_0 + a_1 x + a_2 x_2 + a_3 x_3$，

$$y = y_0 - \frac{\Delta y_0}{h}x_0 + \frac{\Delta y_0}{h}x + \frac{\Delta^2 y_0}{2h^2}(x^2 - x_0 x - x_1 x + x_0 x_1) + \frac{\Delta^3 y_0}{6h^3}(x^3 - x_0 x^2 - x_1 x^2 +$$

$$x_0 x_1 x - x_2 x^2 + x_0 x_2 x + x_1 x_2 x - x_0 x_1 x_2)$$

$$a_0 = y_0 - \frac{\Delta y_0}{h}x_0 + \frac{\Delta^2 y_0}{2!h^2}x_0 x_1 - \frac{\Delta^3 y_0}{3!h^3}x_0 x_1 x_2$$

$$a_1 = \frac{\Delta y_0}{h} - \frac{\Delta^2 y_0}{2!h^2}(x_0 - x_1) + \frac{\Delta^3 y_0}{3!h^3}(x_0 x_1 + x_0 x_2 + x_1 x_2)$$

$$a_2 = \frac{\Delta^2 y_0}{2!h^2} - \frac{\Delta^3 y_0}{3!h^3}(x_0 + x_1 + x_2) \quad (6\text{-}19)$$

$$a_3 = \frac{\Delta^3 y_0}{3!h^3}$$

推而广之，n 次多项式模型的系数通式为：

$$a_0 = y_0 + \sum_{k=1}^{n}(-1)^k \frac{\Delta^k y_0}{k!h^k}\prod_{i=0}^{k-1}x_i \quad (6\text{-}20)$$

$$a_i = \sum_{k=i}^{n}(-1)^{k-i}\frac{\Delta^k y_0}{k!h^k}c_{k_i} \quad (i = 1,\ 2,\ 3,\ \cdots,\ n) \quad (6\text{-}21)$$

式中

$$c_{k_i} = \begin{cases} \displaystyle\sum_{k_j=0}^{k-i}\ \sum_{k_{j-1}=k_{i+1}}^{k-(i-1)}\ \sum_{k_{j-2}=k_{j-1}+1}^{k-(i-2)}\cdots\sum_{k_1=k_2+1}^{k-1} \\[2mm] x_{k_j}^{-1}x_{k_{j-1}}^{-1}x_{k_{j-2}}^{-1}\cdots x_2^{-1}x_1^{-1}\displaystyle\prod_{k_0=0}^{k-1}x_{k_0} \\[2mm] (k = i+1,\ i+2,\ \cdots,\ n;\ k_j = i) \\[1mm] 1 \qquad (k = i) \end{cases} \quad (6\text{-}22)$$

式中，i 为行号，k 为列号，k_i 为运算下标，$k_j = i$，但不等于零。

例如：当 $i = 1$ 时有：

$$c_{k_1} = \begin{cases} \sum_{k_1=0}^{k-1} x_{k_1}^{-1} \prod_{k_0=0}^{k-1} x_{k_0} & (k = 2,\ 3,\ \cdots,\ n) \\ 1 & (k = 1) \end{cases} \tag{6-23}$$

$i = 2$ 时有：

$$c_{k_2} = \begin{cases} \sum_{k_2=0}^{k-2} \sum_{k_1=k_2+1}^{k-1} x_{k_2}^{-1} x_{k_1}^{-1} \prod_{k_0=0}^{k-1} x_{k_0} & (k = 3,\ 4,\ \cdots,\ n) \\ 1 & (k = 2) \end{cases} \tag{6-24}$$

例 6-3 求例 6-2 中二次多项式模型的系数。

解：
$$c = a_0 + a_1 T + a_2 T^2$$

$$\begin{cases} a_0 = y_0 - \dfrac{\Delta y_0}{h} x_0 + \dfrac{\Delta^2 y_0}{2h^2} x_0 x_1 \\[3mm] a_1 = \dfrac{\Delta y_0}{h} - \dfrac{\Delta^2 y_0}{2h^2} x_0 - \dfrac{\Delta^2 y_0}{2h^2} x_1 \\[3mm] a_2 = \dfrac{\Delta^2 y_0}{2h^2} \end{cases}$$

在求二次多项式系数时，用到：

a_0——y_0，Δy_0，$\Delta^2 y_0$，h，x_0，x_1；

a_1——Δy_0，$\Delta^2 y_0$，h，x_0，x_1；

a_2——$\Delta^2 y_0$，h。

具体数值见表 6-4；Δy_0、$\Delta^2 y_0$、Δc_0、$\Delta^2 c_0$ 取平均值。

表 6-4   差分表

T	c	Δc_0	$\Delta^2 c_0$
5	1.0029	−16	3
10	1.0013	−13	3
15	1.0000	−10	3
20	0.9990	−7	3
25	0.9983	−4	3
30	0.9979	−1	4
35	0.9978	+3	3
40	0.9981	6	3
45	0.9987	9	
50	0.9996		

注：表中以最后一位有效数字的数量级作为差分单位。

除了与差分有关，a_0 与 x_0、y_0 有关，a_1 与 x_0 有关，用其他点作为 x_0、y_0 代入，求出不同的 a_0、a_1，a_0、a_1 取平均值。a_2 与 x_0、y_0 无关。见表 6-5。

表 6-5　差分表

T	c	Δc	a_0	a_1	$c_{计算}$
5	1.0029	−0.0016	1.0048	−0.000414	1.0029
10	1.0013	−0.0013	1.0048	−0.000416	1.0013
15	1.0000	−0.0010	1.0045	−0.000419	1.0000
20	0.9990	−0.0007	1.0049	−0.000421	0.9990
25	0.9983	−0.0004	1.0050	−0.000424	0.9983
30	0.9979	−0.0001	1.0051	−0.000426	0.9979
35	0.9978	0.0003	1.0045	−0.000409	0.9979
40	0.9981	0.0006	1.0046	−0.000411	0.9981
45	0.9987	0.0009	1.0047	−0.000414	0.9996
50	0.9996	—	—	—	—

取平均值 $a_0 = 1.0048$，$a_1 = -4.17 \times 10^{-4}$。

数学模型为：

$$c = 1.0048^{-4.17} \times 10^{-4} T + 6.25 \times 10^{-6} T^2$$

与工程热力学结果一致。c 计算与实测 c 比较，两者完全吻合。插值法要求曲线过实验点。过分地追求符合实验数据（即使曲线通过实验点）也是徒劳无益的。采用牛顿插值公式求二次多项式数模的系数，与回归分析或曲线拟合法不同。不同之处可以概括为，第一，插值是通过实验点连接曲线。第二，回归和拟合是在实验点附近找出较靠近的曲线。插值公式所求出的结果要准确些（前提：测量数据准确无误差），实验误差敏感。

6.4　根据实验曲线选取数学模型

当出现理论推导和专业经验均无法确定函数形式，或者多项式方次高的情况时，需要根据实验曲线选取数学模型。其转化步骤为：将实验数据标绘成曲线；按曲线的形状，对照各种典型曲线，初选一个函数形式；用直线化检验法鉴别选择是否合理。

6.4.1　数模选择的直线化法

直线化转化：根据所选出的函数 $y = f(x)$，确定转换关系（根据原函数特点）：

$$X = \Phi(x, y)$$
$$Y = \Psi(x, y)$$

然后转换成线性函数 $Y = A + BX$。所选函数是否可行的检验方法是：第一，将已知（实测）的 (x_i, y_i) 值代入变量转换公式，求出成对新变量值 (X_i, Y_i)；第二，以新变量为坐标，将新变量值绘在直角坐标 (X, Y) 上；第三，如果这些坐标点接近一条直线，表明所初选的模型公式 $y = f(x)$ 合适。

6.4.2　适合于线性化的典型函数及图形

为便于将实验曲线与典型曲线对照初选数学模型，列出了一些非线性方程、典型图示和线性化的变换方法。

6.4.2.1 幂函数模型

幂函数模型函数图像如图 6-1 所示；幂函数模型的一般形式为：

$$Y_i = AX_{1i}^{\beta_1}X_{2i}^{\beta_2}\cdots X_{ki}^{\beta_k}\mathrm{e}^{u_i} \tag{6-25}$$

对上式两边取对数得到：

$$\ln Y_i = \ln A + \beta_1\ln X_{1i} + \beta_2\ln X_{2i} + \cdots + \beta_k\ln X_{ki} + u_i \tag{6-26}$$

令 $Y_i^* = \ln Y$，$\beta_0 = \ln A$，$X_{1i}^* = \ln X_{1i}$，$X_{2i}^* = \ln X_{2i}$，$\cdots$，$X_{ki}^* = \ln X_{ki}$，则可将原模型化为标准的线性回归模型：

$$Y_i^* = \beta_0 + \beta_1X_{1i}^* + \beta_2X_{2i}^* + \cdots + \beta_kX_{ki}^* + u_i$$

幂函数最重要的应用就是级数。利用幂级数可以把任意一个函数表示成多项式，方便近似计算。

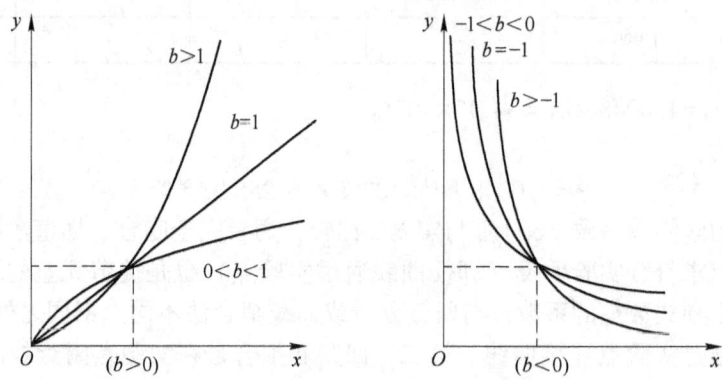

图 6-1 指数型 $y=ax^b$ 函数模型曲线

6.4.2.2 指数函数模型

指数函数模型函数图像如图 6-2 所示，指数函数模型的一般形式为 $Y_i = A\mathrm{e}^{bX_i+u_i}$，对上式两边取对数得到 $\ln Y_i = \ln A + bX_i + u_i$。令 $Y_i^* = \ln Y_i$，$\alpha = \ln A$，则可将原模型化为标准的线性回归模型：

$$Y_i^* = \alpha + bX_i + u_i \tag{6-27}$$

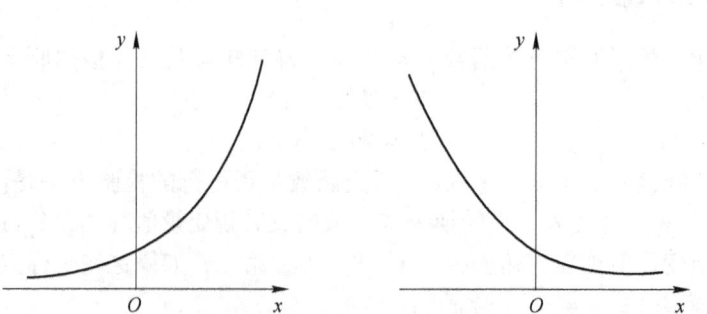

图 6-2 指数函数 $y = aex$ 的曲线

该模型常应用于放射性同位素测化石年代、概率中的指数分布、细菌的繁殖、原子弹的裂变、元素的衰减、室内空气品质污染物含量。

6.4.2.3　对数函数模型

对数函数模型函数图像如图 6-3 所示，对数函数模型的一般形式为：$Y_i = \alpha + \beta X_i + u_i$，令 $X_i^* = \ln X_i$，则可将原模型化为标准的线性回归模型：

$$Y_i = \alpha + \beta X_i^* + u_i \tag{6-28}$$

对数函数常应用于 pH 值的计算 $\mathrm{pH} = -\lg(H + \cdots)$。

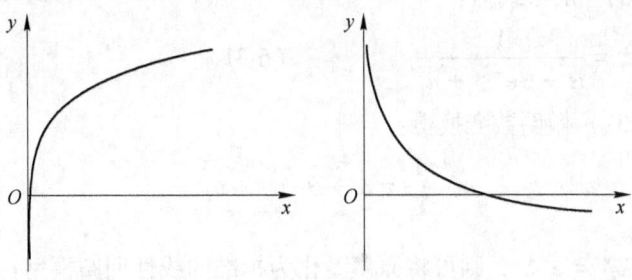

图 6-3　对数 $y = a + \lg x$ 型曲线

6.4.2.4　双曲线函数模型

双曲线函数模型函数图像如图 6-4 所示，$xy = 1$，即双曲线函数，双曲线函数模型的一般形式为：

$$\frac{1}{Y_i} = \alpha + \beta \frac{1}{X_i} + u_i \tag{6-29}$$

令 $Y_i^* = \dfrac{1}{Y_i}$，$X_i^* = \dfrac{1}{X_i}$，则可将原模型化为标准的线性回归模型：

$$Y_i^* = \alpha + b X_i^* + u_i \tag{6-30}$$

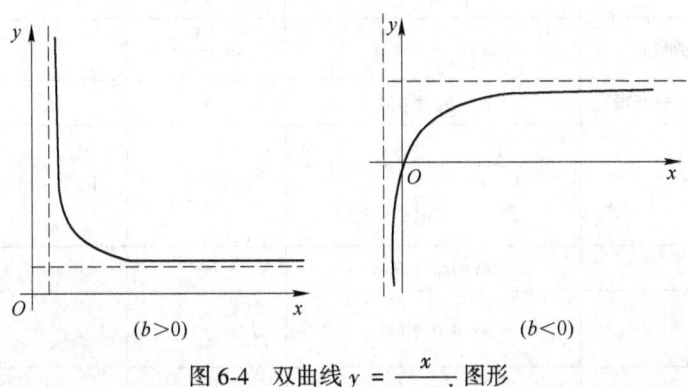

$(b>0)$ $\qquad$ $(b<0)$

图 6-4　双曲线 $y = \dfrac{x}{ax + b}$ 图形

双曲线函数是拟合地基沉降、水泥土桩极限承载力曲线中常用的函数形式。

6.4.2.5　S 形曲线（生长曲线）

S 形曲线模型函数图像如图 6-5 所示。

S形曲线主要用于描述动、植物的自然生长过程，又称生长曲线。一般，事物总是经过发生、发展、成熟三个阶段，每一个阶段的发展速度各不相同。通常在发生阶段变化速度较为缓慢在发展阶段变化速度加快，在成熟阶段变化速度又趋缓慢。

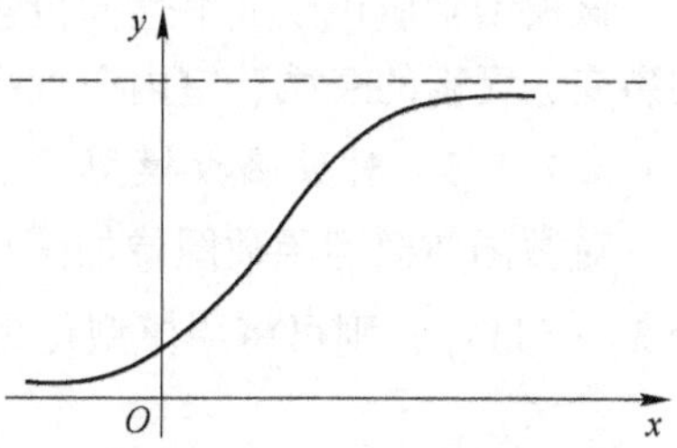

图 6-5　S形曲线 $y = \dfrac{1}{a + be^{-x}}$ 图形

按上述三个阶段发展规律得到的变化曲线为生长曲线。

S形曲线模型的一般形式为：

$$Y_i = \frac{1}{\alpha + \beta e^{-X_i} + u_i} \tag{6-31}$$

首先对式（6-31）做倒数变换得：

$$\frac{1}{Y_i} = \alpha + \beta e^{-X_i} + u_i \tag{6-32}$$

令 $Y_i^* = \dfrac{1}{Y_i}$，$X_i^* = e^{-X_i}$，则可将原模型化为标准的线性回归模型：

$$Y_i^* = \alpha + \beta X_i^* + u_i \tag{6-33}$$

6.4.2.6　多项式函数模型

多项式函数模型的一般形式为：$Y_i = \beta_0 + \beta_1 X_i + \beta_2 X_i^2 + \cdots + \beta_k X_i^k + u_i$，令 $Z_{1i} = X_i$，$Z_{2i} = X_i^2$，$\cdots$，$Z_{ki} = X_i^k$，则可将原模型化为标准的线性回归模型：

$$Y = \beta_0 + \beta_1 Z_{1i} + \beta_2 Z_{2i} + \cdots + \beta_k Z_{ki} + u_i \tag{6-34}$$

一些常用非线性方程的线性化形式见表 6-6。

表 6-6　常用非线性方程的线性化

非线性方程	线性化方程	线性化变量		
		Y	X	Z
（1）$y = 1 - e^{-a_0 x}$（指数）	$\ln\dfrac{1}{1-y} = a_0 x$	$\ln\dfrac{1}{1-y}$	x	—
（2）$y = a_0 + a_1 \sqrt{x}$（平方根）	$y = a_0 + a_1 x$	y	$\sqrt{x}$	—
（3）$y = 1 - e^{-\left(\frac{x-x_0}{\theta-x_0}\right)^b}$（维布尔）	$\ln\ln\dfrac{1}{1-y} = -b\ln(\theta - x_0) + b\ln(x - x_0)$	$\ln\ln\dfrac{1}{1-y}$	$\ln(x - x_0)$	
（4）$y = ax^b$（对数）	$\ln y = \ln a + b\ln x$	$\ln y$	$\ln x$	—
（5）$y = a + \dfrac{b}{x}$	$y = a + bx$	y	$\dfrac{1}{x}$	—
（6）$y = e^{a+bx}$	$\ln y = a + bx$	$\ln y$	x	—
（7）$e^y = a_0 x^{a_1}$	$y = \ln a_0 + a_1 \ln x$	y	$\ln x$	—
（8）$y = a_0 x^{a_1} z^{a_2}$	$\ln y = \ln a_0 + a_1 \ln x + a_2 \ln z$	$\ln y$	$\ln x$	—
（9）$y = a_0 + a_1 x + a_2 \sqrt{z}$	$y = a_0 + a_1 x + a_2 z$	y	x	$\sqrt{z}$
（10）$y = a_0 e^{a_1 x + a_2 z}$	$\ln y = \ln a_0 + a_1 x + a_2 z$	$\ln y$	x	z

对于每一个函数，针对不同的系数值，给出了许多条曲线，所得的数学模型应严格限制在相应范围内使用。需要注意的是：第一，实验曲线可能只与典型曲线的一部分（在某区间内）相同；第二，试验曲线的不同部分对应不同的典型曲线。

例 6-4　试求办公楼类建筑空调所需冷冻机容量 R（kJ/h）与建筑规模（面积 A_t）大小的经验总结公式。表 6-7 为办公楼建筑冷冻机容量。

表 6-7　办公楼建筑冷冻机容量

建筑面积 $A_t/\times 10^3\,\mathrm{m}^2$	0.73	0.88	1.00	1.80	2.30	2.50
冷机容量 $R/\times 12660\,\mathrm{kJ \cdot h^{-1}}$	25	31	33	57	80	91

解：（1）在直角坐标上绘制容量曲线。对照典型曲线初选函数形式。

实际曲线与图中的幂函数，$y = ax^b$，当 $b>1$ 时的曲线非常相似。初选函数形式 $R = aA_t^b$，函数图像如图 6-6 所示。

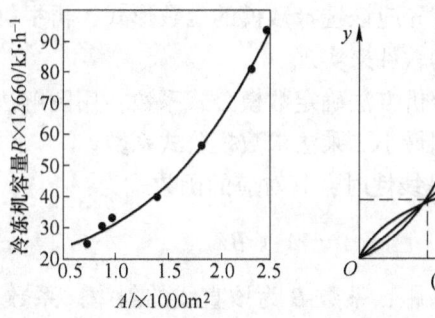

图 6-6　冷冻机容量曲线

（2）进行线性化转换。对上式取对数，得：

$$\lg R = \lg a + b\lg A_t$$

新变量：$Y = \lg R$，$X = \lg A_t$。

（3）验证所选公式。将已知数据，在双对数坐标上绘制容量曲线。此曲线呈一直线，说明初选函数符合实际情况。图像如图 6-7 所示；具体数值见表 6-8。

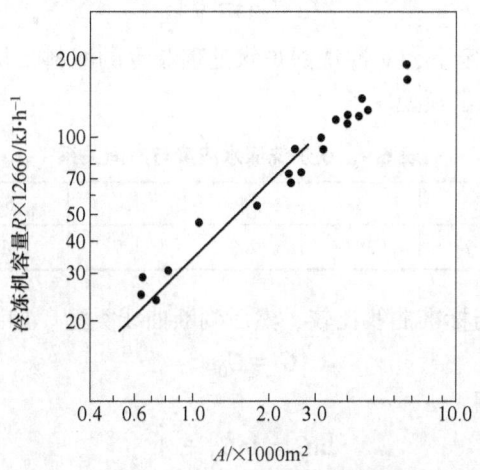

图 6-7　线性化后的冷冻机容量曲线

表 6-8　办公楼建筑冷冻机容量总结

建筑面积 $A_t / \times 10^3 \mathrm{m}^2$	0.73	0.88	1.00	1.80	2.30	2.50
冷机容量 $R / \times 12660 \mathrm{kJ \cdot h^{-1}}$	25	31	33	57	80	91

（4）求公式系数 a 和 b。在上表中取直线上相距较远两点的数 $A_{t1} = 0.73$，$R_1 = 25$；$A_{t2} = 2.50$，$R_2 = 91$，代入模型公式 $\lg R = \lg a + b \lg A_t$ 中，求得公式系数：

$$a = 34.5; b = 1.049$$

其经验公式为：

$$R = 34.5 A_t^{1.049} \tag{6-35}$$

6.5　求数学模型公式系数的方法

求解数学模型公式系数，首先应该选择数模的函数形式，再根据实测数据来确定数学模型公式系数；也可以借助工具软件来实现。

从原理上，可用三种数值分析方法确定数模公式系数：用图解法求公式系数；用平均值法求数学模型的公式系数；用最小二乘法求数模公式系数。

（1）当所研究的函数形式是线性时，其对应的函数式为：

$$Y = A + BX \tag{6-36}$$

其中系数 A 为该直线与 Y 轴的截距；系数 B 为该直线的斜率。系数 A 可由直线与 Y 轴的交点的纵坐标定出。

系数 B 可由直线与 OX 轴夹角的正切（$\tan\alpha$）求出。用图解法很直观，也能达到一定精度。

（2）也可选取直线上相互距离较远的两个点（两点一线），即两对实测数据 (X_1, Y_1)、(X_2, Y_2) 代入模型式 $Y = A + BX$，直接求解两方程，即：

$$Y_1 = A + BX_1$$

$$Y_2 = A + BX_2$$

例 6-5　在水流量恒定下，对冲洗锅炉水处理装置的滤料，得出洗涤水浓度 C 与时间 t 的关系（表 6-9），求数学模型。

表 6-9　锅炉洗涤水浓度与时间关系

t / min	1	2	3	4	5	6	7	8
$C / \mathrm{g \cdot L^{-1}}$	6.6	4.7	3.3	2.3	1.7	1.15	0.78	0.58

解：通过绘图，并与标准曲线比较，然后判断曲线类型。如图 6-8 所示，有：

$$C = C_0 e^{At} \tag{6-37}$$

等式两边取对数，得：

$$\ln C = \ln C_0 + At \tag{6-38}$$

将实验数据绘在半对数纸上，因所有点均在一条直线上，故所选指数模型是正确的。

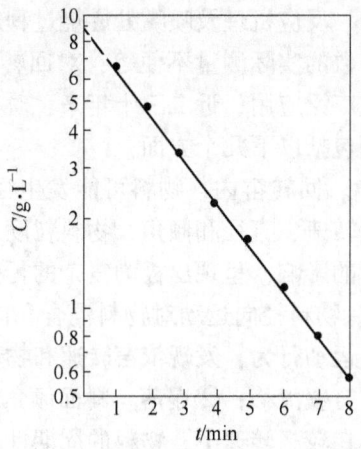

图 6-8   锅炉洗涤水浓度与时间曲线图

在表中选择两对相距"较远"的数据，如 $t_1 = 1$，$C_1 = 6.6$，$t_2 = 5$，$C_2 = 0.56$ 代入模型中，求 A、C_0。

所求数学模型为：

$$C = 9.4e^{-0.352t} \tag{6-39}$$

6.6   冶金过程数学模拟实例分析

6.6.1   回转窑数学模拟

回转窑作为处理粒、粉状固体物料的连续式反应器，自 20 世纪应用于工业生产以后，在化工、建筑材料和冶金等领域中得到了广泛的应用。在冶金或与冶金有关的工业中，就可举出铁矿石球团生产、铬铁矿球团预还原、铁矿石煤基直接还原、含氧化铝生料的烧结及石灰石煅烧等多种回转窑应用的实例。回转窑得到如此广泛的应用，是由于它具有可以处理粒度分布很广的固体物料，窑内物料流动具有接近活塞流的性质，可以使用天然气、煤粉和重油等多种类型的燃料且燃料对产品污染较小，可方便地调节和控制窑内温度分布等优点。

回转窑是有稍许倾斜角的长圆筒形反应器。运行时，物料从窑的较高一端（称窑尾或冷端）以一定给料量连续加入窑内，并随着窑体的转动向另一端（称窑头或热端）缓慢移动。在移动过程中，物料发生混合、加热或化学反应，处理完的物料从窑头连续排出。与竖炉固定床或移动床反应器比较，回转窑在操作上的重大特点在于固体物料的断面填充率很低，其上方存在着可供气体流通的很大自由空间，回转窑内物料的转化主要是依靠料层内反应来完成的，而自由空间流动的气流主要起向料层供热和接受料层中产生的气体产物的作用。回转窑的热源，主要靠设置在物料出口端（气固两相逆流情况）或入口端（气固两相并流情况）的主喷嘴喷入的燃料和助燃空气燃烧来供给。由于主喷嘴只能从窑的一端开始，在有限距离内形成火焰，因此，为了调节窑内料层温度的轴向分布、改善反应条件，有的回转窑在轴向上不同部位设置一些辅助喷嘴，喷入空气、辅助燃料或辅助反应物料等。

由于回转窑内的物料运动、反应机理及喷嘴处燃烧过程难以描述，窑壁、物料及气流之间传热过程复杂以及窑内参数的实际测量不便等，对回转窑过程数学模拟的研究较晚。但是，由于回转窑在许多领域广泛应用，近二三十年来，对其数学模型和操作解析方面也作了许多有意义的研究，主要包括以下几个方面：

（1）物料在窑内运动规律。回转窑内，物料可能发生径向（断面）运动和沿轴向的移动两种运动模式，二者受窑转速、直径和倾角，物料粒度、形状、填充率和安息角及物料和窑壁间的摩擦等多种因素的影响，呈现出极为复杂的行为。

1）窑内物料的径向运动。物料径向运动对物料混合和向床层传热等有重要影响。有相关学者详细研究了物料径向运动行为，发现依窑转速和物料性能不同，可能有 6 种径向运动模式：①滑移：物料相对窑壁滑移；②塌落：料面倾角升至某角度 $\varPhi_R$ 时，塌落至低于物料静态安息角；③滚落：在较高转速下，物料的周期性塌落变为在料层表面上滚落模式，而滚落区连续得到来自内部的物料补充，料面倾角大致不变；④跌落：继续增加转速，料层上角的固体在呈 S 形状运动；⑤抛落：物料做抛物线运动，下落过程中与热气充分接触；⑥离心：转速足够大时，物料在离心力作用下沿整个窑壁均匀分布，颗粒物混合。

在实际回转窑操作中，物料运动通常没有后两种模式，而滑移模式不利于物料的混合及伴随的传热。有学者在刚体力学基础上，考虑了重力、离心力、颗粒之间摩擦力间的平衡及固体流动的能量最低原理，对上述各种径向运动模式及其相互转变的条件进行了数学模型化尝试，针对不同物料，计算了完全的床层行为图。

2）物料在窑内轴向移动。窑尾供料速度和窑内物料轴向流动速度二者决定窑内的物料填充率。为提高生产能力，希望物料填充率较大，但物料填充率越高越不利于物料的混合及对其传热，通常回转窑的物料填充率以保持在 15%～18% 之间为宜。如果认为窑内物料类似螺旋式的运动，可以从理论上导出窑回转一周颗粒向前移动距离的复杂计算式。但是，根据实测的窑内轴向移动速度，归纳出的一些经验公式，形式简单，误差一般只有百分之几。

（2）回转窑内的传热过程解析。回转窑可以看作是一个利用自由空间中流动的热气流把物料加热到反应温度的热交换器。窑内发生的传热过程十分复杂，多数回转窑操作都是窑内直接点火的，所以可把窑分为火焰区和非火焰区，前者的辐射气体大部分集中在火焰区内，而后者的辐射气体占满整个自由空间。窑内可能发生的传热过程有：自由空间气流对暴露的料层表面的辐射和对流；自由空间气流对暴露的窑内壁面的辐射和对流；暴露的窑内壁面对暴露的料层表面的辐射；暴露的窑内壁面对暴露窑内壁面的辐射；被覆盖的窑内壁面对料层的热辐射、对流和传导；内外壁面之间的导热和窑外壁面对环境的辐射和对流热损失。

对各个传热过程进行解析及确定其传热系数大小，以研究它们的相对重要性对于控制窑内温度分布是非常重要的。已发表了许多这方面的研究，这里不再引述。

（3）回转窑操作过程数学模拟。初期的回转窑操作过程的数学模型研究主要是针对以传热过程为主的回转窑进行的，例如，回转窑水泥烧成过程的传热模拟，生产铁矿石氧化球团的回转窑以及考虑干燥、热分解等较为简单反应的氧化铝烧成用回转窑数学模型。自 20 世纪 60 年代开发铁矿石煤直接还原技术以来，冶金工作者对回转窑反应器的研究日益增多，发表了许多包括化学反应过程在内的回转窑操作过程数学模型。例如，有研究者将回转窑铁矿石的直接还原过程作为非稳态固定床来进行的模拟研究。Venkateswaran 等研究了针对 SL/RN 直接还原过程的数学模拟等。肖兴国等针对煤基直接还原铁矿石回转窑、铬铁矿含炭球团的回转窑预还原及生产炼钢用活性石灰的石灰石煅烧回转窑过程都进行了数学模型解析研究。

如果清楚回转窑内气体和物料的流动、各相之间传热及传质等物理过程的规律，并能设法用数学公式进行描述，则只要搞清窑内进行的各种反应的宏观动力学规律（即各综合反应速度式），就有可能建立回转窑过程数学模拟，并通过数值求解，进行操作过程解析、操作条件优化及回转窑设计等。

6.6.2 RH 数学模拟

RH 法（又称循环法或环流法）真空脱气反应器如图 6-9 所示。

主体设备由真空槽和钢包构成。真空槽连接真空抽气系统并使其保持一定真空度，在其下部设有插入被精炼钢水中的上升管和下降管，并向上升管通入一定流量的氩气。由于气泡泵起现象（浮力作用），上升管内与氩气混合的钢水将上升流入真空槽，在槽内脱气，经脱气的钢水在重力作用下，经下降管流回钢包，如此反复形成连续的循环脱气过程。

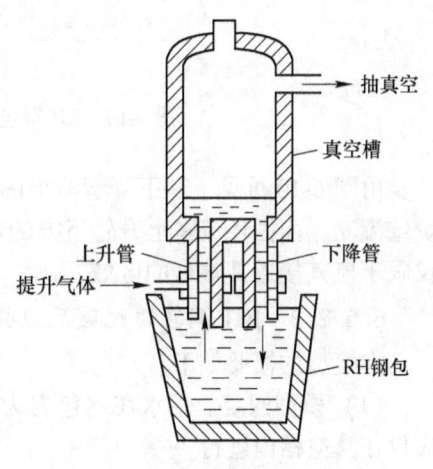

图 6-9 RH 真空脱气装置

在上述循环操作中，可有下面三种脱气方式：在上升管内钢水向氩气泡中脱气，在真空槽内钢水通过自由表面的脱气及由于真空槽内氩气泡破裂使部分钢水形成分散液滴而进行的脱气。在推导模型的数学表达式中假定：（1）上升管内钢水和气泡流动均为活塞流；（2）气泡为球形且不发生聚合；（3）液相传质是脱气过程的控制环节。

加藤等提出了 RH 真空脱气钢包内钢水流动及脱碳反应模型。该模型首先对 RH 真空脱气钢包内钢水流动进行了流体力学解析，并通过水模型实验验证其适用性后，建立了考虑钢包内流动状态的脱碳反应模型，并对 RH 装置的脱碳过程进行了解析。

6.6.2.1 钢包内钢水流动的理论解析

作为不可压缩流体的钢水流动，其连续性方程和运动方程分别为：

$$(\nabla \cdot u) = 0, \quad \rho[\nabla \cdot uu] = \nabla \cdot (\mu_e \nabla \cdot u) - \nabla p$$

$$\mu_e = \mu + \mu_t \tag{6-40}$$

式中　　u——钢水的速度矢量，m/s；

　　　　ρ——钢水密度（计算中取 $\rho = 7000\text{kg/m}^3$）；

　　　　p——压力，Pa；

μ_e，μ，μ_t——分别为钢水的有效黏度、分子黏度和湍流黏度，计算中取 $\mu = 7 \times 10^{-3}\text{kg/(m·s)}$，$\mu_t$ 采用湍流条件的 $\kappa\text{-}\varepsilon$ 双方程模型计算。

数值计算是在圆柱坐标系下，采用 Phoenics 通用程序进行。计算中在半径、圆周和高度上的格点数分别为 14、38 和 15。图 6-10 所示为 RH 钢包内主截面上的钢水流线的计算结果。

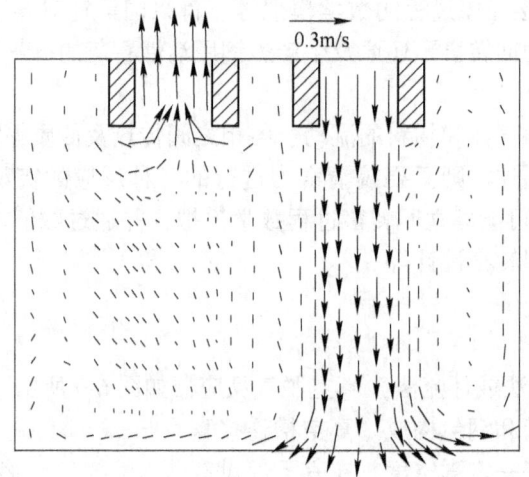

图 6-10　RH 钢包内主截面上的钢水流线的计算结果

由图 6-10 可见，从下降管流出的钢水在向下流动时基本上不扩展，在到达炉底后沿炉壁流动，而循环流在上升管下方的炉底部和下降流的右方形成，上升管的流体抽吸影响仅限于极其接近其端口的区域。

6.6.2.2　RH 钢包的脱碳反应模型

本模型的概要如下。

(1) 模型假定。钢水在钢包内为非理性流动，在真空槽内为完全混合流动；脱碳反应仅在真空槽内进行。

(2) 基本方程。将停留时间分布函数概念应用于钢包内碳的质量平衡，分别对钢包和真空槽写出基本方程：

钢包：

$$C_{out}(t) = \int_0^\infty C_{in}(t - t') E(t') \, dt'$$

$$C_L(t) = \int_0^\infty C_{in}(t - t') I(t') \, dt' \tag{6-41}$$

真空槽：

$$V_V dC_V(t)/dt = q \left| C_{out}(t) - C_{in}(t) \right| - a_k \left| C_V(t) - C^*(t) \right| \tag{6-42}$$

式中　$C_{out}(t)$，$C_{in}(t)$——分别为上升管入口和下降管下端的碳平均浓度，10^{-4}%；

$C_V(t)$，$C_L(t)$——分别为真空槽和钢包内的碳平均浓度，10^{-4}%；

$C^*(t)$——与真空槽内 CO 平衡的碳浓度，10^{-4}%；

$E(t')$，$I(t')$——分别为钢包内钢水的停留时间和内部年龄分布密度函数，s^{-1}；

V_V——真空槽内钢水的体积，m^3；

q——钢水的循环流量，m^3/s；

a_k——脱碳反应的容量系数，m^3/s。

钢包内钢水的停留时间分布函数 $E(t)$，是利用前面流场计算得到的钢包内各位置的钢水速度矢量 $\boldsymbol{u}$ 及有效黏度 μ_e，按下述方法计算确定的。以下降管下端为钢包入口，上升管入口为钢包出口，阶跃注入示踪剂为例，则其初始和边界条件为：

$$t = 0, \quad C_{\text{in}}(t) = C_{\text{out}}(t) = C(\boldsymbol{x}, t) = 0$$
$$t > 0, \quad C_{\text{in}}(t) = 1 \tag{6-43}$$

首先计算的钢包出口侧（上升管入口）的相应浓度：

$$\partial C(\boldsymbol{x}, t)/\partial t = -\boldsymbol{u} \cdot \nabla C(\boldsymbol{x}, t) + \nabla[D_e \nabla C(\boldsymbol{x}, t)] \tag{6-44}$$

然后按式 (6-45) 算出 $E(t)$ 和 $I(t)$：

$$E(t) = dC_{\text{out}}(t)/dt, \quad dI(t)/dt = -E(t) \tag{6-45}$$

式中　$C(\boldsymbol{x}, t)$——钢包内各位置 $\boldsymbol{x}$（矢量表示），在各时刻 t 的钢水碳浓度，$10^{-4}\%$；

D_e——有效扩散系数，m^2/s，其值是分子扩散系数 (D) 和湍流扩散系数 (D_t) 之和且取湍流斯密特数 $Sc = 1$ 条件下求得的：

$$D_e = D + D_t, \quad Sc = \mu_t/(\rho_t D_t) = 1 \tag{6-46}$$

(3) 计算方法及结果。应用下列初始和边界条件：

$$t = 0, \quad C_{\text{in}}(t) = C_{\text{out}}(t) = C(\boldsymbol{x}, t) = 250$$
$$t > 0, \quad C_{\text{in}}(t) = C_V(t) \tag{6-47}$$

联立求解式 (6-41)、式 (6-42) 即可算出 RH 脱气过程中钢水中碳浓度 $C_V(t)$ 随时间的变化。再以算出的 $C_V(t)$ 作为下降管下端的边界条件（式 (6-47)），并将式 (6-44) 所表达的成分平衡式 (6-41) 和式 (6-42) 联立，进行数值计算，可求得伴随脱碳反应进行钢包内各点碳浓度随时间的变化。计算条件为：钢包内碳浓度的初始值为 $2.5 \times 10^{-2}\%$，钢包内钢水体积 $V_V = 1.5\text{m}^3$，由于真空槽内 CO 分压低于 1mmHg（133.3Pa），故可取 $C^*(t) = 0$。

应用本模型针对 300t 和 240t 钢包计算的 $E(t)$ 曲线，及按槽列模型（$N = 1$，2，3，…）计算的 $E(t)$ 如图 6-11 所示。由图 6-11 可见，从流体力学计算得到的停留时间分布密度函数处于完全混合流和活塞流之间，应用槽列模型，并取 N 为 1 和 2 之间可以描述 RH 钢包内的混合特性。

图 6-12 所示为针对 300t RH 钢包，在某位置的不同深度上，脱气处理过程中不同时

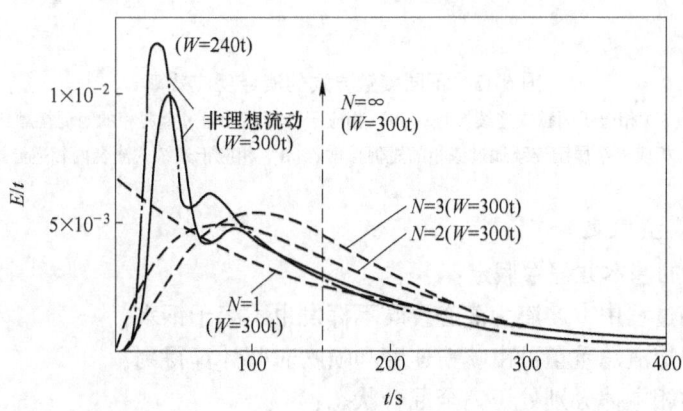

图 6-11　300t 和 240t 钢包的 $E(t)$ 曲线

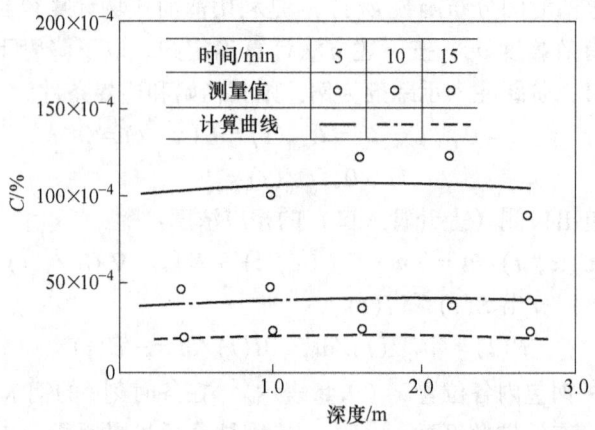

图 6-12   300t 钢包的 $C(x, t)$ 计算曲线与实测值比较

刻（5min、10min 和 15min），碳浓度的计算曲线与实测值的比较。由图可见，计算曲线与实测值基本一致，确认了本模型的适用性。

6.6.3   浸入式喷粉数学模拟

针对实际浸入式喷粉精炼，为了能同时处理图 6-13 所示的两个可能反应模式并描述其相对重要性，以浸入式喷吹 CaO 基粉的脱硫过程为例，提出了相应的数学模型。

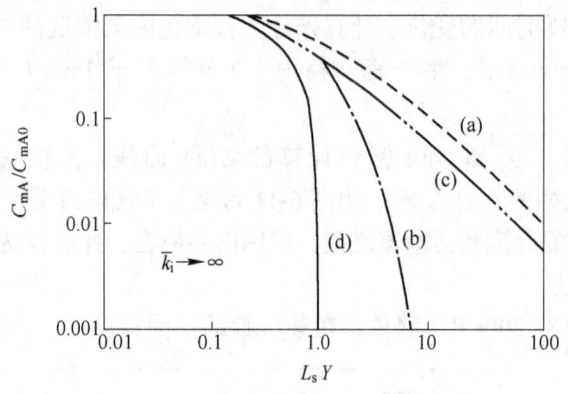

图 6-13   不同接触方式的渣金反应效率

（a）相应于间歇式连续接触；（b）相应于渣滴连续通过金属相的短促接触；
（c）相应于金属滴连续通过渣相的短促接触；（d）相应于连续式渣金两相逆流接触

6.6.3.1   模型假定

在推导模型的基本方程中假定：

（1）在精炼过程中，熔渣为液态且既不挥发也不溶于钢水；

（2）钢包中熔渣总重量可由喷粉速度和喷吹时间计算得到；

（3）渣金两相主体分别处于完全混合状态；

（4）脱硫动力学可用式（6-48）描述：

$$J = k\left[\left(C_m - C_s\right)/L_s\right] \tag{6-48}$$

式中 J——单位反应界面积的脱硫速度。

（5）喷粉期间脱硫速度是分散的渣滴反应和顶部熔渣与金属间反应效果的叠加：

$$- V_m dC_m/dt = R_p + R_t \tag{6-49}$$

式中 R_p，R_t——分别为顶部熔渣和分散在金属中渣滴的脱硫速度；

t——处理过程进行的时间。

6.6.3.2 基本方程的推导

由假定（4），顶部熔渣的脱硫速度可表示为：

$$R_p = k_p A_p\left[\left(C_m - C_s\right)/L_s\right] \tag{6-50}$$

式中 k_p——顶部熔渣的脱硫综合速度常数；

A_p——反应界面积。

若用 τ 表示任意单个渣滴进入钢水后经历的时间，则该渣滴上浮中的反应速度为：

$$dC_d/d\tau = k_t(A_d/V_d)\left[\left(C_m - C_d\right)/L_s\right] \tag{6-51}$$

式中 C_d——该渣滴的硫浓度；

A_d——该渣滴的表面积；

V_d——该渣滴的体积。

设 τ_e 为渣滴上浮至进入顶渣所需要的时间，由于 τ_e 远小于喷粉操作进行的时间 t_{in}，因次可忽略 τ_e 期间金属相浓度 C_m 的变化，则在初始条件如下：

$$\tau = 0,\quad C_d = 0 \tag{6-52}$$

由式（6-51）积分得到：

$$C_d = L_s C_m\left[1 - \exp\left(-\frac{k_t \tau A_d}{L_s V_d}\right)\right] \tag{6-53}$$

$$C_{d,e} = L_s C_m\left[1 - \exp\left(-\frac{k_t \tau_e A_d}{L_s V_d}\right)\right] \tag{6-54}$$

式中 $C_{d,e}$——上浮终了时渣滴中的硫浓度。

设 q_{in} 为喷吹的粉剂体积流量（m^3/s），则在钢水中上浮的渣滴与金属间的总反应界面积 A_t 为：

$$A_t = (q_{in}\tau_e/V_d)A_d \tag{6-55}$$

将式（6-55）代入式（6-54），整理得：

$$C_{d,e} = L_s C_m E,\quad E = 1 - \exp(-k_t A_t/L_s q_{in}) \tag{6-56}$$

$$R_t = q_{in}C_{d,e} \tag{6-57}$$

式（6-56）中的 E 是表示渣滴上浮期间反应效率的重要参数，其取值范围是 $0 \sim 1$。当 $E = 1$ 时，$C_{d,e}/C_m = L_s$，表明上浮至顶部渣滴的硫浓度已达平衡值，故这种情况下，顶部渣不再有脱硫作用。将式（6-51）和式（6-57）代入式（6-50）得到本模型的基本微分方程：

$$- V_m dC_m/dt = k_p A_p\left[\left(C_m - C_s\right)/L_s\right] + q_{in}C_{d,e} \tag{6-58}$$

其初始条件为：

$$t = 0,\quad C_m = C_{m0} \tag{6-59}$$

用 t' 表示处理过程中喷吹粉剂的时间变量,则硫的总质量守恒式为：

$$(C_{m0} - C_m)V_m = C_s q_{in} t' \tag{6-60}$$

由于 t' 的最大值等于喷粉操作时间 t_{in}，故可看成是式（6-61）定义的时间：

$$t' = t, \ (0 \le t < t_{in}); \ t' = t_{in}, \ (t > t_{in}) \tag{6-61}$$

引入下列无因次变量：

渣相的无因次浓度　　　　　$x = C_s/(L_s C_{m0})$

金属相的无因次浓度　　　　$y = C_m/C_{m0}$

无因次时间　　　　　　　　$\theta = L_s t q_{in}/V_{in}$

顶部渣的无因次速度常数　　$a = k_p A_p/(L_s q_{in})$

上浮渣滴的无因次速度常数　$b = k_t A_t/(L_s q_{in})$

式（6-54）、式（6-58）、式（6-60）、式（6-61）可改写为无因次式：

$$x_{d,e} = E_y, \ E = 1 - \exp(-b) \tag{6-62}$$

$$-dy/d\theta = a(y - x) + x_{d,e}, \ 1 - y = \theta'x \tag{6-63}$$

$$\theta' = \theta \ (0 \le \theta < \theta'); \ \theta' = \theta_{in} \ (\theta \ge \theta_{in}) \tag{6-64}$$

联立式（6-62）、式（6-63）、式（6-64）可导出：

$$-dy/d\theta = a[y - (1 - y)/\theta'] + E_y \tag{6-65}$$

式（6-65）即为本模型的无因次基本微分方程。只要确定了 a 和 E 两个参数就可以采用数值积分或有限差分法数值求解，并可通过 E 值的大小判断两类反应的贡献大小。持续接触反应的速度常数 a，可以在仅有顶渣和吹气搅拌条件下，进行脱硫的参考实验确定。移动接触反应的效率 E 是模型参数，通过对实际喷粉精炼过程的模拟计算确定。

6.6.3.3　数值计算方法及对喷粉实验的模拟计算结果

数值计算中，用下标 j 表示时间网格序号，采用中心差分技术，式（6-65）可改写为：

$$-\frac{y_{i+1} - y_i}{\Delta\theta} = \left[a\left(1 + \frac{1}{\theta'}\right) + E\right]y - \frac{a}{\theta'}$$
$$= \left[a\left(1 + \frac{1}{\theta'}\right) + E\right]\frac{y_{i+1} + y_i}{2} - \frac{a}{\theta'} \tag{6-66}$$

定义

$$G = \left[a\left(1 + \frac{1}{\theta'}\right) + E\right]\frac{\Delta\theta}{2} \tag{6-67}$$

则式（6-65）可改写为：

$$y_{i+1} = \frac{(1 - G)y_i + a\Delta\theta/\theta'}{1 + G} \tag{6-68}$$

于是，从初始 y 值起，利用式（6-68）可以计算金属相硫浓度随时间变化的曲线。为了验证模型的适用性，进行了向温度为 1583K 的铁水中浸入式喷吹氧化钙基粉的脱硫实验。其实验条件为：铁水重 3.4～3.8kg，粉剂粒度为 75～150μm，粉剂的质量分数为 20%CaO、60%CaF$_2$、20%Al$_2$O$_3$，3.3%S，喷枪浸入深度 0.04m，喷粉用氩气体积流量为 6.8×10^{-3}m^3/min。参考实验求得的 $k_p = 0.003s^{-1}$。忽略和考虑渣中硫化物饱和修正两种情况下，上述脱硫实验过程模拟计算的结果如图 6-14 和图 6-15 所示。由图可见，在未考虑渣中硫化物饱和情况下，无论如何调节参数 E，在喷粉初期计算的硫浓度总是低于实测值，显然是由于过高计算了初期的脱硫速度。而在考虑了对渣中硫化物饱和所作的修正后，较好地模拟了实验结果，且取 $E=0.14$，即渣滴上浮过程中脱硫效率为14%，计算曲线与实测结果拟合程度最高。

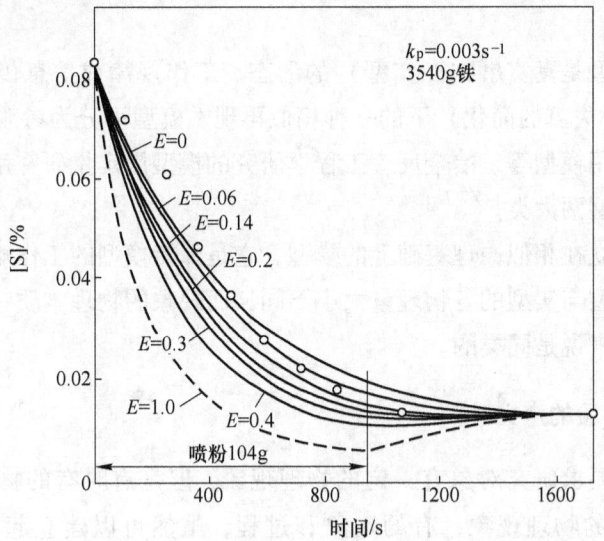

图 6-14　忽略硫化物饱和修正时的计算结果

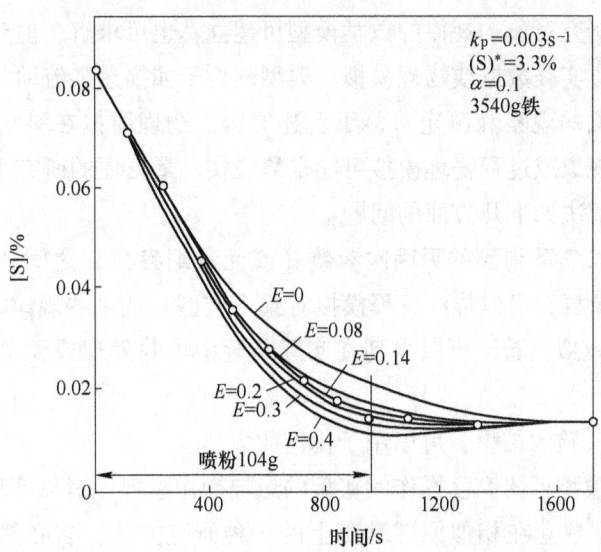

图 6-15　考虑硫化物饱和修正时的计算结果

6.7　冶金过程的物理模拟概述

6.7.1　模化法——人类认识自然的一种科学的研究方法[4,5]

人类对自然现象规律是从量和质两个方面来认识的。对自然现象规律的认识，分为直接的方法和间接的方法两种。

人们研究自然现象往往首先从直接研究某一客观存在的现象或过程（称为实型）开始。随着生产力和科学技术的发展，才出现了不直接研究现象或过程本身，而是研究与这些现象或过程相似的模型——模化法或模型法的方法。这里所指的模型，就是与研究对象有关性质的模拟物。

广义地讲，模型是真实事物（实型）的形态、工作规律或信息传递规律在特定条件（一般指科学的、不失真的简化）下的一种相似再现。模型可分为参观性模型、定性分析用模型和定量研究用模型等。冶金反应工程学研究的模型属定量研究用模型，它又可分为数学模型和物理模型两大类。

物理模型是建立在相似原理基础上的模型，它是保持模型的工作规律与实型的工作规律相似的模型。模型与实型的各物理量大小不同，而现象的物理本质一般不变，模型与实型的物理特性一般来说是同类的。

6.7.2　物理模拟实验的意义[2,6,7]

数学模拟一般要求研究对象有一定的物理现象，但是有时有的物理现象无法直接观测，或者没有合适的物理现象；有的现象和过程，虽然可以建立起描述它们的数学表达——微分方程或方程组，但是由于方程太复杂或者其边界条件无法确定，事实上方程无法求解；有时对某研究对象的规律的数学模型可建立，也可求解，但对模型正确性、可靠性的检验还必须依靠实践数据或物理模拟。典型的例子如描述某流动状态的数学模型的检验就得依靠物理模拟的观察和测定。鉴于上述原因，物理模拟在科学研究中是必不可少的，对某些特定的现象或过程物理模拟可能是最现实、最方便的研究手段。

物理模拟可以解决如下几方面的问题：

（1）从物理模拟实验得到的无因次参数（或无量纲参数）之间的规律，可以推广到与之相似的相似现象群，可以推广解释模拟对象（实型）的某些规律。

（2）通过物理模拟实验，可以得到在实际装置中未曾发现或无法直接观察到的信息或规律。

（3）物理模拟实验的结果，可以用于比例放大。

（4）应用物理模型可研究已操作的实型的最佳操作参数，消除不利因素。

由于物理模拟是建立在相似原理基础上的一种研究方法，它必然也具有一定的局限性，例如：

（1）只有描述现象的方程式（假设已知）可以通过相似变换得到相似准数的"相似函数"，才能做到模型和实型相似。对从函数式得不到相似准数的"非相似函数"，则做不到现象相似，也就无法进行物理模拟。

（2）对较复杂的一些现象，物理模拟常常是无法实现的。例如，对于必须保证 3 个决定性准数各自等于不变数的流体力学问题，模型的实现实际上不可能。又如，对于冶金过程，要同时满足流动、传热、传质、化学反应都相似，也是办不到的。

（3）对随机过程的物理模拟是十分困难的。

6.7.3　物理模拟的一般原则

（1）一般说，模型的现象和实型的现象应当是同类现象，即它们都可以用同一微分方程式描述。但是对于"数学相似"可以是例外。简单地说，数学相似是指两现象不是同类现象，但是描述它们的基本方程形式上是相似的，例如下面三种现象的基本方程式为：

黏性流动：

$$\tau_{xy} = -\mu \frac{\partial u_y}{\partial x} \tag{6-69}$$

传热过程：

$$\Phi_x = -\lambda \frac{\partial T}{\partial x} \tag{6-70}$$

传质过程：

$$J_{Ax} = -D_A \frac{\partial C_A}{\partial x} \tag{6-71}$$

它们是不同类现象，但是描述它们的基本微分方程形式上相似，这就是数学相似。在数学相似上，不同类现象是可以相互模拟的。

（2）模型和原型的基本微分方程中的同名物理参数和因次参数必须相似，即对应地各自成比例。

（3）任何现象都发生在一定空间，所以模型和实型在几何上应相似，即对应线条成比例。

（4）在模型和实型的对应空间和对应时间上，决定性特征数相等。

（5）模型与实型的边界条件相似。

实际模拟时，往往不能全面满足上述原则，在某些情况下，保证了几何相似就破坏了物理相似。例如作河床流水流动模拟，河床很宽，当要作浅水流动模型时，势必造成模型中水只有很薄一层，而破坏物理相似的条件，这种情况下可以舍弃几何相似条件，做成所谓"扭形模拟"，以保证物理相似。

6.7.4　冶金研究中物理模型的分类[2,6,7]

冶金研究中极少作化学方面的模拟，主要是对冶金反应器中的传输现象进行模拟。由于传热、传质都与流动有关，所以模拟冶金反应器中的流动现象的研究尤为活跃。

从热状态看，冶金物理模拟（型）分为冷态模拟和热态模拟；从建立模型的角度看，又可分为严格的物理模型、半严格的物理模型和针对某一问题的探索新实验。

（1）严格的物理模型。它是完全按相似原理来构成模型，并考虑到一切主要的相似条件。这类模型研究的结果一般可以用于比例放大。

（2）半严格的物理模型。要想使模型和实型所有相似特征数一一对应相等，有时是办不到的，或是很困难的。例如要同时满足 Re（实型）$= Re$（模型），Fr（实型）$= Fr$（模型），就必须严格选择系统的介质条件，否则就不能满足上述要求。由于满足所有相似条件有困难，而且事实上也没有必要一定要满足所有的要求，往往只需抓住主要的关键现象进行模拟实验，可以略去次要的影响因素，则这样构造的模型称为半严格模型。冶金中大量应用的是这类模型。

（3）针对某一现象进行探索性实验。这大多数是针对具体问题的特定实验，以获得所需的感性知识。此类实验并不一定要求建立某一经验数学模型，而侧重于获得系统内过程（多是流动过程）的特性知识和信息，它也可以作为数学模型的一种直观的检验手段。

建立数学模型的方法和步骤：

一般说来建立数学模型的方法大体上可分为两大类：一类是机理分析方法，另一类是测试分析方法。

（1）机理分析是根据对现实对象特性的认识，分析其因果关系，找出反映内部机理的规律，建立的模型常有明确的物理或现实意义。

（2）测试分析将研究对象视为一个"黑箱"系统，内部机理无法直接寻求，可以测量系统的输入输出数据，并以此为基础运用统计分析方法，按照事先确定的准则在某一类模型中选出一个与数据拟合得最好的模型。这种方法称为系统辨识。

将这两种方法结合起来也是常用的建模方法，即用机理分析建立模型的结构，用系统辨识确定模型的参数。

白箱主要包括用力学、热学、电学等一些机理相当清楚的学科描述的现象以及相应的工程技术问题，这方面的模型大多已经基本确定，还需深入研究的主要是优化设计和控制等问题了。

灰箱主要指机理尚不十分清楚的现象，在建立和改善模型方面都还不同程度地有许多工作要做。

黑箱主要指生命科学和社会科学等领域中一些机理很不清楚的现象。

建模的一般步骤如图 6-16 所示。

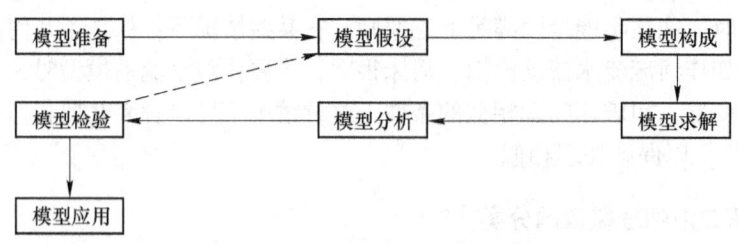

图 6-16　模型建立示意图

模型有一定局限性。第一，由数学模型得到的结论虽然具有通用性和精确性，但是因为模型是现实对象简化、理想化的产物，所以一旦将模型的结论应用于实际问题，就回到了现实世界，那些被忽视、简化的因素必须考虑，于是结论的通用性和精确性只是相对的和近似的。第二，由于人们认识能力和科学技术包括数学本身发展水平的限制，还有不少实际问题很难得到有着实用价值的数学模型。第三，还有些领域中的问题今天尚未发展到用建模方法寻求数量规律的阶段。表 6-10 为一些数学模型的分类。

表 6-10　数学模型分类

分 类 标 准	具 体 类 别
对某个实际问题了解的深入程度	白箱模型、灰箱模型、黑箱模型
模型中变量的特征	连续型模型、离散型模型、确定性模型、随机型模型等
建模中所用的数学方法	初等模型、微分方程模型、差分方程模型、几何模型、优化模型、图论模型、马氏链模型
研究课题的实际范畴	反应类型模型、生态系统模型 、交通流模型、经济模型、基因模型等

习 题

6-1 怎么定义过程系统？

6-2 什么是数学模型？

6-3 试论述把冶金过程变为数学模型的必备知识。

6-4 表述间歇流反应器中均相反应的反应率随时间变化的数学模型。

6-5 通过数学模型描述并分析渣/金持续接触、炉渣连续通过金属层的移动接触、金属连续通过炉渣的移动接触和渣/金逆流移动接触等反应方式的反应效率。

6-6 什么是解析方法？

6-7 任意写出 4 个无量纲准则数的表达式及其物理意义。

6-8 冶金反应过程中的数学模型有几种？分别是什么？

6-9 试描述钢液循环流量模型的建模条件。

6-10 表述活塞流反应器中均相反应时反应率随时间的变化的数学模型。

6-11 表述活塞流反应器中恒容体系反应时反应率随时间的变化的数学模型。

6-12 表述全混流反应器在恒容反应条件下物料浓度随时间的变化的数学模型。

6-13 试论述把冶金过程变为数学模型的步骤。

6-14 确定数学模型的函数形式主要有几种方法？

6-15 如何理解相似理论？

6-16 在应用物理模拟方法解决冶金过程问题时，有哪些局限性？

6-17 在使用数学模型解决冶金反应问题时，有何局限性？

6-18 如何根据实验曲线选取数学模型？

参 考 文 献

[1] 近藤次郎. 数学模型（现象的公式化）[M]. 日本：丸善株式会社，1976.

[2] 肖兴国. 冶金反应工程学 [M]. 北京：冶金工业出版社，1989.

[3] 基尔皮契夫基. 相似理论 [M]. 北京：科学出版社，1955.

[4] 科钠科夫ΠK，李德桃，贺道德. 相似理论及其在热工上的应用 [M]. 北京：科学出版社，1962.

[5] 李之光. 相似与模化：理论及应用 [M]. 北京：国防工业出版社，1982.

[6] 谢蕴国. 冶金反应工程学（上、下册）[M]. 昆明：昆明工学院讲义，1986.

[7] 曲英，等. 冶金反应工程学导论 [M]. 北京：冶金工业出版社，1988.

习 题 答 案

1-1 冶金反应工程学是研究并解析冶金反应器和系统及其内在过程的新兴学科，是研究冶金反应工程问题的科学。以实际冶金反应过程为研究对象，冶金伴随各类传递过程的冶金化学反应的规律；又以解决工程问题为目的，研究实现冶金反应的各类冶金反应器的特征，并把二者有机结合形成一门独特的学科体系。

1-2 冶金反应工程学的范畴包括：（1）对微观和宏观的认识；（2）单元过程或现象的定量分析；（3）反应过程的数学物理模拟；（4）反应和生产速率的预测；（5）反应器的仿真研究和设计；（6）人工智能技术的应用；（7）反应器运行和整体生产过程的控制，等等。

1-3 （1）分步骤完成。（2）界面积及几何形状。（3）界面性质。（4）流体相的流动速度。（5）相比：相间反应中的两相体积（质量）比。（6）固体产物的性质。（7）温度的影响。

1-4 冶金原是研究人类从自然资料中提取有用金属和制造材料的学科。冶金方法包括：（1）火法冶金；（2）湿法冶金；（3）电冶金。

1-5 冶金反应工程学和化学反应工程学的基本内容和方法是一致的。但冶金过程有以下特点：（1）冶金过程在高温下进行，而高温测试手段颇不完善，获得信息困难且数量少；（2）高温下反应速度快，传质控制环节较多，基本不涉及催化；（3）冶金过程所用原料或杂质复杂种类多，特别在有色冶金中，杂质比有用金属高出许多倍，于是不能不考虑许多副反应；（4）冶金过程涉及的流体是金属熔体、熔渣或含有矿物的矿浆。对这些流体的了解比一般流体较差；（5）冶金产品不仅有化学成分大要求，而且还对组织结构、偏析和杂质物等有要求；（6）冶金炉的设计基本上依靠经验。由于以上特点，目前冶金反应工程学主要用于解析冶金过程、优化操作工艺和过程控制等，用于反应器设计方面较少。

1-6 过程系统：为完成物质的某种物理（化学）变化而设置的具有不同变换机能的各个部分构成的整体称为过程系统。各部分称为分系统，分系统又由更小的亚分系统组成。解析方法：运用流动、混合及分布函数的概念，在一定合理简化条件下，通过动量、热量和物料的衡算来建立反应器操作过程数学模型，然后求解，寻求最佳操作参数。

1-7 用数学公式来描述各类参数之间的关系，即对所研究的对象过程进行定量描述。

1-8 间歇操作：一次将反应原料按配比加入反应器，等反应达到要求后，将物料一次卸出。连续操作：原料加入与产物流出都是连续进行，产品质量稳定、产量大。半连续（或半间歇）式反应器：操作方式介于连续式与间歇式操作之间，常把固相一次加入反应器，而液相连续流经固相，达到反应要求后将固相一次卸出。

1-9 （1）冶金宏观动力学；（2）冶金多相流动、传热、传质；（3）冶金过程工艺模型实用化研究；（4）冶金体系传输动力学参数的测定及计算；（5）冶金过程优化与控制的应用基础研究；（6）工程放大理论的研究。

1-10 （1）解析冶金过程；（2）优化操作工艺；（3）过程控制。

1-11　(1) 由于高温测试手段颇不完备，因此对高温下的冶金反应器难以直接观测，常需要用相似模型进行研究。即用冷模型进行研究；(2) 冶金过程无法用数学模型描述时可以用物理模型研究，由因次分析方法给出对象的描述方程；(3) 可以用物理模型检验数学模型。

2-1　研究冶金过程的速度和机理，以分析影响冶金反应进行的因素和探索提高反应速度的途径。

2-2　(1) 对于零级反应，选用单个连续釜和管式反应器需要的容积相同，而间歇釜因有辅助时间和装料系数，需要的容积较大。(2) 反应级数越高，转化率越高，单个连续釜需要的容积越大，可采用管式反应器。如果反应热效应很大，为了控制温度方便，可采用间歇釜或多釜串联反应器。(3) 液相反应，反应慢，要求转化率高时，采用间歇反应釜。(4) 气相或液相反应，反应快，采用管式反应器。(5) 液相反应，反应级数低，要求转化率不高；或自催化反应，可采用单个连续操作的搅拌釜。

2-3　(1) 催化剂加速反应速率的本质是改变反应的历程，降低整个反应的表观活化能。(2) 催化剂在反应前后化学性质没有改变，但物理性质可能会发生改变。(3) 催化剂不影响化学平衡，不能改变反应的方向和限度，催化剂同时加速正向和逆向反应的速率，使平衡提前到达。即不能改变热力学函数 $\Delta_r G_m$、$\Delta_r G_m^\ominus$ 的值。(4) 催化剂有特殊的选择性，同一催化剂在不同的反应条件下，有可能得到不同产品。(5) 有些反应其速率和催化剂的浓度成正比，这可能是催化剂参加了反应成为中间化合物。对于气-固相催化反应，增加催化剂的用量或增加催化剂的比表面，都将增加反应速率。(6) 入少量的杂质常可以强烈地影响催化剂的作用，这些杂质既可成为助催化剂也可成为反应的毒物。

2-4　复杂反应一般有对峙反应、平行反应、连续反应。

2-5　(1) 在固定温度下确定反应速率与浓度的关系，求出反应级数；(2) 在不同温度求出速率常数与温度的关系，求出速率常数。

2-6　实验方法可以分为两类，即间歇法和连续法。(1) 间歇法：在一个固定容积的反应器中，使事先加入的反应物在一定温度下进行反应，测定其中一个特定成分的浓度随时间变化的情况。(2) 连续法：用连续加料，连续出料的反应器进行实验，一般使反应器在稳定状况下操作。

2-7　解析方法主要有积分法、微分法、半衰期法。

2-8　(1) 链引发 (chain initiation)：处于稳定态的分子吸收外界的能量，如加热、光照或加引发剂，使它分解成自由原子或自由基等活性传递物。活化能相当于所断键的键能。(2) 链传递 (chain propagation)：链引发产生的活性传递物与另一稳定分子作用，在形成产物的同时又生成新的活性传递物，使反应如链条一样不断发展下去。(3) 链终止 (chain termination)：两个活性传递物相碰形成稳定分子或发生歧化，失去传递活性；或与器壁相碰，形成稳定分子，放出的能量被器壁吸收，造成反应停止。

2-9　速率系数 k 的单位为时间的负一次方，时间 t 可以是秒 (s)、分 (min)、小时 (h)、天 (d) 和年 (a) 等。半衰期 (half-life time) t 是一个与反应物起始浓度无关的常数 $t_{1/2} = \ln2/k_1$。$\ln c_A$ 与 t 呈线性关系。所有分数衰期都是与起始物浓度无关的常数；$t_{1/2}$：$t_{3/4}$：$t_{7/8} = 1 : 2 : 3$；$c/c_0 = \exp(-k_1 t)$ 反应间隔 t 相同，c/c_0 有定值。

2-10　取每升高 10K，速率增加的下限为 2 倍。

$$\frac{k(390\text{K})}{k(290\text{K})} = \frac{t(290\text{K})}{t(390\text{K})} = 2^{10} = 1024$$

$$t(290\text{K}) = 1024 \times 10\text{min} \approx 7\text{d}$$

2-11　（1）$k_1 = \dfrac{1}{t}\ln\dfrac{a}{a-x} = \dfrac{1}{14}\ln\dfrac{100}{100-6.85} = 0.00507\text{d}^{-1}$

（2）$t_{1/2} = \ln2/k_1 = 136.7\text{d}$

（3）$t = \dfrac{1}{k_1}\ln\dfrac{1}{1-y} = \dfrac{1}{k_1}\ln\dfrac{1}{1-0.9} = 454.2\text{d}$

2-12　改变温度进行实验，若为化学反应控制时，则活化能高，传质控制时，活化能低；反应速度本身不受搅拌影响，如果搅拌速度大幅增加，则很大程度上可以确定为传质控制；大幅度改变渣金两相中 B 和 A 的含量比，可判断 B 成分的传质是否有影响及其影响程度；假定某步骤为限制环节，通过比较计算值与同条件下的实测值来判断限制步骤。

2-13　某些链反应的速率过高有时可能导致爆炸，而且存在明显的爆炸极限；链反应与非链反应两者反应速率随时间具有不同形态变化；大多数链反应对添加物异常敏感，痕量的添加物就可能对反应速率有显著影响；链反应对反应器的形状和器皿表面性质很敏感，通常反应器半径减小会降低反应速率，甚至可使爆炸反应变为一个慢反应，改变表面性质，如在表面上涂各种覆盖层也会影响反应速率；链反应速率方程通常具有复杂的形式。反应级数很少是简单的，并且会随反应器形状和其他条件的不同而改变。

2-14　写出反应的计量方程；实验测定速率方程，确定反应级数；测定反应活化能；用顺磁共振、核磁共振和质谱等手段检测中间产物的化学组成；拟定反应历程；从反应历程推导动力学方程是否与实验测定的一致；从动力学方程计算活化能是否与实验值相等；如果反应历程推导动力学方程结果和动力学方程计算活化能结果均与实验测定结果一致，则所拟的反应历程基本准确，如果不一致则做相应的修正。

2-15　（1）比较、总结零级、一级和二级反应的动力学特征，并用列表形式表示。

反　应	微分式	积　分　式
A→P	$-\dfrac{\mathrm{d}C_A}{\mathrm{d}t} = k$	$kt = C_{A0} - C_A$
A→P	$-\dfrac{\mathrm{d}C_A}{\mathrm{d}t} = kC_A$	$kt = \ln\dfrac{C_{A0}}{C_A} = \ln\dfrac{1}{1-x_A}$
2A→P	$-\dfrac{\mathrm{d}C_A}{\mathrm{d}t} = kC_A^2$	$kt = \dfrac{1}{C_A} - \dfrac{1}{C_{A0}} = \dfrac{1}{C_{A0}}\dfrac{x_A}{1-x_A}$
A+B→P	$-\dfrac{\mathrm{d}C_A}{\mathrm{d}t} = kC_A C_B$	$kt = \dfrac{1}{C_{B0} - C_{A0}}\ln\dfrac{C_B C_{A0}}{C_A C_{B0}} = \dfrac{1}{C_{B0} - C_{A0}}\ln\dfrac{1-x_B}{1-x_A}$
2A+B→P	$-\dfrac{\mathrm{d}C_A}{\mathrm{d}t} = kC_A^2 C_B$	$kt = \dfrac{2}{C_{A0} - 2C_{B0}}\left(\dfrac{1}{C_{A0}} - \dfrac{1}{C_A}\right) + \dfrac{2}{C_{A0} - 2C_{B0}}\ln\dfrac{C_B}{C_A}$
A+B+C→P	$-\dfrac{\mathrm{d}C_A}{\mathrm{d}t} = kC_A C_B C_C$	$kt = \dfrac{1}{(C_{A0} - C_{B0})(C_{A0} - C_{C0})}\ln\dfrac{C_{A0}}{C_A} + \dfrac{1}{(C_{B0} - C_{C0})(C_{B0} - C_{A0})}\ln\dfrac{C_{B0}}{C_B} +$ $\dfrac{1}{(C_{C0} - C_{A0})(C_{C0} - C_{B0})}\ln\dfrac{C_{C0}}{C_C}$

（2）某二级反应的反应物起始浓度为 $0.4\times10^3\,mol/m^3$。该反应在 80min 内完成 30%，计算其反应速率常数及完成反应的 80% 所需的时间。

$$k = 1.339\times10^{-5}\ m^3/(mol\cdot min)，\quad t = 746.8min$$

2-16　（1）$k_A/k_{B,1000} = 0.1353$；（2）$k_A/k_{B,1500} = 0.263524$。

2-17　（1）$w[C]\text{-}t$ 和 $\lg w[C]\text{-}t$ 图如下：

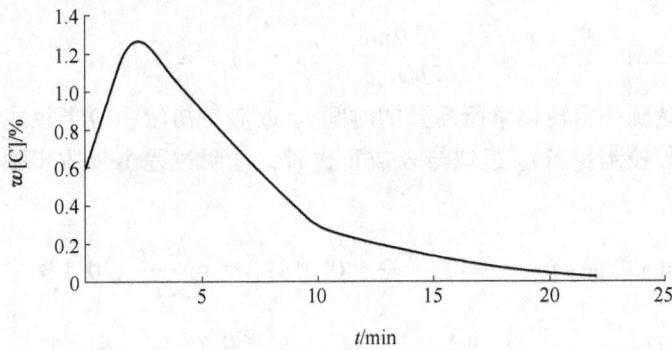

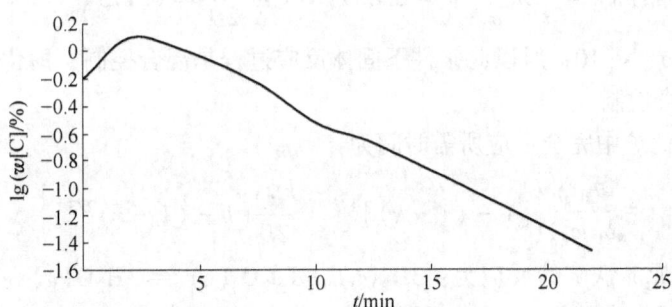

$k_1 = 0.00111min^{-1}$，$k_2 = 0.1930min^{-1}$。

（2）碳含量与温度关系：

$$-\frac{dw[C]}{dT} = \frac{k_2 w[C]}{\dfrac{dT}{dt}} = \frac{k_2}{k_3}w[C]$$

$$\ln\frac{w[C]_0}{w[C]} = \frac{k_2}{k_3}(T - T_0) = k_2/k_3 = 8.7\times10^{-3}\ K^{-1}$$

（3）终点温度：1929℃。

2-18　根据 σ_0^2 的定义：

$$\sigma_0^2 = kr_p(1 + 1/K_e)/2D = 20\times0.1(2\times2) = 0.5$$

由 σ_0^2 的值可判断出传质和化学反应都可能是该过程的控制环节，

$$t^* = \frac{bk}{\rho_s}\frac{A_p}{F_pV_p}(C_{Ab}^n - C_{Rb}^m/K_e)t = \frac{bk}{\rho_s r_p}\frac{P_{A0}}{R_gT}t$$

$$= \frac{1\times20\times101.325t}{2.26\times0.1\times8.314.41\times(900+273)} = 1.1\times10^{-10}t$$

把该值代入，计算得 $t_{x=1} = 22.7min$。

当 $r_p = 0.1mm$ 时，σ_0^2 的值为 0.05，传质阻力很小，反应受化学反应速度控制，故：

$t_{x=1} = 1.6 min$。

3-1 当 $\sigma_0^2 \leq 0.1$ 或 $\sigma_0^2 \geq 10$ 时，分别接近于化学反应控制或边界层传质控制。当 σ_0^2 处于中间值时，一般考虑两个基元步骤的阻力。

化学反应控制时有：
$$t = \frac{\rho_B r_0}{b k_r c_{A,b}} [1 - (1 - X)^{1/3}]$$

边界层传质控制时有：
$$t = \frac{\rho_B r_0}{2 b D k_r c_{A,b}} [1 - (1 - X)^{2/3}]$$

当固体颗粒达到一定转化率所需要的时间 t_X 近似与初始颗粒半径成正比时，证明过程由化学反应步骤控制；当 t_X 近似与 r_P 成正比时，证明过程由传质步骤控制，或者考虑混合控制。

3-2 对于 4mm 样品：$k_{r1} = \frac{1}{t} \ln \frac{a}{a-x} = 0.014$；$\sigma^2 = \frac{k_{r1} r_0}{2D} = 0.14$

对于 2mm 样品：$k_{r2} = \frac{1}{t} \ln \frac{a}{a-x} = 0.035$；$\sigma^2 = \frac{k_{r2} r_0}{2D} = 0.175$

因为 $0.1 < \sigma^2 < 10$；所以此条件下固体反应过程是混合控制，即化学反应控制或边界层传质控制混合控制。

1mm 粒子在此炉中完全反应所需时间为：
$$t = \frac{\rho_B r_0}{b k_r c_{Ab}} \left\{ [1 - (1 - x)]^{1/3} + \frac{k_r r_0}{2D} [1 - (1 - x)^{2/3}] \right\}$$

3-3 氢气还原赤铁矿的反应为：$3H_2(g) + Fe_2O_3(s) \rightleftharpoons 3H_2O(g) + 2Fe(s)$，根据未反应核模型，其反应步骤是：(1) 还原气体 $H_2(g)$ 穿过气相边界层到达气–固相界面；(2) $H_2(g)$ 穿过多孔的 Fe_2O_3 层，扩散到反应界面上；(3) 反应界面上发生化学反应；(4) 生成的 $H_2O(g)$ 穿过多孔的 Fe_2O_3 层扩散到的气–固相界面；(5) $H_2O(g)$ 穿过气相边界层到达气相内。

用数学公式将各传递过程速度的操作条件与反应进行速度联系起来，从而确定一个综合反应速度来描述过程的进行，不考虑化学反应本身的微观机理。

3-4 液相中形成气泡有两种途径：一是由于溶液过饱和而产生气相核心，并长大形成气泡；二是由浸没在液相中的喷嘴喷吹气体产生气泡。反应物和生成物在 s-l 接口之间传递（传质）、在相接口发生反应、反应过程中 s 相结构、s-l 相接口的几何形状改变、反应过程中产生热效应相等，反应规律大致相同。

3-5 由于液态金属通常与耐火材料不湿润，故 $\theta > 90°$，克服气液界面张力所需的附加压力为：
$$p_{Ad} = 2\sigma/R = 2\sigma \cos(180° - \theta)/r = -2\sigma \cos\theta/r$$

r 越小，p_{Ad} 大于液体静压，则液体不能充满微孔，从而可能成为气泡核心。其中 $r_{max} = -2\sigma \cos\theta/\rho_1 gh$。

克服气液界面张力所需附加压力为：
$$p_{Ad} = 2\sigma/R = 2\sigma \cos(180° - \theta)/r = -2\sigma \cos\theta/r$$
$$\sigma \approx 1.5 N/m, \quad \theta = 150°, \quad \rho_1 = 7200 kg/m^3$$

则 $p_{Ad}=\sqrt{3}\times1.5/1\times10^{-5}=2.598\times10^5$ 由表面张力压力为 1.5N/m，所以气泡和核心有可能长大。

3-6 气相主体中氧的浓度为 $C_{O_2}=\dfrac{P}{RT}=1.039\,mol/m^3$，石墨颗粒半径为 1mm 时，完全燃烧所需的时间为：

$$t_c=\frac{\rho_B r_0}{bk_r c_{Ab}}\left(1+\frac{k_r r_0}{2D}\right)=22.62\,min$$

$$\sigma^2=\frac{k_r r_0}{2D}=0.5$$

石墨颗粒半径为 0.1mm 时，完全燃烧所需的时间为：

$$t_c=\frac{\rho_B r_0}{bk_r c_{Ab}}\left(1+\frac{k_r r_0}{2D}\right)=1.58\,min$$

$\sigma^2=\dfrac{k_r r_0}{2D}=0.05<0.1$，限制环节为化学反应过程。

3-7 液-液相反应是指两个互不相容的液体构成的连续相和分散相间的反应。液-液相反应的整个反应过程由各相的传质和界面化学反应组成。反应速率可能受传质或界面反应控制，也可能受二者混合控制。液-液相反应步骤：（1）反应物分别由各自的相内向两相界面扩散；（2）反应物在反应界面上发生化学反应；（3）产物离开界面分别向两相内部扩散。

熔渣与金属熔体间的反应是典型的液-液相反应。金属液-熔渣反应一般表示为：

$$[A]+(B^{z+})=(A^{z+})+[B]$$

[A]、[B] 分别为金属液中以原子状态存在的组元 A、B；（A^{z+}）、（A^{z-}）、（B^{z+}）、（B^{z-}）熔渣中以正（负）离子状态存在的组元 A、B。

渣-金反应步骤：（1）[A] 由金属液内穿过金属液一侧边界层向金属液-熔渣界面迁移；（2）（B^{z+}）由渣相内穿过渣相一侧边界层向熔渣-金属液界面的迁移；（3）在界面上发生化学反应；（4）（A^{z+}）$_s$ 由熔渣-金属液界面穿过渣相边界层向渣相内迁移；（5）[B]$_s$ 由金属液/熔渣界面穿过金属液边界层向金属液内部迁移。

3-8 有活化能法和强度搅拌法。根据阿累尼乌斯（Arrhennius）公式：$\ln k=-\dfrac{E_a}{R}\dfrac{1}{T}+B$，改变温度进行实验，化学反应控制时，活化能高；传质控制时，活化能低。如果一个反应，温度对其反应速率影响不大，而增加搅拌强度时，反应速率迅速增大，说明扩散传质为控制环节。另外，也可通过假设某步骤为限制性环节，通过比较计算值与相同条件下的实测值来判断限制步骤。大幅度改变渣金两相中 A、B 的含量比，可判断 A 成分的传质是否是控制环节。在可以推算相界面附近渣金两相主体流速时，从流体力学知识能够推算出边界层厚度或传质系数。

3-9 反应物和生成物在固相和液相接口之间传递（传质）、在 s-l 相接口发生反应、反应过程中固相结构反应物和生成物在固相和液相接口之间传递（传质）、在相接口发生反应、反应过程中固相结构、相接口的几何形状改变、反应过程中产生热效应相等。反应规律大致相同。

3-10　（1）因为反应温度高，冶金反应中传质过程为限制环节渣金反应一般可用双膜理论来描述。（2）渣金反应都是有电子传递的氧化还原反应，两者都是导体，反应必须涉及电化学问题。（3）实际上的渣金反应都是在高温下进行的，通常情况下，接口反应速度比通过边界层的传质速度快，因此，该类反应往往受边界层的传质速度控制。但有些情况下也受化学反应控制。

3-11　冶金宏观动力学目的：（1）弄清化学反应本身的规律（热力学、动力学）；（2）弄清试验体系内物质的三传规律；（3）用质量、热量、动量三者平衡关系联立求解（1）、（2）之间的相互联系。

3-12　实验可在管式炉进行，矿球悬挂于炉管中并可直接称量其重量。达到恒温后通入还原性气体，随着还原过程的进行，记下矿球重量减少值。

一般条件下铁矿石的还原反应为综合控制，矿球的直径、密度和气相分压都是已知值，转化率可由矿球失重率求出。

令
$$M = \frac{\rho_m r_0^2}{6bC_{A0}D_s}$$

$$N = \frac{\rho_m r_0^2}{bkC_{A0}}$$

$$t_1 = \frac{\rho_m r_0 x_B}{3k_f bC_{A0}}$$

$$R = 1 - (1 - x_B)^{1/3}$$

把它们代入：

$$\frac{\rho_m r_0}{bC_{A0}} \left\{ \frac{x_B}{3k_f} + \frac{r_0}{6D_s} [1 - 3(1 - x_B)^{2/3} + 2(1 - x_B)] + \frac{1}{k} [1 - (1 - x_B)^{1/3}] \right\}$$

整理后可得：

$$\frac{t - t_1}{R} = M \frac{1 - 3(1 - x_B)^{2/3} + 2(1 - x_B)}{R} + N$$

以 $(t - t_1)/R$ 为纵坐标，$[1 - 3(1 - x_B)^{2/3} + 2(1 - x_B)]/R$ 为横坐标作图，应得一直线，由直线斜率 M 可求得 D_s，由截距 N 可求出 k。可得到反应综合速率中所必需的各个常数。

3-13　当传质为限制环节时，其质量流量可表述为：

A 传质到固体表面的摩尔通量为：

$$N_A = -D_{AC} \nabla C + X_A(N_A + N_C)$$

式中　D_{AC}——反应气体/生成气体之间的扩散系数，cm^2/s；

$\quad\quad X_A$——流体中反应气体 A 的摩尔分率；

$\quad\quad N_A$——传递到固体表面的摩尔通量，mol/s；

$\quad\quad N_C$——产物 C 的摩尔通量，mol/s。

因为 $N_A = -(1/C)N_C$，则上式可改写为：

$$N_A = Vk_m(C_{Ab} - C_{As})$$

式中 k_m——传质系数，cm/s。

当化学反应为控制环节时，总反应速度可用单位面积上 A 的消失速度表示：

$$r_A = k(C_{As}^n - C_{Rs}^m/K_e)$$

此时，$C_{As} = C_{Ab}$，$C_{Rs} = C_{Rb}$，A 与 B 的消失计量关系为：

$$r_A = \frac{\rho_s}{b}\frac{dr_c}{dt}$$

式中 r_c——颗粒半径，cm；

ρ_s——颗粒密度，g/cm^3。

3-14 取 $\Delta w[O] = 0.02\%$，所以

$$\Delta c_{[O]} = \frac{\rho}{M_O}\Delta w[O] = \frac{7.2 \times 10^3}{16 \times 10^{-3}} \times \frac{0.02}{100} = 90 \text{mol/m}^3$$

将以上数据代入整理后，可简化为：

$$r = 5.77 \times 10^{-3}(\Delta c_{[O]})^{4/7}\left(\ln\frac{1.436 + h}{1.436}\right)^{4/7}$$

再代入浓度和溶池深度，可计算得出气泡浮出钢水面时曲率半径为：

$$r = 3.79 \times 10^{-2}\text{m}$$

3-15 （1）反应分析。在电炉炼钢过程中，钢中 Mn 与渣中 FeO 的反应而进行氧化，其方程式为：

$$[Mn] + (FeO) \Longrightarrow (MnO) + [Fe]$$

由于渣中 FeO 以 Fe^{2+} 及 O^{2-} 两种离子形式存在，且渣中还同时存在其他碱性氧化物（如 CaO、MgO 等），O^{2-} 的浓度实际远远高于 Fe^{2+} 的浓度，同时 O^{2-} 的扩散系数也比 Fe^{2+} 大，故渣中 FeO 的扩散实际上由 Fe^{2+} 的扩散决定。

（2）反应机理。整个过程分五步：钢中锰原子向钢渣界面迁移；渣中 Fe^{2+} 向渣钢界面迁移；钢渣界面上发生化学反应 $[Mn] + (Fe^{2+}) = (Mn^{2+}) + [Fe]$；生成的 Mn^{2+} 从界面向渣中扩散；生成的 Fe 原子从界面向钢液内扩散。

（3）求反应的限制性环节（最大速率法）。首先对于渣钢界面的化学反应，在 1600℃高温下，化学反应非常迅速，界面化学反应处于局部平衡，不是限制性环节。对于其余 1、2、4、5 各步骤，根据最大速率法计算来确定哪一步是限制环节。

第 1 步，由双膜理论，Mn 在金属中的扩散流密度为：

$$J_{[Mn]} = \frac{D_{[Mn]}}{\delta_{[Mn]}}(c_{[Mn]}^* - c_{[Mn]})$$

式中 $J_{[Mn]}$——Mn 由钢液内部向钢渣界面传递的扩散流密度，mol/(m^2·s)；

$D_{[Mn]}$——Mn 在钢液中的扩散系数，m^2/s；

$\delta_{[Mn]}$——Mn 在钢液中扩散时的有效边界面层厚度，m；

$c_{[Mn]}$——Mn 在钢液内部的浓度，mol/m^3；

$c_{[Mn]}^*$——Mn 在钢渣界面上的浓度，mol/m^3。

钢渣界面积为 A 时，由扩散流密度的定义 $J = \frac{1}{A}\frac{dn_{[Mn]}}{dt}$，由于 Mn 是反应物，故 Mn

在钢液中的扩散速率为

$$-\frac{\mathrm{d}n_{[\mathrm{Mn}]}}{\mathrm{d}t} = A\frac{D_{[\mathrm{Mn}]}}{\delta_{[\mathrm{Mn}]}}(c_{[\mathrm{Mn}]} - c^*_{[\mathrm{Mn}]})$$

界面化学反应近于平衡，故有：

$$K = \frac{c^*_{(\mathrm{Mn}^{2+})}c^*_{[\mathrm{Fe}]}}{c^*_{[\mathrm{Mn}]}c^*_{(\mathrm{Fe}^{2+})}}$$

或者

$$c^*_{[\mathrm{Mn}]} = \frac{1}{K}\frac{c^*_{(\mathrm{Mn}^{2+})}c^*_{[\mathrm{Fe}]}}{c^*_{(\mathrm{Fe}^{2+})}}$$

当 Fe、Mn^{2+} 和 Fe^{2+} 的界面浓度分别用它们在钢、渣相内浓度时，对应的为最小，其值为：

$$c^*_{[\mathrm{Mn}],\ \min} = \frac{1}{K}\frac{c_{(\mathrm{Mn}^{2+})}c_{[\mathrm{Fe}]}}{c^*_{(\mathrm{Fe}^{2+})}}$$

由此可以得到，Mn 在钢液中传质的最大速率为：

$$\left(-\frac{\mathrm{d}n_{[\mathrm{Mn}]}}{\mathrm{d}t}\right)_{\max} = A\frac{D_{[\mathrm{Mn}]}}{\delta_{[\mathrm{Mn}]}}\left(c_{[\mathrm{Mn}]} - \frac{1}{K}\frac{c_{(\mathrm{Mn}^{2+})}c_{[\mathrm{Fe}]}}{c_{[\mathrm{Fe}^{2+}]}}\right)$$

令 $Q \equiv \dfrac{c_{(\mathrm{Mn}^{2+})}c_{[\mathrm{Fe}]}}{c_{[\mathrm{Mn}]}c^*_{[\mathrm{Fe}^{2+}]}}$，得出：

$$\left(-\frac{\mathrm{d}n_{[\mathrm{Mn}]}}{\mathrm{d}t}\right)_{\max} = A\frac{D_{[\mathrm{Mn}^{2+}]}}{\delta_{[\mathrm{Mn}]}}c_{[\mathrm{Mn}]}\left(1 - \frac{Q}{K}\right)$$

同理，可得第 2、4、5 三个环节的最大速率分别为：

$$\left(-\frac{\mathrm{d}n_{(\mathrm{Fe}^{2+})}}{\mathrm{d}t}\right)_{\max} = A\frac{D_{(\mathrm{Fe}^{2+})}}{\delta_{(\mathrm{Fe}^{2+})}}c_{(\mathrm{Fe}^{2+})}\left(1 - \frac{Q}{K}\right)$$

$$\left(-\frac{\mathrm{d}n_{[\mathrm{Fe}]}}{\mathrm{d}t}\right)_{\max} = A\frac{D_{[\mathrm{Fe}]}}{\delta_{[\mathrm{Fe}]}}c_{[\mathrm{Fe}]}\left(\frac{K}{Q} - 1\right)$$

$$\left(-\frac{\mathrm{d}n_{(\mathrm{Mn}^{2+})}}{\mathrm{d}t}\right)_{\max} = A\frac{D_{(\mathrm{Mn}^{2+})}}{\delta_{(\mathrm{Mn}^{2+})}}c_{(\mathrm{Mn}^{2+})}\left(\frac{K}{Q} - 1\right)$$

以质量分数表示的平衡常数 K 在 1600℃ 时等于 301，Q 也可由已知条件计算：

$$Q = \frac{w(\mathrm{MnO})_{\%}w[\mathrm{Fe}]_{\%}}{w[\mathrm{Mn}]_{\%}w(\mathrm{FeO})_{\%}} = \frac{5 \times 100}{0.2 \times 20} = 125$$

因而 $Q/K = 125/301 = 0.415$，$K/Q = 301/125 = 2.4$。

由

$$c_i = \frac{w(i)_{\%}}{100}\frac{\rho}{M_i}$$

式中　ρ——密度（钢液密度 $\rho_{\mathrm{st}} = 7.0 \times 10^3\,\mathrm{kg/m^3}$，渣的密度 $\rho_{\mathrm{sl}} = 3.5 \times 10^3\,\mathrm{kg/m^3}$）；

　　　M_i——i 物质的摩尔质量（$M_{\mathrm{Mn}} = 0.05494\,\mathrm{kg/mol}$，$M_{\mathrm{Fe}} = 0.05585\,\mathrm{kg/mol}$，$M_{\mathrm{MnO}} = 0.07094\,\mathrm{kg/mol}$，$M_{\mathrm{FeO}} = 0.07185\,\mathrm{kg/mol}$）。

计算可以得：

$$c_{[\mathrm{Mn}]} = (0.2/100) \times (7000/0.05494) = 255\,\mathrm{mol/m^3}$$

$$c_{(Fe^{2+})} = (20/100) \times (3500/0.07185) = 0.97 \times 10^4 \, mol/m^3$$

$$c_{(Mn^{2+})} = (5/100) \times (3500/0.07094) = 2.45 \times 10^3 \, mol/m^3$$

$$c_{[Fe]} = (100/100) \times (7000/0.05585) = 125 \times 10^3 \, mol/m^3$$

将上述数据代入各环节的最大速度式，得：

$$\left(\frac{dn_{(Mn^{2+})}}{dt}\right)_{max} = 0.043 \, mol/s, \quad \left(\frac{dn_{[Fe]}}{dt}\right)_{max} = 880 \, mol/s$$

$$\left(-\frac{dn_{(Fe^{2+})}}{dt}\right)_{max} = 0.071 \, mol/s, \quad \left(-\frac{dn_{[Mn]}}{dt}\right)_{max} = 0.74 \, mol/s$$

（4）反应的限制性环节的讨论。

1）计算结果表明第5步的最大速率值很大，故它不可能成为限制性环节。

2）第1、2、4步的最大速率虽然不一样，但差别不是很大，并不存在一个速率特别慢的环节，因而还不能判断哪一步是整个反应的限制环节。

3）对于实际发生的情况，可以判断反应开始时，渣中不存在 MnO，$c_{(Mn^{2+})} = 0$，第4步速率会很大，而第1、2步速率增加不会很明显，所以最慢的步骤将在第1、2步之中选择。

4）对于第2步，一般渣的厚度相对于钢液的来说会很薄，所以 Fe^{2+} 在渣中的传递不会是限制性环节。

综合以上各种情况，可以认为，电炉冶炼过程中 Mn 的氧化，第1步是限制性环节，可以由此计算 Mn 的氧化速率。

（5）Mn 的氧化反应速率的计算。由于第1步是限制性环节，可以由此计算氧化去除 Mn 的速率为：

$$-\frac{dn_{[Mn]}}{dt} = A\frac{D_{[Mn]}}{\delta_{[Mn]}}(c_{[Mn]} - c_{[Mn]}^*)$$

而

$$c_i = \frac{w(i)_\%}{100}\frac{\rho}{M_i} \quad -\frac{dn_{[Mn]}}{dt} = -V_{st}\frac{dc_{[Mn]}}{dt}$$

式中，V_{st} 为钢液的体积。

将 $c_{[Mn]}$ 转化为质量分数，得：

$$-\frac{dw[Mn]}{dt} = \frac{AD_{[Mn]}}{V_{st}\delta_{[Mn]}}(w[Mn] - w[Mn]_{eq})$$

假设 $t=0$ 时 Mn 的浓度为 $w[Mn]_i$，反应进行到 t 时 Mn 的浓度为 $w[Mn]_f$，则积分上式得到下式：

$$\lg\frac{w[Mn]_i - w[Mn]_{eq}}{w[Mn]_f - w[Mn]_{eq}} = \frac{AD_{[Mn]}}{2.303V_{st}\delta_{[Mn]}}t$$

计算 Mn 被去除掉90%时所需要的时间（忽略 $w[Mn]_{eq}$），得：

$$\lg\frac{100}{10} = \frac{AD_{[Mn]}}{2.303V_{st}\delta_{[Mn]}}t$$

式中钢液体积 $V_{st} = 27 \times 10^3/7000 = 3.87 \, m^3$，其余各系数表中已给出，由此算出所需的时间 t 为：

$$t = \frac{2.303 \times 3.87 \times 3 \times 10^{-5}}{15 \times 10^{-8}} = 1790\text{s} = 29.8\text{min}$$

在上述条件下，在 27t 电炉炼钢去 Mn 的时间为 30min 左右。

3-16 电炉中碳氧反应过程中 CO 气泡的生成和长大问题求解分如下几个步骤：反应机理、分析简化、数学模型。

(1) 反应机理：电炉中碳氧反应过程中 CO 气泡的生成和长大可以分为以下四个步骤：

1) 钢渣界面上吸附的氧 [O]$_s$ 向钢液内部扩散；

2) 钢液内部的碳和氧扩散到一氧化碳气泡表面；

3) 在一氧化碳气泡表面发生反应：[C]$_s$ + [O]$_s$ = CO(g)$_s$；

4) 生成的 CO 气体扩散到气泡内部，气泡长大并上浮。

(2) 分析简化。一氧化碳气泡的形成和长大过程由上述 4 个步骤中 2)、3)、4) 三个步骤组成。由于气体的扩散系数比液体扩散系数约大 5 个数量级，步骤 4) 进行很快，可以近似认为气泡表面处的一氧化碳压力等于气泡内部一氧化碳压力。在炼钢温度下化学反应速率很快，步骤 3) 可以认为达到局部平衡，满足通常的平衡常数关系。在 1600℃ 时的碳氧反应平衡常数：

$$K^{\ominus}_{1873} = \frac{p_{CO}/p^{\ominus}}{w[C]_{s,\%}w[O]_{s,\%}} \approx 500$$

气泡长大的控速环节为第 2) 步，即碳和氧通过边界层的传质。对中、高含碳量的钢液，碳的浓度远大于氧的浓度，碳的最大可能扩散速率可能比氧的要大得多。通过以上分析，可以近似地认为氧的扩散是限制性环节。

(3) 数学模型。由以上分析可以近似认为气泡表面处的一氧化碳压力等于气泡内部一氧化碳压力。

$$w[C]_s = w[C]$$

一氧化碳的生成速率等于氧通过钢液边界层的扩散速率，即：

$$\frac{\mathrm{d}n_{CO}}{\mathrm{d}t} = k_d A_B (c_{[O]} - c_{[O]_s})$$

式中 k_d——氧的传质系数；

A_B——气泡的表面积。

假定气泡中一氧化碳的压力 $p_{CO} = 0.1013$MPa，公式括号中为氧浓度与平衡氧浓度之差，也称为氧的过饱和值 $\Delta c_{[O]}$：

$$\frac{\mathrm{d}n_{CO}}{\mathrm{d}t} = k_d A_B \Delta c_{[O]}$$

设气泡中 1mol 一氧化碳的体积为 V_m，则

$$n_{CO} = \frac{V_B}{V_m}$$

气泡体积增大速率为

$$\frac{\mathrm{d}V_B}{\mathrm{d}t} = V_m k_d A_B \Delta c_{[O]}$$

设气泡为下图所示的球冠形，$\theta = 55°$，其球冠体积近似为 $V_B \approx \dfrac{1}{6}\pi r^3$。

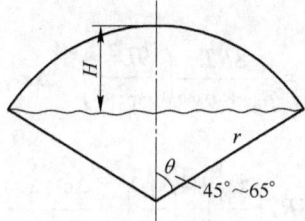

由 $\dfrac{dV_B}{dt} = \dfrac{1}{2}\pi r^2 \dfrac{dr}{dt}$，可得

$$\frac{dr}{dt} = \frac{2}{\pi r^2} V_m k_d A_B \Delta c_{[O]}$$

球冠的高度 H 近似等于曲率半径的一半，$H \approx 0.5r$，故球冠的表面积近似为：

$$A_B \approx 2\pi r^2$$

式中，r 为球冠的曲率半径。

已知雷诺数大于 1000，气泡的韦伯数大于 18，奥斯特数大于 40 时，则球冠形气泡上升速度为：

$$u_t = 0.71\sqrt{\frac{gd_B}{2}} \approx \frac{2}{3}(gr)^{0.5}$$

从传质的渗透模型可以得出

$$k_d = 2\left(\frac{D}{\pi t_e}\right)^{1/2}$$

式中的接触时间 t_e 可用下式求得

$$t_e = \frac{H}{u_t} = 1/2\,\frac{r}{u_t}$$

$$k_d = 4\left(\frac{gD}{9\pi^2 r}\right)^{1/4}$$

从理想气体的状态方程可得

$$V_m = \frac{RT}{p} = \frac{RT}{p_g + \rho g h}$$

式中，p 是气泡内一氧化碳压力，等于炉气压力 p_g 与钢水静压力之和。

上式中忽略了表面张力产生的附加压力。对直径 1cm 的气泡，其附加压力仅为 6kPa。整理后得出：

$$\frac{dr}{dt} = \frac{16RT}{p_g + \rho g h}\left(\frac{gD^2}{9\pi^2 r}\right)^{1/4}\Delta c_{[O]}$$

气泡上浮速度和熔池深度的关系用下式表示：

$$u_t = \frac{dh}{dt}$$

则有
$$\frac{\mathrm{d}r}{\mathrm{d}h} = \frac{\mathrm{d}r}{\mathrm{d}t}\frac{\mathrm{d}t}{\mathrm{d}h} = \frac{\mathrm{d}r}{\mathrm{d}t}\frac{1}{u_t}$$

整理后得出
$$\frac{\mathrm{d}r}{\mathrm{d}h} = \frac{8RT}{p_g + \rho g h}\left(\frac{9D^2}{g\pi^2 r^3}\right)^{1/4}\Delta c_{[\mathrm{O}]}$$

对上式分离变量积分, 得出
$$\int_0^r r^{3/4}\mathrm{d}r = 8RT\left(\frac{3D}{\pi}\right)^{1/2}\left(\frac{1}{g}\right)^{1/4}\frac{\Delta c_{[\mathrm{O}]}}{\rho g} \cdot \int_0^h \frac{\mathrm{d}h}{h + \frac{p_g}{\rho g}}$$

$$r = \left\{\frac{14RT}{\sqrt[4]{g}}\left(\frac{3D}{\pi}\right)^{1/2}\frac{\Delta c_{[\mathrm{O}]}}{\rho g}\left[\ln\left(h + \frac{p_g}{\rho g}\right) - \ln\frac{p_g}{\rho g}\right]\right\}^{4/7}$$

在积分时, 忽略了炉底产生的气泡核心的体积, 即 $h = 0$ 时, 气泡半径 $r = 0$。这就是 CO 气泡上浮的数学模型。

3-17 将下式两边除以钢包中钢水量 w,
$$V_0 = 6.83 \times 10^{-4} w\left(\frac{1}{w[\mathrm{H}]_\%^f} - \frac{1}{w[\mathrm{H}]_\%^0}\right)$$

得到
$$K^\ominus = \frac{c_{(\mathrm{Mn}^{2+})}^* c_{[\mathrm{Fe}]}^*}{c_{[\mathrm{Mn}]}^* c_{(\mathrm{Fe}^{2+})}^*}$$

代入 $w[\mathrm{H}]_\%^0$ 及 $w[\mathrm{H}]_\%^f$ 的值, 得:
$$V_0/w = 6.83 \times 10^{-4}\left(\frac{1}{4} - \frac{1}{8}\right) \times 10^4 = 0.854\mathrm{m}^3/\mathrm{t}$$

解得所需的氩气量为每吨钢 $0.854\mathrm{m}^3$ (标态)。

3-18
$$Sh = \frac{k_{mL}}{D} = 2.0 + 0.6Re^{1/2}Sc^{1/3}$$

$$Re = \frac{uL\rho}{\mu} = \frac{50 \times 2 \times 3.6 \times 10^{-5}}{1.53 \times 10^{-4}} = 23.5$$

$$Sc = \frac{\mu}{\rho D} = \frac{1.53 \times 10^{-4}}{3.46 \times 3.60 \times 10^{-5}} = 1.22$$

$$\frac{k_m L}{D} = 2.0 + 0.6 \times 23.5^{1/2} 1.22^{1/3}$$

所以 $k_m = 9.57\mathrm{cm/s}$。

4-1 间歇反应器、活塞流反应器、全混流反应器、非理想流动反应器。

4-2 无、有。

4-3 浓度、高、大、大、大。

4-4 圆筒体、上下封头、接管、加热/冷却装置、传感器、支座。

4-5 反应产物的生产量、关键组分起始量, 生成反应产物消耗的关键组分量、关键组分起始量。

4-6 宏观动力学用数学公式将各传递过程速度的操作条件与反应进行速度联系起来,

从而确定一个综合反应速度来描述过程的进行，不考虑化学反应本身的微观机理。

4-7 如果化学反应体系为恒容反应，则其空时与停留时间相等；如果化学反应体系为膨胀反应，则其空时小于停留时间；如果化学反应体系为收缩反应，则其空时大于停留时间。

4-8 流体在反应器内流动，不论其因何种原因而产生的流体粒子在反应器内相对位置发生变化而造成的物料微元之间的混合，称为空间混合，简称空混。

4-9 凡是可发生化学反应转化过程的容器和设施，均称为反应器。反应器理论是研讨反应器内流动和混合对化学反应转化过程影响的共同性规律。

4-10 （1）气体搅拌：广泛应用于火法冶金过程，尤其是金属液的二次精炼。（2）机械搅拌：在火法冶金中由于受到搅拌桨叶寿命等因素的制约，应用很少，但在科学研究和湿法冶金中应用广泛。（3）电磁搅拌：最初用于大容量电炉熔池和大钢锭的浇注过程，而后，连续铸钢和炉外精炼技术的发展大大推动了电磁搅拌技术的发展和应用。

4-11 间歇操作的搅拌釜的优点：装置简单，操作方便，灵活，适应性强，应用广；缺点：设备利用率不高，劳动强度大，不易自动控制，产品质量不稳定。

4-12 连续釜式反应器的参数不随时间变化；不存在时间自变量，也没有空间自变量；多用于液相反应，恒容操作；出口处的 C、T 等于反应器内的 C、T。

4-13 活塞流反应器的特点：（1）连续稳定态下，各个截面上的各种参数只是位置的函数，不随时间变化；（2）径向速度均匀，径向也不存在浓度分布；（3）反应物料具有相同的停留时间。

4-14 动量：输入速度 － 输出速度＝积累速度；

质量：流入速度 － 流出速度 － 反应消耗速度＝积累速度；

热量：热流入速度 － 流出速度 ＋ 反应放热速度 － 系统外交换速度＝热积累速度。

4-15 为获得较高的反应率，根据理想反应器特性必须遵循：（1）当反应物浓度很低时，选择全混流反应器；（2）对于单一反应，反应级数较高，需采用间歇或活塞流反应器；（3）对于复杂反应，反应级数较低，则采用全混流反应器。

4-16 对整个反应器进行物料衡算如下：

$$流入量＝流出量 ＋ 反应量 ＋ 累积量$$

根据该反应器的反应特点可知，单位时间内反应量＝单位时间内消失量

$$-r_A V d\tau = -dn_A = n_{A0} dx_A$$

$$d\tau = \frac{n_{A0} dx_A}{-r_A V}$$

$$\tau = n_{A0}\int_0^{x_A} \frac{dx_A}{-r_A V}$$

$$\tau = \frac{n_{A0}}{V}\int_0^{x_A} \frac{dx_A}{-r_A} = C_{A0}\int_0^{x_A} \frac{dx_A}{-r_A}$$

4-17 当辅助时间为 0 时，

$$\frac{V_b}{V_c} = \ln\frac{1}{1-x_A}\bigg/\frac{x_A}{1-x_A} = \frac{\ln 10}{9} = 0.256$$

当辅助时间为 5min 时，

$$\frac{V_b}{V_c} = \frac{2.3 + 5}{9} = 0.811$$

当辅助时间为 10min 时，

$$\frac{V_b}{V_c} = \frac{2.3 + 10}{9} = 1.367$$

可以证明，当辅助时间等于 6.7 时，两种反应器需要的容积相等。

4-18   在间歇反应器中，对二级反应 ($C_{A0} = C_{B0}$，所以相当于 $r = -kC_{A}^2$)

$$k = \frac{x}{C_{A0}\tau(1-x)} = \frac{0.99}{10C_{A0}(1-0.99)} = \frac{9.9}{C_{A0}} \tag{1}$$

在单个 CSTR 中：

$$\tau = \frac{x}{kC_{A0}(1-x)^2}$$

$$k = \frac{x}{C_{A0}\tau(1-x)^2} = \frac{0.99}{C_{A0}\tau(1-0.99)^2} = \frac{9900}{C_{A0}\tau} \tag{2}$$

由 (1) = (2) 得：

$$\tau_m = \frac{V_R}{V_0} = 1000\text{min}$$

4-19   设 A 的转化率为 x，则有 (A 为反应物，故 k 前为正)：

$$r_A = kC_{A0}(1-x)C_D$$

$$\tau = \frac{C_{A0}(x - x_0)}{r_A} = \frac{C_{A0}x}{kC_{A0}(1-x)C_D} = \frac{x}{k(1-x)C_D}$$

$$\tau = \frac{0.40}{(1.15 \times 10^{-3})(1-0.40) \times 6.63} = 87.4\text{ks} = 24.28\text{h}$$

$$V_R = V_0\tau = 0.5 \times 24.28 = 12.14\text{m}^3$$

4-20

$$X_A = \frac{k\tau}{1 + k\tau}$$

$$\tau = \frac{V_R}{Q_0} = \frac{0.2}{0.01} = 20$$

$$X_A = \frac{0.05 \times 20}{1 + 0.05 \times 20} = 0.5$$

4-21

$$\tau = -\int_{C_{A0}}^{C_A} \frac{dC_A}{kC_A} = \frac{1}{k}\ln\frac{C_{A0}}{C_A} = \frac{1}{k}\ln\frac{1}{1 - X_A}$$

$$\tau = \frac{V_R}{Q_0} = \frac{0.2}{0.01} = 20 = \frac{1}{0.05}\ln\frac{1}{1 - X_A}$$

可得：$X_A = 0.632$。

4-22   (1) $C_0 = \frac{2}{2}[0 + 0 + 2(6.5 + 12.5 + 12.5 + 10.0 + 5.0 + 2.5 + 1.0)] = 100\text{kg/m}^3$

其中 $X_A(t) = 1 - e^{-kt}$ 由动力学方程式得出。

$$\bar{t} = \int_0^\infty t E(t) \, \mathrm{d}t = \frac{2}{2}[0 + 0 + 2(0.13 + 0.5 + 0.75 + 1 + 0.80 + 0.5 + 0.3 + 0.14)]$$

求得平均停留时间为 6.24min。

$$\sigma_t^2 = \int_0^\infty t^2 E(t) \, \mathrm{d}t - \bar{t}^2 = \frac{2}{2}[0 + 0 + 2(0.26 + 2 + 4.5 + 6.4 + 5 + 3.6 + 1.96)] - 6.24^2$$

求得 $\sigma_t^2 = 47.44 - 38.94 = 8.50 \text{min}^2$。

$$\sigma_\theta^2 = \frac{\sigma_t^2}{\bar{t}^2} = \frac{8.50}{6.24^2} = 0.218$$

(2) $N = \dfrac{1}{\sigma_\theta^2} = \dfrac{1}{0.218} = 4.58$，对 N 取整数值，得 $N = 5$。

$$X_A = 1 - \frac{1}{\left(1 + k\dfrac{\bar{t}}{N}\right)^N} = 1 - \frac{1}{\left(1 + 0.15 \times \dfrac{6.24}{5}\right)^5} = 57.60\%$$

或按 $N = 4.58$ 计算也可：

$$X_A = 1 - \frac{1}{\left(1 + k\dfrac{\bar{t}}{N}\right)^N} = 1 - \frac{1}{\left(1 + 0.15 \times \dfrac{6.24}{4.58}\right)^{4.58}} = 57.33\%$$

(3) $\quad \overline{X}_A = \displaystyle\int_0^\infty X_A(t) E(t) \, \mathrm{d}t$

$$= \frac{2}{2}[0 + 0 + 2(0.017 + 0.056 + 0.074 + 0.070 + 0.039 + 0.021 + 0.009)]$$

$$= 0.572 = 57.2\%$$

(4) 对恒容系统来说，$\bar{t} = \tau$

平推流模型：$\bar{t} = \tau = C_{A0} \displaystyle\int_0^{X_A} \dfrac{\mathrm{d}X_A}{kC_{A0}(1 - X_A)} = \dfrac{1}{k}\ln\dfrac{1}{1 - X_A}$

$$\Rightarrow X_A = 1 - \mathrm{e}^{-k\bar{t}} = 1 - \mathrm{e}^{-0.15 \times 6.24} = 0.6078 = 60.78\%$$

全混流模型：$\bar{t} = \tau = \dfrac{C_{A0} X_A}{kC_{A0}(1 - X_A)} = \dfrac{X_A}{k(1 - X_A)}$

$$\Rightarrow X_A = \frac{k\bar{t}}{1 + k\bar{t}} = \frac{0.15 \times 6.24}{1 + 0.15 \times 6.24} = 0.483 = 48.3\%$$

4-24　由 $t = \dfrac{1}{k'}\ln\dfrac{1}{1 - x_A}$ 可算得：

$$1 - x_A = 0.449, \quad x_A = 0.551$$

4-25

$$V_t = \pi/4 \times 1.6^2 \times 13 \times 0.9 = 23.5 \text{m}^3$$

$$Q = 1.333 \text{m}^3/\text{min}$$

$$\tau_i = 17.63 \text{min}$$

7 个釜的总停留时间为 123min。

（1）
$$C_{An}/C_{A0}=1/(1+k_i\tau_i)^n$$
$$x_A=1-C_{An}/C_{A0}=0.75$$
$$C_{An}/C_{A0}=1-x_A=0.25$$
$$(1+k_i\tau_i)^n=4$$
$$\ln 4=n\ln(1+k_i\tau_i)=7\ln(1+k_i\tau_i)$$
$$e^{0.198}=1+17.63k_i$$
$$k_i=0.0124\text{min}^{-1}$$

（2）
$$k\tau=\ln[1/(1-x_A)]$$
$$0.0124\tau=1.386$$
$$\tau=111\text{min}$$

可见活塞流反应器所需的停留时间比 7 釜串联总停留时间少。

（3）
$$0.035\tau=1.386$$
$$\tau=39.6\text{min}$$

（4）管道长
$$L=0.3\times39.6\times60=713\text{m}$$

工业上，考虑结垢会降低传热系数，实际用 3000~4000m 长管道。

4-26 （1）反应机理。原料（反应物）如何到达反应区，产物如何离开反应区。

（2）反映接口状况（gs、g、gg、s、Ⅵ、s/s）与物质结构影响。求反应活化能 E（温度、浓度变化）。

（3）求出表征反应器内化学反应+流动+混合+质量能量传递的反应速度表达式。

（4）求解反应器的最佳性能指针和操作条件。

4-27 　$t=n_{A0}\int_0^{X_A}\mathrm{d}X_A/(r_AV_R)=C_{A0}\int_0^{X_{A0}}\mathrm{d}X_A/r_A=C_{A0}\int_0^{X_A}\mathrm{d}X_A/(kC_A)=\int_0^{X_A}\dfrac{\mathrm{d}X_A}{k(1-X_A)}$

因此 　　　　　　　　　$t=1/k\ln\dfrac{1}{1-X_A}$

$20=\dfrac{1}{0.04}\ln\dfrac{1}{1-X_A}$，得 $X_A=0.551$。

4-28 （1）当 $\tau'=0$ 时

$$\dfrac{V_b}{V_c}=\left(\dfrac{1}{k}\ln\dfrac{1}{1-x_A}+\tau'\right)\Bigg/\dfrac{x_A}{k(1-x_A)}=\left(\dfrac{1}{2}\ln\dfrac{1}{1-0.95}+\tau'\right)\Bigg/\dfrac{0.95}{2(1-0.95)}=\ln20/19=0.158$$

（2）当 $\tau'=5\text{min}$ 时

$$\dfrac{V_b}{V_c}=\left(\dfrac{1}{k}\ln\dfrac{1}{1-x_A}+\tau'\right)\Bigg/\dfrac{x_A}{k(1-x_A)}=(\ln20+5)/19=\ln20/19=0.421$$

（3）当 $\tau'=10\text{min}$ 时

$$\dfrac{V_b}{V_c}=\left(\dfrac{1}{k}\ln\dfrac{1}{1-x_A}+\tau'\right)\Bigg/\dfrac{x_A}{k(1-x_A)}=(\ln20+10)/19=\ln20/19=0.684$$

4-29 　由公式 $\dfrac{V_b}{V_c}=\left(\dfrac{1}{k}\ln\dfrac{1}{1-x_A}+\tau'\right)\Bigg/\dfrac{x_A}{k(1+x_A)}$，得

（1）$\tau'=0$ 时，$\dfrac{V_b}{V_c}=0.256$；

(2) $\tau' = 5\text{min}$ 时，$\dfrac{V_b}{V_c} = 0.811$；

(3) $\tau' = 10\text{min}$ 时，$\dfrac{V_b}{V_c} = 1.367$。

可以证明，当 $\tau' = 6.7\text{min}$，两种反应器的容积相等。

4-30 如果物系体积随转化率为线性变化，设初始体积为 V_0，气体膨胀 ε 和体积 V 变化可用下式表示：

$$V = V_0(1 + \varepsilon x)$$

其中 x 为反应率，如反应率为 1，则气体膨胀率 ε 可表示为：

$$\varepsilon J = \frac{3 - 2}{2} = 50\%$$

即，除反应物 J 以外，还有 50% 的惰性气体，初始反应混合物的体积为 2m^3，反应完全转化后，产物体积为 2m^3，因惰性气体体积不变，则总体积为 3m^3。

从管式流动反应器的基础关系式中可知，气体膨胀率 ε 的增加将缩短反应物的停留时间。

5-1 理想流化床的特点：有明显的临界流态化点和临界流态化速度；流态化床层的压降为常数；有平稳的流态化界面；流态化床层的空隙率在任何流速下都具有一个代表性的均匀值，不因床层内的位置而变化。

5-2 气泡是床层运动的动力，加剧气–固两相相对运动；造成床层内颗粒的剧烈搅拌，使流化床具有很高的颗粒与气体换热速率、床料与表面换热速率。参与传质，包括反应物传质（气泡相-乳相）、产物传质（乳相-气泡相），降低流化床气固接触效率。上升到床层表面破碎时，将大量颗粒抛入床层上方，使流化床颗粒损失。

5-3 流化态技术的优点：易于连续化和自动控制；相际混合均匀，温度均匀；相际之间接触面大，传质、传热速率大、效果好，可强化化学反应过程。缺点：气体流动情况十分复杂；颗粒在反应器内停留时间不均；固体颗粒在气流作用下易粉碎，粉末易被气流夹带；一些高温过程，微粒易于聚集和烧结（有时不得不降温，从而降低反应速度）。

5-4 当流速达到某一限值，床层刚刚能被流体托动时，床内颗粒就会开始流化起来了，这时的流体空床线速称为临界（或最小）流化速度。

5-5 对于液-固系统，因流体与颗粒的密度相差不大，故临界流化速度一般很小，流速进一步提高时，床层膨胀均匀且波动很小，颗粒在床层内的分布也比较均匀，故称作散式流化床。

5-6 气-固系统与液-固系统不同，一般在气速超过临界气速后，将会出现气泡。气速愈高，气泡造成的扰动亦愈剧烈，使床层波动频繁，这种形态的流化床称聚式流化床或泡床。

5-7 流态化气泡特征：床层高度增加，气泡增加；流态化速度增加，气泡增加；气泡间存在合并长大过程，同时大气泡可分裂为许多小气泡；流化床存在最大平衡气泡尺寸。

5-8 流化床数学模型分为三类：两相模型、三相模型和四区模型。两相模型包括研究气相-乳相、上流相（气+固）-下流相（气+固）、气泡相-乳相。三相模型包括研究气泡相-上流相（气+固）-下流相（气+固）、气泡相-气泡云-乳相。四区模型是指研究气泡区-

泡晕区-乳相上流区-乳相下流区。还可分为第一级模型、第二级模型和第三级模型。第一级模型就是各参数均为恒值,不随床高而变,与气泡状况无关。第二级模型是各参数均为恒值,不随床高而变,与气泡状况有关。第三级模型是各参数均与气泡大小有关,大小沿床高而变。

5-9　如果床径很小而床高与床径比较大,气泡在上升过程中可能聚集并增大甚至达到占据整个床层截面的地步,将固体颗粒一节节地往上柱塞式地推动,直到某一位置而崩落为止,这种情况叫做节涌。

5-10　当气速一旦超过了颗粒的带出速度(或称终端速度),粒子就会被气流带走,成为气输床,只有不断地补充新的颗粒进去才能使床层保持一定的料面。

5-11　流化床反应器按固体颗粒是否在系统内循环可分为单器流化床和双器流化床;按照床层的外形分类,可分为圆筒形和圆锥形流化床;按照床层中是否设置有内部构件分类,可分为自由床和限制床;按反应器内层数的多少分为单层和多层流化床;按是否催化反应分为气固相流化床催化反应器和气固相流化床非催化反应器两种。

5-12　(1) 最小流化速度 u_{mf}。固体颗粒粒径为 $60\mu m$,可认为其为小颗粒,因此,最小流化速度计算公式为:

$$u_{mf} = \frac{d_p^2(\rho_p - \rho)g}{1650\mu}$$

假设雷诺数小于 20,将已知参数代入公式可得:

$$u_{mf} = \frac{d_p^2(\rho_p - \rho)g}{1650\mu} = \frac{(6 \times 10^{-5})^2(1500 - 0.54) \times 9.81}{1650 \times 2.43 \times 10^{-5}} = 0.0013 \text{m/s}$$

校验雷诺数:

$$Re_p = \frac{d_p u_{mf}\rho}{\mu} = \frac{6 \times 10^{-5} \times 0.0013 \times 0.54}{2.43 \times 10^{-5}} = 1.73 \times 10^{-3} < 20$$

与假设相符,因此,最小流化速度为 0.0013m/s。

(2) 带出速度 u_t。流化床正常操作时不希望夹带,床内的最大气速不能超过床层平均粒径颗粒的带出速度 u_t,因此用 $d_p = 60\mu m$ 计算带出速度。

假设雷诺数 $0.4 < Re_p < 500$,将已知数据代入下列公式求得:

$$u_t = \left[\frac{4(\rho_p - \rho)^2 g^2}{225\rho\mu}\right]^{1/3} d_p = 0.399 \text{m/s}$$

校验雷诺数:

$$Re_p = 0.532 \quad (0.4 < Re_p < 500)$$

雷诺数与假设符合,因此带出速度 u_t 为 0.399m/s。

(3) 流化床操作气速 u_0。流化床床操作气速 u_0 可由公式计算,其中流化数 a 取值在 $300 \sim 1000$ 范围内,本流化床反应器内设计流化数 a 取值为 1000。

$$u_0 = u_{mf}a$$

求得 $u_0 = 0.0013 \times 1000 = 1.3 \text{m/s}$。

5-13　静床高度计算:

$$H_{mf} = \frac{m_{催化剂} \cdot 4}{\rho \pi D_T^2} = \frac{6700 \times 4}{750 \times 3.14 \times 2.6^2} = 1.7 \text{m}$$

考虑到床层内部的内部构件，取静床层高度为 2.0m。

流化时的流化比取 2，因此床层高度 $H_1 = 2H_{mf} = 34m$。

扩大段高度取扩大段直径的 1/3，$H_2 = 1.1m$。

反应段与扩大段之间的过渡部分过度角为 120°，由三角函数，过渡段高度为：

$$H_3 = \frac{(D - D_T)\cos 30°}{2} = 0.22m$$

锥形段取锥底角为 40°，取锥高为 $H_4 = 1.2m$，其锥底直径为 1.5m。

由此可得，流化床总高 $H = H_1 + H_2 + H_3 + H_4 = 592m$。

其长径比为 5.92/2.6 = 2.3。

5-14 流化床壁厚：

$$t_d = \frac{pD_i}{2[\sigma]_t \phi - p} + c = \frac{0.2 \times 2600}{2 \times 100 \times 0.85 - 0.2} + 2 = 5mm$$

考虑到流化床较高，风载荷有一定影响，取反应器的设计壁厚为 6mm，流化床体的有效厚度为 $t_e = t_n - c_1 - c_2 = 3.4mm$。

筒体的应力按下式进行计算：

$$\sigma_t = \frac{p(D + t_c)}{2t_c} = \frac{0.2 \times (2600 + 3.4)}{2 \times 3.4} = 76.57MPa$$

许用应力 $[\sigma]_t \phi = 100 \times 0.85 = 85MPa > 7657MPa$，应力校核合格：

$$t_d = \frac{pD_i}{2[\sigma]_t \phi - p} + c = \frac{0.2 \times 3100}{2 \times 100 \times 0.85 - 0.2} + 2 = 5.7mm$$

考虑到扩大段，过渡段压力略有减小，并且扩大段温度较低，因此均选取扩大段、过渡段壁厚为 6mm。

5-15 气体流速较低时，气体通过颗粒间流动而颗粒基本不动——固定床；

当气体流速增加，床层的孔隙率开始增大——膨胀床；

当气体流速增加到某一临界值以上，床层中的颗粒被流体托起——流化床；

进一步增加气体流速，床层膨胀均匀、颗粒粒度分布均匀——散式流化床；

气体流速越高，泡造成的床层波动（扰动）越剧烈——聚式流化床；

更大气体流速会造成床层的节涌达到气力输送。

6-1 为完成物质的某种物理（化学）变化而设置的具有不同变换机能的各个部分所构成的整体称为过程系统。

6-2 数学模型：用数学公式来描述各类参数之间的关系，即对所研究的对象过程进行定量描述。

6-3 把冶金过程变为数学模型的必备知识：（1）根据冶金反应过程确定假定条件；（2）根据冶金反应过程确定化学反应方程式；（3）根据冶金流程选择、确定冶金反应装置（反应器）类型。

6-4 对整个反应器进行物料衡算如下：

流入量 = 流出量 + 反应量 + 累积量

根据该反应器的反应特点可知：

单位时间内反应量 = 单位时间内消失量

$$r_A V = \frac{dn_A}{dt} = n_{A0} \frac{dX_A}{dt} \quad (\text{因为 } n_A = n_{A0}(1 - x_A))$$

$$t = C_{A0} \int_0^{X_{A0}} \frac{dx_A}{r_A} = \int_{C_{A0}}^{C_A} -\frac{dC_A}{r_A}$$

对于等容过程中的液相反应则有：

$$t = \frac{n_{A0}}{V} \int_0^{x_{Af}} \frac{dx_A}{r_A} = C_{A0} \int_0^{x_{Af}} \frac{dx_A}{r_A}$$

6-5　设金属和炉渣的质量分别为 W_m、W_s，密度分别为 ρ_m、ρ_s，各相均为理想混合状态，则金属相中的 A 成分的物料衡算式为：

$$-\frac{dC_{mA}}{dt} = ka(C_{mA} - C_{sA}/L_s) \tag{1}$$

其中，$a \equiv \dfrac{A}{V_m}$ 是渣金的比表面积，cm^{-1}；$L_s = C_m/C_s$ 是杂质元素在渣/金两相间的分配系数。

该方程式的初始条件为：$t = 0$，$C_{mA} = C_{mA0} = 0$，根据质量守恒定律，A 成分的表述式为：

$$C_{mA0} \frac{W_m}{\rho_m} = C_{mA} \frac{W_m}{\rho_m} + C_{sA} \frac{W_s}{\rho_s}$$

$$C_{mA0} V_m = C_{mA} V_m + C_{sA} V_s \tag{2}$$

$$C_{sA} = (C_{mA0} - C_{mA}) \frac{V_m}{V_s} = (C_{mA0} - C_{mA})/Y$$

其中，$Y \equiv \dfrac{V_s}{V_m}$ 是相比，操作中使用的是渣相和金属相的体积比。把式（2）代入式（1）得：

$$-\frac{dC_{mA}}{dt} = ka[(C_{mA0}/L_s Y) - (1 + 1/L_s Y)C_{mA}] \tag{3}$$

在初始条件下定积分上式得：

$$\frac{C_{mA}}{C_{mA0}} = \frac{1 + L_s Y \exp[-(1 + 1/L_s Y)K_p]}{1 + L_s Y} \tag{4}$$

其中，$K_p \equiv kat$，是渣金持续接触反应时的反应系数，是反应体系的动力学因素。$L_s Y$ 代表炉渣吸收杂质的 A 的能力。由上式可知动力学因数越大，未反应率越小。当 $K_p \to \infty$ 时，下式成立。

$$\frac{C_{mA}}{C_{mA0}} = \frac{1}{1 + L_s Y}$$

该式代表了反应体系所能达到的杂质脱除限度，即 L_s 也越大，该限度越低。另外，当 K_p 为有限值，杂质脱除能力为无限大时，式（4）右端取极限值有：

$$\frac{C_{mA}}{C_{mA0}} = \exp(-K_p)$$

除类式为一级反应速度式的解。表示杂货脱出能力为无限大时，金属相中杂质元素的变化规律。

6-6 解析方法：运用流动、混合及分布函数的概念，在一定合理简化条件下，通过动量、热量和物料的衡算来建立反应器操作过程数学模型，然后求解，寻求最佳操作参数。

6-7 雷诺数（一种可用来表征流体流动情况的无量纲数），以 Re 表示，$Re = \rho vd/\eta$，其中 v、ρ、η 分别为流体的流速、密度与黏性系数，d 为一特征长度。雷诺数表示作用于流体微团的惯性力与黏性力之比。

欧拉数：$Eu = \Delta P/\rho u^2$，其中 Eu 定义为欧拉数。它反映了流场压力降与其动压头之间的相对关系，体现了在流动过程中动量损失率的相对大小。表示流体的压力与惯性力之比。

毕渥数：$Bi = \delta h/\lambda$，Bi 的大小反映了物体在非稳态导热条件下，物体内温度场的分布规律。

马赫数：$Ma = v/a$，马赫数表示在某一介质中物体运动的速度与该介质中的声速之比。

6-8 冶金反应过程中的数学模型有三种，分别是机理、半经验、黑箱。

6-9 建模条件：

（1）把钢液分为钢液主体区和反应区两部分；

（2）钢液进入反应区的各组元立即发生反应并平衡；

（3）离开反应区的钢液与主体钢液混合后再次进入反应区；

（4）反应区的钢液量远小于总钢液量，其组元的元素积累可以忽略。

6-10 根据活塞流反应器的反应特点：

$$流入量 = 流出量 + 反应量 + 累积量$$
$$V_0 C_{A0}(1 - x_A) = V_0 C_{A0}(1 - x_A - dx_A) + r_A dV_R$$

对于长度 dl，断面积为 A 的微元体，其物料衡算式如下：

$$F_j - (F_j + dF_j) - r_j dV = 0$$

整理得

$$dF_j = - r_j dV$$

因为

$$dF_j = d[F_{j0}(1 - X_j)] = - F_{j0} dX_j$$

所以

$$\int_0^V \frac{dV}{F_{j0}} = \int_0^{x_j} \frac{dX_j}{r_j}$$

整理后得：

$$\frac{V}{F_{j0}} = \frac{\tau}{C_{j0}} = \int_0^{x_j} \frac{dX_j}{r_j} \quad 或 \quad \tau = \frac{V}{F_{j0}} = C_{j0} \int_0^{x_j} \frac{dX_j}{r_j}$$

其中 τ 是反应器的空时，表示反应器体积与进口流量之比。

6-11
$$\frac{V}{F_{j0}} = \frac{\tau}{C_{j0}} = \int_0^{x_j} \frac{dX_j}{r_j} \quad 或 \quad \tau = \frac{V}{F_{j0}} = C_{j0} \int_0^{x_j} \frac{dX_j}{r_j} \quad (1)$$

其中 τ 是反应器的空时，表示反应器体积与进口流量之比。

对恒容体系：

$$X_j = \frac{C_{j0} - C_j}{C_{j0}}$$

则

$$dX_j = \frac{dC_j}{C_{j0}}$$

那么式（1）可变为：

$$\frac{V}{F_{j0}} = \frac{\tau}{C_{j0}} = \frac{1}{C_{j0}} \int_{C_{j0}}^{C_j} \frac{dC_j}{r_j}$$

或

$$\tau = \frac{V}{F_{j0}} = C_{j0} \int_0^{X_j} \frac{dX_j}{r_j} = -\int_{C_{j0}}^{C_j} \frac{dC_j}{r_j}$$

6-12 根据全混流反应器特点可知：

流入量 = 流出量 + 反应量 + 累积量

$$F_{j,\,in} - F_{j,\,out} - r_j V = 0$$

因为，

$$F_{j,\,in} = F_{j0}(1 - X_{j,\,in})$$
$$F_{j,\,out} = F_{j,\,out}(1 - X_{j,\,out)}$$

所以

$$\tau = C_{j0} \frac{V}{F_{j0}} = \frac{C_{j0}(X_{j,\,out} - X_{j,\,in})}{r_j}$$

对恒容体系，两式可改为：

$$\tau = \frac{C_{j,\,in} - C_{j,\,out}}{r_j}$$

6-13 其步骤为：（1）根据假定条件确定数学模型的边界条件；（2）根据冶金反应化学方程式确定热量、质量平衡方程；（3）根据冶金反应装置（反应器）的条件确定动力学方程、动量平衡方程；（4）应用与反应器相同类型的质量、热量平衡方程表征研究对象的质量、热量与时间的变化关系；（5）用边界条件、反应器几何条件、传输理论和数学方法等求解该过程。

6-14 确定数模的函数形式主要有三种方法：（1）实验理论；（2）（专业）经验；（3）据实验曲线的形状确定函数形式。

6-15 相似理论是说明自然界和工程中各相似现象相似原理的学说。是研究自然现象中个性与共性，或特殊与一般的关系以及内部矛盾与外部条件之间的关系的理论。在结构模型试验研究中，只有模型和原型保持相似，才能由模型试验结果推算出原型结构的相应结果。

6-16 应用物理模拟方法解决冶金过程问题时的局限性：

（1）只有描述现象的方程式（假设已知）可以通过相似变换得到相似准数的"相似函数"，才能做到模型和实型相似。对从函数式得不到相似准数的"非相似函数"，则做不到想象相似，也就无法进行物理模拟。

（2）对较复杂的一些现象，物理模拟常常是无法实现的。例如，对于必须保证3个决定性准数各自等于不变数的流体力学问题，模型的实现实际上已不可能。又如，对于冶金过程，要同时满足流动、传热、传质、化学反应都相似，也是办不到的。

（3）对随机过程的物理模拟是十分困难的。

6-17　使用数模解决冶金反应问题时的局限性：

第一，由数学模型得到的结论虽然具有通用性和精确性，但是因为模型是现实对象简化、理想化的产物，所以一旦将模型的结论应用于实际问题，就回到了现实世界，那些被忽视、简化的因素必须考虑，于是结论的通用性和精确性只是相对的和近似的。

第二，由于人们认识能力和科学技术包括数学本身发展水平的限制，还有不少实际问题很难得到有着实用价值的数学模型。

第三，还有些领域中的问题今天尚未发展到用建模方法寻求数量规律的阶段。

6-18　根据实验曲线选取数学模型，其转化步骤为：

（1）将实验数据标绘成曲线；

（2）按曲线的形状，对照各种典型曲线，初选一个函数形式；

（3）用直线化检验法鉴别选择是否合理。

附　　录

附录 I　物理量和化学量的因次

常数或变量	符号	六单位系数						四单位系数			
		F	m	L	t	T	Q	m	L	t	T
因次常数											
阿伏伽德罗常数	N_A		-1					-1			
化学反应速度常数	k										
均相反应											
零级			1	-3	-1			1	-3	-1	
一级					-1					-1	
二级			-1	3	-1			-1	3	-1	
多相反应											
零级			1	-2	-1			1	-2	-1	
一级				1	-1				1	-1	
二级			-1	4	-1			-1	4	-1	
气体常数，能量单位	R	1	-1	1		-1			2	-2	-1
热单位			-1			-1	1		2	-2	-1
亨利定律常数		-1	1	-1					-2	2	
热功当量	J	1		1			-1				
牛顿定律换热系数	g_o	-1	1	1	-2						
斯蒂芬-玻耳兹曼常数	σ_0			-2	-1	-4	1	1		-3	-4
物理量和化学量											
加速度				1	-2				1	-2	
活度											
活度系数											
面积	A			2					2		
体积弹性模量		1		-2				1	-1	-2	
压缩系数		-1		2				-1	1	2	
浓度（质量/体积）	C		1	-3				1	-3		
浓度梯度	∇C		1	-4				1	-4		
密度	ρ		1	-3				1	-3		

续附录Ⅰ

常数或变量	符号	六单位系数						四单位系数			
		F	m	L	t	T	Q	m	L	t	T
直径	d			1					1		
扩散系数	D			2	−1				2	−1	
弹性模量		1		−2				1	−1	−2	
能量	E	1		1				1	2	−2	
能量密度		1		−2				1	−1	−2	
焓（单位质量）	H		−1				1		2	−2	
熵	S					−1	1	1	2	−2	−1
力	F	1						1	1	−2	
自由焓（单位质量）	G		−1				1		2	−2	
频率					−1					−1	
热量	Q						1	1	2	−2	
反应热	∇H		−1				1		2	−2	
对流传热系数	h			−2	−1	−1	1	1		−3	−1
内能（单位质量）	U		−1				1		2	−2	

变量	符号	六单位系数						四单位系数			
		F	m	L	t	T	Q	m	L	t	T
潜热			−1				1		2	−2	
长度	L			1					1		
质量	m		1					1			
传质系数	k_f			1	−1				1	−1	
扩散流	j		1	−2	−1			1	−2	−1	
摩尔			1					1			
相对分子质量	M_r										
力矩		1		1				1	2	−2	
惯性矩（面积）				4					4		
惯性矩（质量）		1		1	2			1	2		
动量矩		1		1	1			1	2	−1	
动量		1			1			1	1	−1	
功率	P	1		1	−1			1	2	−3	
压强	p	1		−2				1	−1	−2	
质量流量	q_m		1		−1			1		−1	
体积流量	q_V			3	−1				3	−1	
比热容（单位质量）	c_p		−1			−1	1		2	−2	−1

续附录 I

变　量	符号	六单位系数						四单位系数			
		F	m	L	t	T	Q	m	L	t	T
比热容（单位体积）				-3		-1	1		-1	-2	-1
比表面积	a			-1					-1		
应变											
应力		1		-2				1	-1	-2	
表面张力	σ	1		-1				1		-2	
温度	T					1					1
温度梯度	∇T			-1		1			-1		1
抗张强度		1		-2				1	-1	-2	
导热系数	λ			-1	-1	-1	1	1	1	-3	-1
导温系数	α			2	-1				2	-1	
线膨胀系数						-1					-1
体膨胀系数	β					-1					-1
热阻					1	1	-1	-1	-1	3	1
时间	t				1					1	
转矩		1		1				1	2	-2	
速度	u			1	-1				1	-1	
角速度	Ω				-1					-1	
黏度（力基准）	μ	1		-2	1			1	-1	-1	
黏度（质量基准）			1	-1	-1			1	-1	-1	
体积	V			3					3		
功	W	1		1				1	2	-2	

附录 Ⅱ　物理量和化学量的因次

名　称	符号	式　子	内在比	用　途
谐时性	H_0	ut/L		非稳态流动
Reynolds	Re	$\rho uL/\mu$	惯性力//黏滞力	流动特性
Froude	Fr	u^2/Lg	惯性力/重力	单相等温流动
修正 Froude	Fr'	$\rho gu^2/(\rho_1-\rho_2)Lg$	惯性力/重力	气液相等温流动
Crashof	Gr	$gL^3\beta\Delta T/v^2$	浮力/黏滞阻力	温差引起的自然流动
Euler	Eu	$\Delta p/\rho u^2$	压力/惯性力	不可压缩受迫流动
Mach	Ma	u/u_a	惯性力/压缩力	可压缩流
Weber	We	$\rho u^2L/\sigma$	惯性力/表面张力	弥散系数
Eotvos	Eo	$g\Delta\rho d_b^2/\sigma$	重力/表面张力	
Morton	Mo	$gu^4\Delta\rho/\rho^2\sigma^3$	黏滞力/表面张力	
Galileo	Ga	$g\rho^2L^3/\mu^2$	惯性力×重力/ （黏滞力）^{2}	黏性液体液动
Prandtl	Pr	$\mu c_p/\lambda$	动黏度系数/导温系数	准性系数
Schmidt	Sc	$\mu/\rho D$	动黏度系数/扩散系数	
Lewis	Le	$\lambda/\rho c_p D$	导温系数/扩散系数	
Fourier	Fo	$\lambda t/\rho c_p L^2$	逝去的时间 加热到稳态所需时间	非稳态传热谐时性
Biot	Bi	hL/λ	固体表面散热系数 固体内传导传热速度	固体散热问题
Nusselt	Nu	hL/λ	流体对流传热速度 流体传导传热速度	无因此传热系数
Peclet	Pe	$\rho c_p uL/\lambda$	流体流动带热 传导传热	强制对流传热
Stanton	St	$h/\rho c_p u$	对流传热速度 流体的热容量	强制对流传热
Boltzmann	Bo	$\rho c_p u/\varepsilon\sigma_0 T^3$	流体流动带热 辐射传热	辐射传热
Fick	Fi	Dt/L^2		
Sherwood	Sh	$K_f L/D$	总传质速度 扩散速度	非稳态扩散的谐时性
Bodenstein	Bo	uL/D	流动传质速度 扩散速度	无因次传质系数

续附录Ⅱ

名　称	符号	式　子	内在比	用　途
修正 Peclet	Pe'	uL/D_z	流动传质速度 轴向混合扩散速度	又名 Peclet（扩散）
Arrhenius	Arr	E/RT	活化能/位能	反应器内混返程度
Damkohler Ⅰ	Da Ⅰ	$r_A L/u C_A$	反应速度/对流传质速度	反应速度
Damkohler Ⅱ	Da Ⅱ	$r_A L^2/D C_A$	反应速度/扩散速度	化学反应和传输现象的耦合
Damkohler Ⅲ	Da Ⅲ	$(\Delta H) r_A L/\rho c_p u T$	反应放热/流动带走热	
Damkohler Ⅳ	Da Ⅳ	$(\Delta H) r_A L^2/\lambda T$	反应放热/传导传热	

附录Ⅲ 不同坐标系中的 Navier-Stokes 方程和扩散方程

运动方程式

	用速度表示（ρ、μ 一定时的牛顿流体）	
直角坐标 $(x,\ y,\ z)$	x 成分 $\quad \rho\left(\dfrac{\partial u_x}{\partial t} + u_x\dfrac{\partial u_x}{\partial x} + u_y\dfrac{\partial u_x}{\partial y} + u_z\dfrac{\partial u_x}{\partial z}\right)$ $\qquad = -\dfrac{\partial p}{\partial x} + \mu\left(\dfrac{\partial^2 u_x}{\partial x^2} + \dfrac{\partial^2 u_x}{\partial y^2} + \dfrac{\partial^2 u_x}{\partial z^2}\right) + \rho g_x$	
	y 成分 $\quad \rho\left(\dfrac{\partial u_x}{\partial t} + u_x\dfrac{\partial u_x}{\partial x} + u_y\dfrac{\partial u_x}{\partial y} + u_z\dfrac{\partial u_x}{\partial z}\right)$ $\qquad = -\dfrac{\partial p}{\partial y} + \mu\left(\dfrac{\partial^2 u_x}{\partial x^2} + \dfrac{\partial^2 u_x}{\partial y^2} + \dfrac{\partial^2 u_x}{\partial z^2}\right) + \rho g_y$	
	z 成分 $\quad \rho\left(\dfrac{\partial u_x}{\partial t} + u_x\dfrac{\partial u_x}{\partial x} + u_y\dfrac{\partial u_x}{\partial y} + u_z\dfrac{\partial u_x}{\partial z}\right)$ $\qquad = -\dfrac{\partial p}{\partial z} + \mu\left(\dfrac{\partial^2 u_x}{\partial x^2} + \dfrac{\partial^2 u_x}{\partial y^2} + \dfrac{\partial^2 u_x}{\partial z^2}\right) + \rho g_z$	
柱坐标 $(r,\ \theta,\ z)$	r 成分 $\quad \rho\left(\dfrac{\partial u_r}{\partial t} + u_r\dfrac{\partial u_r}{\partial r} + \dfrac{u_\theta}{r}\dfrac{\partial u_r}{\partial \theta} - \dfrac{u_\theta^2}{r} + u_z\dfrac{\partial u_r}{\partial z}\right)$ $\qquad = -\dfrac{\partial p}{\partial r} + \mu\left(\dfrac{\partial}{\partial r}\dfrac{1}{r}\dfrac{\partial}{\partial r}ru_r + \dfrac{1}{r^2}\dfrac{\partial^2 u_r}{\partial \theta^2} - \dfrac{2}{r^2}\dfrac{\partial u_\theta}{\partial \theta} + \dfrac{\partial^2 u_r}{\partial z^2}\right) + \rho g_r$	
	θ 成分 $\quad \rho\left(\dfrac{\partial u_\theta}{\partial t} + u_r\dfrac{\partial u_\theta}{\partial r} + \dfrac{u_\theta}{r}\dfrac{\partial u_\theta}{\partial \theta} - \dfrac{u_r u_\theta}{r} + u_z\dfrac{\partial u_\theta}{\partial z}\right)$ $\qquad = -\dfrac{1}{r}\dfrac{\partial p}{\partial \theta} + \mu\left(\dfrac{\partial}{\partial r}\dfrac{1}{r}\dfrac{\partial}{\partial r}ru_\theta + \dfrac{1}{r^2}\dfrac{\partial^2 u_\theta}{\partial \theta^2} - \dfrac{2}{r^2}\dfrac{\partial u_r}{\partial \theta} + \dfrac{\partial^2 u_\theta}{\partial z^2}\right) + \rho g_\theta$	
	z 成分 $\quad \rho\left(\dfrac{\partial u_z}{\partial t} + u_r\dfrac{\partial u_\theta}{\partial r} + \dfrac{u_\theta}{r}\dfrac{\partial u_\theta}{\partial \theta} + u_z\dfrac{\partial u_z}{\partial z}\right)$ $\qquad = -\dfrac{\partial p}{\partial z} + \mu\left(\dfrac{1}{r}\dfrac{\partial}{\partial r}r\dfrac{\partial u_z}{\partial r} + \dfrac{1}{r^2}\dfrac{\partial^2 u_z}{\partial \theta^2} + \dfrac{\partial^2 u_z}{\partial z^2}\right) + \rho g_z$	

	用应力表示	
球坐标 $(r,\ \theta,\ \phi)$	r 成分 $\quad \rho\left(\dfrac{\partial u_r}{\partial t} + u_r\dfrac{\partial u_r}{\partial r} + \dfrac{u_\theta}{r}\dfrac{\partial u_r}{\partial \theta} + \dfrac{u_\phi}{r\sin\theta}\dfrac{\partial u_r}{\partial \phi} - \dfrac{u_\theta^2 + u_\phi^2}{r}\right)$ $\qquad = -\dfrac{\partial p}{\partial r} + \mu\left(\nabla^2 u_r - \dfrac{2}{r^2}u_r - \dfrac{2}{r^2}\dfrac{\partial u_\theta}{\partial \theta} - \dfrac{2}{r^2}u_\theta\cot\theta - \dfrac{2}{r^2\sin\theta}\dfrac{\partial u_\phi}{\partial \phi}\right) + \rho g_r$	
	θ 成分 $\quad \rho\left(\dfrac{\partial u_\theta}{\partial t} + u_r\dfrac{\partial u_\theta}{\partial r} + \dfrac{u_\theta}{r}\dfrac{\partial u_\theta}{\partial \theta} + \dfrac{u_\phi}{r\sin\theta}\dfrac{\partial u_\theta}{\partial \phi} + \dfrac{u_r u_\theta}{r} - \dfrac{u_\phi^2\cot\theta}{r}\right)$ $\qquad = -\dfrac{1}{r}\dfrac{\partial p}{\partial r} + \mu\left(\nabla^2 u_\theta + \dfrac{2}{r^2}\dfrac{\partial u_r}{\partial \theta} - \dfrac{2}{r^2}\dfrac{u_\theta}{\sin^2\theta} - \dfrac{2\cos\theta}{r^2\sin^2\theta}\dfrac{\partial u_\phi}{\partial \phi}\right) + \rho g_\theta$	
	ϕ 成分 $\quad \rho\left(\dfrac{\partial u_\phi}{\partial t} + u_r\dfrac{\partial u_\phi}{\partial r} + \dfrac{u_\theta}{r}\dfrac{\partial u_\phi}{\partial \theta} + \dfrac{u_\phi}{r\sin\theta}\dfrac{\partial u_\phi}{\partial \phi} + \dfrac{u_r u_\phi}{r} - \dfrac{u_\phi u_\theta\cot\theta}{r}\right)$ $\qquad = -\dfrac{1}{r\sin\theta}\dfrac{\partial p}{\partial \phi} + \mu\left(\nabla^2 u_\phi - \dfrac{2}{r^2}\dfrac{u_\phi}{\sin^2\theta} + \dfrac{2}{r^2\sin\theta}\dfrac{\partial u_r}{\partial \phi} + \dfrac{2\cos\theta}{r^2\sin^2\theta}\dfrac{\partial u_\theta}{\partial \phi}\right) + \rho g_\phi$	
	式中 $\nabla^2 = \dfrac{1}{r^2}\dfrac{\partial}{\partial r}\left(r^2\dfrac{\partial}{\partial r}\right) + \dfrac{1}{r^2\sin\theta}\dfrac{\partial}{\partial \theta}\left(\sin\theta\dfrac{\partial}{\partial \theta}\right) + \dfrac{1}{r^2\sin\theta}\dfrac{\partial^2}{\partial \phi^2}$	

扩散方程式

直角坐标系 $(x,\ y,\ z)$	$\dfrac{\partial C}{\partial t} + u_x \dfrac{\partial C}{\partial x} + u_y \dfrac{\partial C}{\partial y} + u_z \dfrac{\partial C}{\partial z} = D\left(\dfrac{\partial^2 C}{\partial x^2} + \dfrac{\partial^2 C}{\partial y^2} + \dfrac{\partial^2 C}{\partial z^2} \right)$
柱坐标 $(x,\ y,\ z)$	$\dfrac{\partial C}{\partial t} + u_r \dfrac{\partial C}{\partial r} + u_\theta \dfrac{\partial C}{r\partial_\theta} + u_z \dfrac{\partial C}{\partial z} = D\left(\dfrac{1}{r} \dfrac{\partial}{\partial r} r \dfrac{\partial C}{\partial r} + \dfrac{1}{r^2} \dfrac{\partial^2 C}{\partial \theta^2} + \dfrac{\partial^2 C}{\partial z^2} \right)$
球坐标 $(r,\ \theta,\ \phi)$	$\dfrac{\partial C}{\partial t} + u_r \dfrac{\partial C}{\partial r} + u_\theta \dfrac{1}{r} \dfrac{\partial C}{\partial \theta} + u_\phi \dfrac{1}{r\sin\theta} \dfrac{\partial C}{\partial \phi}$ $= D\left[\dfrac{1}{r^2} \dfrac{\partial}{\partial r} r^2 \dfrac{\partial C}{\partial r} + \dfrac{1}{r^2 \sin\theta} \dfrac{\partial}{\partial}\left(\sin\theta \dfrac{\partial C}{\partial \theta} \right) + \dfrac{1}{r^2 \sin^2\theta} \dfrac{\partial^2 C}{\partial \phi^2} \right]$

冶金工业出版社部分图书推荐

书 名	作 者	定价(元)
低碳炼铁技术	储满生 柳政根 唐珏	146.00
钢包底喷粉精炼技术	朱苗勇 娄文涛 程中福	112.00
连铸坯凝固末端压下技术	祭程 朱苗勇	106.00
微合金钢连铸板坯表面裂纹控制	蔡兆镇 朱苗勇	96.00
炼钢过程节能减排先进技术（上、下）	朱荣 董凯 魏光升	168.00
大线能量焊接用钢氧化物冶金工艺技术	东北大学轧制技术及连轧自动化国家重点实验室	62.00
高合金材料热加工图及组织演变	东北大学轧制技术及连轧自动化国家重点实验室	46.00
氢冶金初探	张建良 李克江 刘征建 杨天钧	128.00
铁素体不锈钢的物理冶金学原理及生产技术	刘振宇	58.00
高炉强化冶炼技术	杨雪峰	98.00
转炉炼钢生产	黄伟青 韩立浩 曹磊	42.00
炼钢生产技术	韩立浩 黄伟青 李跃华	42.00
电弧炉炼钢与直接轧制短流程智能技术	姜周华 占东平 刘立忠 李鸿儒 朱红春 姚聪琳	126.00
连铸坯枝晶腐蚀低倍检验和缺陷案例分析	许庆太 黄伟青 张维娜	106.00
回转窑直接还原工艺技术	陶江善 庞建明 赵庆杰 闫炳宽	89.00
高炉喷吹燃料资源拓展及工业应用	张建良 刘征建 王广伟 徐润生	92.00
金属液态成形工艺设计	辛啟斌	36
高质量合金钢轧制有限元模拟及优化	洪慧平	68.00